河南省“十四五”普通高等教育规划教材

“十四五”高等学校新工科计算机类专业系列教材

U0851391

边缘计算

袁培燕　赵晓焱◎主编

中国铁道出版社有限公司

CHINA RAILWAY PUBLISHING HOUSE CO., LTD.

内容简介

本书是河南省“十四五”普通高等教育规划教材。本书体系完备，注重实践，重视学生动手能力的培养，算法与系统并重。本书首先对边缘计算的产生背景、概念、体系结构、应用领域进行了论述；其次，从边缘服务器部署、边缘内容缓存、边缘协同卸载三方面论述边缘计算系统中资源分配问题；再次，围绕边缘智能应用，重点论述联邦学习在边缘计算中的应用；此外，以容量为性能指标，对大规模时变边缘网络性能进行分析；最后，搭建了一个云-边-端协同的原型系统。

本书适合作为普通高等学校计算机科学与技术、人工智能、数据科学与大数据技术、物联网工程、网络工程、通信工程等专业的教材，也可作为从事计算机体系结构相关工作的工程技术人员的参考书。

图书在版编目(CIP)数据

边缘计算 / 袁培燕，赵晓焱主编. -- 北京 : 中国铁道出版社有限公司, 2025. 9. -- (河南省“十四五”普通高等教育规划教材). -- ISBN 978-7-113-31771-3

Ⅰ. TN929. 5

中国国家版本馆 CIP 数据核字第 2024VE5136 号

书　　名：**边缘计算**
作　　者：袁培燕　赵晓焱

策　　划：韩从付　　**编辑部电话**：(010)63549508
责任编辑：闫钇汛　徐盼欣
封面设计：崔丽芳
责任校对：苗　丹
责任印制：赵星辰

出版发行：中国铁道出版社有限公司(100054，北京市西城区右安门西街 8 号)
网　　址：https://www.tdpress.com/51eds
印　　刷：三河市国英印务有限公司
版　　次：2025 年 9 月第 1 版　2025 年 9 月第 1 次印刷
开　　本：787 mm×1 092 mm 1/16　**印张**：11　**字数**：260 千
书　　号：ISBN 978-7-113-31771-3
定　　价：45. 00 元

前言

边缘计算是一种新型的计算范式。边缘计算通过将内容或服务部署在更加贴近用户的地方，甚至是直接部署在用户终端上，在降低用户访问时延的同时，能有效缓解主干网络的流量压力。边缘计算的这种就近部署原则，与大数据时代下的内容分布式存储需求一致，具有重要的理论研究价值和广阔的应用前景。与此同时，边缘网络中资源受限、节点移动、拓扑时变等特点为设计高效的内容缓存与任务卸载机制带来了巨大的挑战。如何设计轻量级、分布式的内容存储与计算卸载策略，满足大规模自主组网需求，是当前边缘计算研究中迫切需要解决的关键科学问题之一。

针对上述问题，本书结合边缘计算中节点资源受限性、缓存内容异质性、网络拓扑时变性等特点，从边缘服务器部署、边缘内容缓存、边缘协同卸载、边缘智能应用、边缘系统性能评价五个方面入手开展研究，提出了一系列模型和方法。这些模型与方法以最优化理论为基础，并在大量计算机仿真和数据集下进行验证。本书共7章，主要内容如下：

（1）第1章对边缘计算产生背景、概念、体系结构、应用领域进行了论述。

（2）第2~5章基于最优化理论和联邦学习模型，从边缘服务器部署、边缘内容缓存、边缘协同卸载、边缘智能四个层次对边缘计算中的热点与前沿问题进行了论述。

（3）第6章以容量为性能评价目标，论述边缘节点协作对于边缘缓存系统性能的影响。

（4）第7章在介绍 KubeEdge 的基本概念和工作原理的基础上，深入探讨 KubeEdge 云边系统的部署与配置过程。

本书在编写过程中力求结构清晰、内容精练，适合作为计算机科学与技术、人工智能、数据科学与大数据技术、物联网工程、网络工程、通信工程等专业本科生、研究生教材，也可作为从事计算机体系结构相关工作的工程技术人员的参考书。

本书基于编者多年来的研究成果编写而成，也引用、评价了国内外的相关工作研究成果。此外，本书在出版过程中得到了河南师范大学出版基金、国家自然科学基金项目的资助，在此一并向有关部门及人士表示衷心的感谢。

考虑到国内对边缘计算的研究才刚刚开始，以及编者学术水平所限，书中难免有疏漏之处，欢迎广大读者批评指正。

编 者

2025 年 5 月

目录

第1章 边缘计算概述

网络计算、并行计算、移动计算、云计算、边缘计算等各种“计算”一直代表着计算机网络的研究前沿，是计算机、通信、电子、材料等各学科重要进展的集中体现。近年来提出的边缘计算通过将数据或服务下沉至更加靠近用户终端的地方，提高用户服务质量，具有重要的研究意义与实际应用价值。本章对边缘计算以及相关关键技术与开发平台进行概述。

本章知识导图

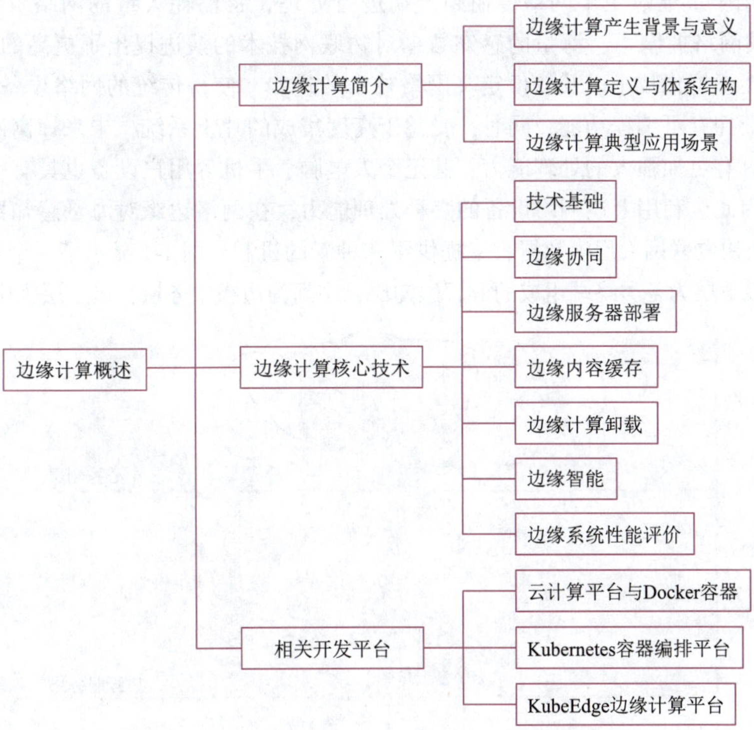

学习目标

1. 了解边缘计算的基本概念与意义、边缘计算的典型应用场景，以及边缘计算的核心技术。

2. 理解边缘计算的定义与体系结构，以及边缘计算的技术基础和开发平台。

1.1 边缘计算简介

1.1.1 边缘计算产生背景与意义

近年来，感知通信技术的快速发展以及智能设备的大规模普及，人、机、物深度融合的物联网环境逐步形成。首先，新型感知方式诸如无源感知、群智感知的出现，助力物联网突破电源、时空限制，广域覆盖与长时间持续感知成为可能；其次，短距离通信技术诸如蓝牙(bluetooth)、Wi-Fi 等的日益成熟，使得终端直连或接入主干网络愈发便捷，车联网、人联网等新型运营模式得到井喷式发展。中商产业研究院发布的《2024—2029 年中国车联网行业调研及发展趋势预测报告》显示，2023 年中国车联网产业规模为 2 887.2 亿元，同比增长 22.4%。

随着物联网与人工智能、大数据、区块链等新一代信息技术的加速融合，物联网应用正在从云端向边缘扩展。现实增强[1]、位置服务[2]等应用不知不觉中渗透到人们日常生活和工作中，全球逐步进入一个“万物智联”的新时代。根据互联网数据中心预测，到 2025 年将有 416 亿个物联网终端联网，产生 79.4 ZB 的数据量，几乎占全球数据量的一半[3]。如果这些数据全部通过主干网络传输到云端进行处理，将消耗大量的网络资源(带宽和能量)，并造成网络拥塞[4]。海量的感知数据对物联网技术的演进提出了更高的要求。

网络功能虚拟化技术以及软件定义网络技术的进步，使得传统的网络设备诸如路由器、交换机等逐渐拥有可编程功能；同时，受益于高度集成的片上系统，未来蜂窝网络中的基站和小基站也具有更加强大的处理能力，甚至个人电脑、手机等用户设备也具有一定的存储和计算能力。因此，利用上述网络设备的多种处理能力，在网络边缘对海量感知数据进行分布式处理，为解决物联网大规模数据收集提供了一种新的机制。图 1-1 显示了一个三层的边缘物联网模型，最下层为各类终端组成的群智感知层，中间为边缘服务层，最上层为中心控制层。

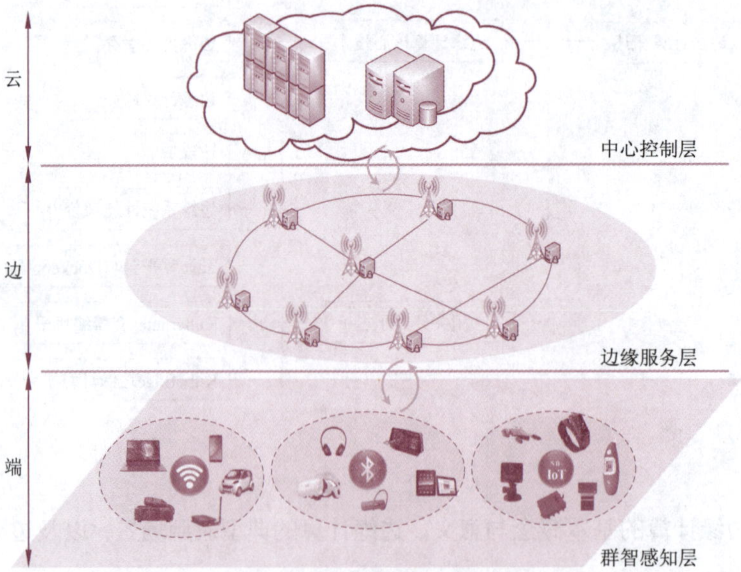

图 1-1 三层的边缘物联网模型

这种云-边-端协同的思想近年来受到了工业界和学术界的广泛关注[5]。国际标准化组织和国际电工委员会于 2017 年提出了边缘计算物联网的参考模型；2018 年，其下属技术分委员会 SC41 发布了 EC-IoT 标准的需求分析报告，为实现开放、跨行业服务提供指导；同年，工业互联网联盟正式发布了《工业物联网边缘计算介绍》白皮书[6]。此外，微软公司的 Azure IoT Edge、亚马逊公司的 AWS Greengrass[7]、阿里云的 Link IoT Edge 等边缘计算产品纷纷推出。国际学术机构如美国卡内基梅隆大学[8]、美国普林斯顿大学[9]、美国哈佛大学[10]、英国艾伦·图灵研究院[11]、加拿大滑铁卢大学[12]等也启动了相应的科研计划。国内学者同样重视该领域的研究，清华大学[13]、中国科学技术大学[14]、上海交通大学[15]、浙江大学[16]等较早开展该领域的探索和相关研究。

人们很早就提出了边缘计算的相关概念。2009 年研究人员提出了微云的概念[17]，其想法是将具有强大计算能力的服务器放置在无线网络的关键位置，为移动用户提供轻量级的云计算服务。但是，由于微云不是移动网络的固有部分，且其覆盖范围有限，因此严重影响用户的服务质量。为了在网络边缘处理数 10 亿智慧互联设备上的应用，思科在 2012 年提出了雾计算的概念[18]。其构架通常包括云层、雾层和设备层，具有低延迟和位置感知、地理位置分布广泛、大量网络节点互联、支持流数据传输和实时应用的特点。雾计算模型可以广泛应用在智能电网、智能交通、无线传感器网络等应用场景中[19-21]，因此雾计算被认为是推动物联网和大数据应用的关键因素之一。为实现云计算功能与移动网络的高效无缝集成，并为所有的利益相关方提供便利，欧洲电信标准协会（European Telecommunications Standards Institute，ETSI）成立的 2014 行业规范组提出边缘计算概念，将边缘计算范例集成到移动网络架构中[22]。

1.1.2　边缘计算定义与体系结构

根据 ETSI 首次发布的白皮书[23]，移动边缘计算（mobile edge computing，MEC）的定义是："移动边缘计算能够在移动设备附近的无线接入网络范围内提供 IT 服务环境和云计算能力。"后来泛指将计算和存储移出远程云（公有云或私有云）并更接近数据源的一系列技术[24]。移动边缘计算在网络边缘运行，边缘服务器通常具有较高的运算能力，能处理传统网络基础架构所不能处理的任务。同时，边缘服务器在地理位置上离用户较近，能够实时获取网络数据，降低了数据的传输延迟，可以提高用户的服务质量体验。在文献[25]中，ETSI 对边缘计算的网络框架和参考架构进行了定义，该框架从移动边缘系统水平、移动边缘主机水平和网络三个层次对移动边缘计算下不同的功能实体进行了划分，如图 1-2 所示。

主机水平包含移动边缘计算主机和相应的移动边缘主机水平管理实体。移动边缘主机又可以进一步划分为移动边缘平台、移动边缘应用和虚拟化基础设施。虚拟化基础设施可以为移动边缘应用提供计算和存储资源。网络水平主要包括 3GPP 网络、本地网络和外部网络等相关的外部实体，该层主要表示边缘计算工作系统与局域网、蜂窝移动网或者外部网络的接入情况。

相比于传统的网络结构和模式，边缘计算有以下优势[26]：

1. 低时延

移动边缘计算将计算和存储"下沉"到网络边缘，距离用户更近，用户请求不再经过漫长的网络传输到达遥远的核心网处理，而是由部署在本地的边缘计算服务器将一部分流量进行卸载，直接处理并响应用户，因此通信时延会大大降低。

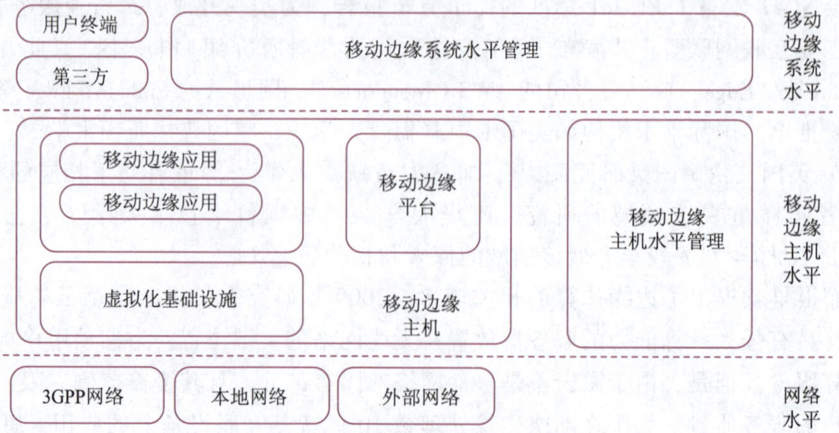

图 1-2　边缘计算的基本框架

2. 改善链路容量

部署在移动网络边缘的边缘计算服务器对流量数据进行本地卸载，减少回程链路的带宽压力，降低发生链路拥塞和故障的可能性，极大地降低对传输网和核心网带宽的要求。

3. 提高能量效率，实现绿色通信

移动网络的能耗主要包括任务计算能耗和数据传输能耗，边缘计算自身具有计算和存储资源，能够在本地进行部分计算的卸载，对于需要大量计算能力的任务再考虑上交给距离更远、处理能力更强的数据中心或云进行处理，因此可以降低核心网的计算能耗。另外，部署在网络边缘的边缘计算服务器也可以为用户提供缓存资源，内容的本地存储可以减少远程传输，降低传输能耗。

4. 改善链路状况，改善用户服务质量体验

业务应用的本地化部署使得业务应用更靠近无线网络及用户本身，更易于实现对网络上下文信息(位置、网络负荷、无线资源利用率等)的感知和利用，从而为终端用户提供更加差异化的服务和业务体验，提升用户服务质量体验。

1.1.3　边缘计算典型应用场景

如前所述，移动边缘计算通过将计算存储能力与业务服务能力向网络边缘迁移可以为移动运营商、服务提供商以及终端用户等带来很大价值，广泛应用在各个领域。MEC 的业务应用场景主要分为面向用户、面向运营商及第三方、面向网络性能和用户体验质量提升的业务应用，如图 1-3 所示。下面列举一些典型的应用场景。

1. 智慧城市

智慧城市这一新兴概念的提出是为了实现城市的智能化管理和便利城市人民的日常生活[38]。智慧城市的发展与物联网和人工智能密切相关。在智慧城市中，随着大量智能应用和物联网系统的日益普及，将会产生大量的感知数据和计算任务量。因此，智慧城市的云数据中心对大量信息进行归纳与整理时，可能需要较长的处理时间，这无法满足新兴的智能应用对低时延的迫切需求。移动边缘计算将这些智能应用的计算复杂性任务卸载到边缘服务器，以减少任务响应时延。特别是针对一些人工智能系统，可以将其计算任务卸载到边缘服务器进行初步的处理与数据筛选，再上传至云数据中心进行聚合处理，以满足人们对智能化生活的需求。

图 1-3 MEC 应用场景示意图

2. 无人驾驶

无人驾驶是指让汽车自身拥有环境感知、路径规划并自主实现车辆控制的技术。自动驾驶通过机器视觉、人工智能、定位系统、自动控制系统的协同实现，在智能交通领域有着广阔的应用前景。为避免长距离数据传输所导致的高时延，无人驾驶技术通过从边缘节点获得环境信息来扩大自身的感知范围，从而对周边车辆、道路以及设施进行收集及预测[27]。通过边缘计算的参与，将汽车驾驶技术由主干网络下沉至边缘，为无人驾驶提供了高响应，同时降低了网络负载，有望在智慧城市中普及[28]。

3. 智能家居

随着物联网技术与人工智能的日益普及，人们对家庭生活的便利化和智能化有了更高的期待，由此智能家居应运而生[29]。智能家居指的是智能家用设备，如手机、笔记本电脑、智能手表等。简单来说，用户通过手机下载智能设备对应的应用程序便可实现家庭设备的智能化。但是，随着智能家庭设备数量的增加，将会产生大量的感知数据和计算任务，增加与云中心信息交互的频率，这将给中心网络带来较大的压力。并且，由于云中心距离智能家庭设备较远，加之集中式处理的模式，因此会导致传输时延较长和隐私泄露的风险。边缘计算由于将数据处理中心部署在距离用户更近的网络边缘侧，可以减少传输时延和隐私泄露的风险。因此，可以将边缘计算引入智能家居。

4. 增强现实

增强现实主要是通过计算机系统中的数据信息来增强用户现实感知的一种技术，它将虚拟信息与现实世界相结合，并且将生成的虚拟物体、场景或者系统提示信息叠加到现实世界中，实现对真实世界的增强[30]。增强现实应用是计算密集型和延迟敏感的任务，由于耗电量高，它们通常被禁止在移动设备上进行。在一些增强现实的场景中，若是将计算任务卸载到云端处理，高数据量的频繁交互操作会造成高延时，不能满足其延时敏感的需求。利用 MEC 靠近用户的特点，可以有效地简化网络架构，并且可以减少传输时延。

1.2 边缘计算核心技术

1.2.1 技术基础

边缘计算拥有诸多传统云计算无法媲美的优势，已广泛应用于各个领域。边缘计算的迅速推广和使用，与其内部新兴技术的演变和支持密不可分。

1. 虚拟化

虚拟化技术将硬件资源与软件分离[31]，为用户提供更好的资源分区和组合方式。网络功能虚拟化技术使得 MEC 平台中的各种应用和服务不需要依赖特定的硬件设备，可以随时灵活地部署和迁移。虚拟化技术不仅提高了 MEC 平台的资源利用效率，还提高了系统的可靠性和稳定性。

2. 云计算

当前多数移动应用程序都是基于云服务进行设计的。如何将云计算技术与移动网络相结合，创建诸如 Cloud-RAN（C-RAN）这样的新型应用程序框架，是研究人员关注的热点。C-RAN 将基带处理单元等计算和存储密集型模块从基站迁移到云端，解决了基站容量有限的问题，提高了移动网络的能源效率。

3. 软件定义网

软件定义网是一种基于软件的网络架构[32]。在软件定义网架构下，网络控制器作为中心节点，通过控制协议如 OpenFlow 与网络设备进行通信和管理[33]，动态调整网络拓扑结构和数据流量，使得网络管理和服务提供更加灵活和智能化。软件定义网技术被应用于 SD-MEC（software-defined mobile edge computing）中，提供了一种更加灵活的 MEC 网络部署和管理方式。

1.2.2 边缘协同

随着具有感知、存储和计算等功能的物联网设备数量的剧增，产生了大量的计算任务，传统的云计算虽然具有强大的算力资源，但是，其数据处理中心距离终端用户较远会导致较高的传输时延，并且云数据中心和终端设备频繁的信息交互会导致核心网络负载较重，甚至导致网络拥塞的问题。移动边缘计算作为一种新兴的计算范式，通过在距离终端设备更近的地方部署具有计算和存储资源的服务器，将原本发送给云数据中心的计算任务进行卸载。边缘服务器可以直接卸载终端设备的任务请求，这可以缓解云数据中心的计算负载，减少任务的响应时延以及保证数据传输的安全性。但是，考虑到单个边缘服务器只能处理有限的计算任务，这与终端用户对大量任务处理的请求存在矛盾，同时也难以满足快速发展的智能应用对强大算力资源和超低时延的需求。并且，部分应用程序需要不同类型设备的协作，以便更好地服务于用户。协同边缘计算通过不同类型设备之间的协作可以很好地支持上述应用程序的需求[34-36]。

协同边缘计算包括终端设备、边缘服务器和云中心之间相互协作的垂直协作[37]，还包括边缘层的边缘服务器之间的相互协作的水平协作[38]。故协同边缘计算通过不同设备之间的协作可以实现数据和计算资源的共享。协同边缘计算既解决了水平协作对云中心强大的算力资源的忽视导致计算能力不足的问题，也解决了垂直协作中因为忽视边缘服务器之间的协作导致部分边缘服务器计算负载过重、部分边缘服务器空闲的问题，故协同边缘计算利用垂直协作和水平协作可以更好地实现资源的共享和计算负载的均衡。但是，协同边缘计算也面临着诸多挑战，如异构设备之间协作卸载、资源配置等问题。其中，异构边缘服务器之间的任务卸载是协同边缘计算的基本问题之一。这包括计算任务是否卸载、在何处卸载，以及边缘服务器空闲的计算资源是否满足计算任务卸载的需求。

小提示：垂直协作也称纵向协作，发生在端-边、边-云、端-云之间；水平协作也称横向协作，发生在端-端、边-边之间。

1.2.3　边缘服务器部署

边缘服务器部署是边缘计算落地的第一步，为最大化利用当前网络计算资源，降低部署成本，通常将边缘服务器部署在靠近终端用户与设备的基站或网络接入点[39,40]。由于边缘服务器部署位置直接影响着边缘计算系统的性能和效率，如果边缘服务器部署在离最终用户太远的地方，会产生和云计算模式类似的问题进而影响用户体验，因此制定最佳的边缘服务器的部署决策方案至关重要。

在边缘服务器部署时需考虑多种因素。相关研究表明[41]，与满负荷状态的边缘服务器相比，其空闲状态能耗占比 60% 以上。首先，更节能的部署模式对于降低系统能源与设备成本至关重要。然而在实际部署中，边缘服务器部署数量往往与系统服务质量呈正相关性，部署成本约束与系统性能之间的矛盾日益显现[42]。其次，在确定边缘服务器数量之后，还需要合理规划其部署位置[43]，以尽可能减少数据传输延迟和提高服务响应速度。最后，在制定部署方案时需重点考虑服务器与服务部署之间的耦合性，提升运营商收益。

因此，通过合理决策边缘服务器部署位置，实现系统总体性能提升、减少系统能源消耗，发挥边缘系统计算与存储资源最大价值，是进一步促进边缘计算技术持续发展的关键问题。

1.2.4　边缘内容缓存

边缘缓存技术是用空间换时间的典型应用，通过使用更多的缓存空间，获取更快的通信传输速度。边缘缓存概念最早在计算机互联网通信中提出，并在此基础上产生了以“信息为中心”的 ICN（information-centric network）边缘缓存架构[44,45]，其中以内容中心网络（content centric network，CCN）[46,47]、内容分发网络（content delivery network，CDN）[48]以及命名数据网络（named data networking，NDN）[49]等为典型代表，通过在交换中心、网关和路由等传输节点部署缓存服务器，充分利用网络设备存储容量，将网络内容下沉至靠近用户终端的位置，以提升网络性能，增强用户体验，克服互联网数据流量不断增长带来的传输瓶颈。

近年来，随着移动网络中便携式设备的大规模普及以及多媒体视频业务的爆炸性增长，一些大型无线视频网站开始在移动交换中心部署缓存服务器，以建立移动通信网络中的内容分发架构，提高移动用户视频业务体验和高质量的无线流媒体服务质量（quality of service，QoS）。该技术将传统以“信息为中心”的内容分发技术与移动通信网络场景相结合，将各类终端和业务产生的海量数据经由传统网络传输至“云”端，然后进一步发送至基站进行智能存储转发。然而，在峰值时段，基站作为离用户最近的移动交换中心，同时存储转发所有的请求内容会消耗大量的带宽、能量与时间成本，紧缺的频谱资源无法承载逐年增长的移动视频数据流量需求，而且，目前的主干网络也没有足够的能力同时处理如此庞大的数据。为了减少基站负载，卸载主干网络压力，基于 D2D（device-to-device）通信的移动边缘缓存技术开始成为学者研究的热门课题。结合缓存的 D2D 通信充分考虑网络中小功率节点和移动用户终端的缓存能力，将流行度高的内容部署在网络边缘靠近请求用户的地方，甚至是直接部署在请求用户终端，利用 D2D 通信进行内容分发，可以在降低用户访问数据时延的同时，有效缓解主干网和蜂窝网络的流量压力。

1.2.5 边缘计算卸载

计算卸载是移动边缘计算的一项关键技术，是实现良好的网络性能和提高用户服务 QoS 的关键[50-52]。计算卸载联合考虑卸载决策和资源分配，将终端设备中计算任务卸载到边缘服务器或云中心，利用边缘服务器和云数据中心的算力资源缓解终端设备的任务负载，这包括是否、何时以及在何处卸载计算任务以及如何优化网络带宽和边缘服务器的存储和计算等资源的合理分配。计算卸载的核心思想是利用设备有限的资源提高对任务的卸载能力，以减少任务的响应时延和处理能耗。计算卸载技术主要解决卸载决策和资源分配这两个问题。卸载决策主要决定终端设备的任务是否需要卸载，是粗粒度卸载还是细粒度卸载，以及采用何种卸载策略卸载到边缘服务器或云中心。按照卸载决策的优化目标，任务卸载方案常以时延、能耗或时延、能耗的加权和作为优化目标以制定最优的卸载决策。针对边缘服务器受限于硬件条件，其计算、存储和 CPU 频率等资源有限，网络系统必须考虑边缘服务器剩余的算力资源是否满足计算任务卸载的需求，否则将会导致任务排队时延较长。因此，如何合理有效地配置边缘服务器有限的资源来满足用户对实时性和动态性响应的需求也是边缘计算卸载的一个重要问题。

1.2.6 边缘智能

传统的人工智能部署在云端执行，即将数据传输至云端，然后在云端执行智能算法并返回结果。但即使 5G 技术全面普及，也可能无法满足海量数据上传至云端所需的带宽；同时，对于延迟敏感的应用，如人脸识别、增强现实等，需要设备实时响应，具有较强的处理能力；此外，在隐私保护意识日益强烈的现今，用户数据直接上传至云端造成数据泄漏也应引起重视，用户可能会尽量减少或直接拒绝私人数据上传至云端。边缘智能的出现为解决上述问题提供了思路。

边缘智能强调边缘节点在边缘侧提供高级数据分析、场景感知、实时决策、自组织与协同等服务。它在靠近用户的边缘端提供智能应用，在边缘计算推动和人工智能应用牵引的双重作用下应运而生[53]，是边缘计算与人工智能相结合的产物。边缘智能以一种更高效和可持续的方式利用海量物联网数据。在合适的地方应用人工智能可以大幅度提高人们的生活质量，在靠近设备的边缘处理数据具有更低的延时，能够满足延时敏感的应用，从而给用户提供更加智能、便捷的服务。

将人工智能应用迁移到边缘可以带来诸多好处。例如，易用性、功能性、隐私、安全、成本、气候或资源的可持续利用等。需要在终端部署智能算法的原因有很多，智能化数据的使用和缩减，以及快速的实时本地响应，是其中的两个原因。数据隐私和安全是另一方面的因素，海量传感器原始数据可以在产生的地方进行处理，而密集的运算任务放在云端执行。边缘计算和人工智能彼此赋能，催生“边缘智能”这一崭新范式，从而产生大量创新研究机会[54]。

1.2.7　边缘系统性能评价

对边缘系统进行性能评估以及研究其扩展率，是支撑边缘计算大规模部署的理论前提。传统的评价指标主要包括传输时延、能耗、吞吐量和容量。其中，容量以数据传输速率作为指标来表征一个信道传输信号的能力，可以反映信道支持的最大传输速率，因此将容量作为优化目标是研究人员重点关注的领域之一。本节从内容缓存角度出发，对移动边缘缓存系统容量进行评价。整个缓存系统需要在有限缓存空间内存储尽可能流行的内容，以便使用户在较近的距离获得自己请求的内容，从而使内容传输距离最小、系统容量最大以及用户的 QoS 最高。常规做法是每一个内容只缓存一个备份[55]，其结果是大量用户请求的流行度较高的内容由于只有一个备份，造成排队现象；而流行度较低的内容偶尔被一个用户请求，甚至不被请求，造成资源和存储空间的浪费。经典做法是根据内容的流行度对内容进行存储，即流行度更高的内容存储更多备份[56]。但是，仅靠每一个节点单独提供服务，系统性能提升有限，用户的 QoS 也不会明显提高。研究表明，节点协作可以提升系统性能[57]。评价节点协作对于移动边缘缓存系统容量的影响是一个值得探讨的问题。此外，目前大多数对于容量的研究都建立在网络状态稳定的前提下，即网络中的边缘节点、内容和请求用户的数量以及状态都是稳定的，这与实际不相符。随着时间推移，会有新的用户不断地到达或原有的用户离开基站的覆盖范围，并且基站中也会存储新内容或者删除旧内容。同时，用户的加入或离开，将会导致与某些内容建立或断开联系。内容的存储或者删除也会影响其他内容的缓存情况。

1.3　相关开发平台

1.3.1　云计算平台与 Docker 容器

云计算平台是一种通过互联网提供计算资源、存储资源和其他 IT 服务的平台，用户可以通过互联网按需使用这些资源，而不需要拥有或管理底层的物理硬件设备。云平台将计算、存储、网络等基础设施资源虚拟化，并通过网络进行访问。云平台的架构可分为基础设施即服务（infrastructure as a service，IaaS）、平台即服务（platform as a service，PaaS）和软件即服务(software as a service，SaaS)三个层次。云平台的发展历程可以追溯到 21 世纪初。2002 年，亚马逊推出首个云平台 Amazon Web Services(AWS)，极大地降低了企业部署 IT 基础设施的成本。2008 年，Google 推出首个 PaaS 产品 Google App Engine，为开发者提供了完整的应用开发和部署环境。同年，微软推出 Azure 云平台，最初以 PaaS 服务为主，后来逐步扩展为全面的云服务平台。2010 年后，云平台进入快速发展期，Rackspace 和 NASA 合作推出开源云平台项目 OpenStack，该平台支持构建和管理私有云、公共云和混合云环境，降低了企业构建私有云的门槛，推动了云计算技术的普及。2013 年，阿里巴巴推出的阿里云，成为国内首个大规模商用的云平台。

Docker 是一种开源的容器化平台，能够简化应用程序的开发、部署和运行。它通过将应用程序及其依赖项打包到一个轻量级、可移植的容器中，实现了应用程序在不同环境中的一致性运行。与传统的虚拟化技术相比，Docker 容器不需要运行完整的操作系统，而是通过共享宿主机的操作系统内核来运行，仅包含应用程序及其依赖项。因此，Docker 容器技术启动速度更快，资源占用更少。Docker 容器通过控制组(Cgroups)和命名空间(Namespaces)来实现资源的隔离与管理，确保每个容器在独立的环境中运行。Cgroups 主要用于限制、监控和隔离容器的资源，如 CPU、内存、磁盘和 I/O 等，从而避免容器之间相互干扰。Namespaces 提供了进程、网络、挂载等资源的隔离，确保每个容器在独立的命名空间中运行，彼此间互不干扰，为容器的高效和安全运行提供了保障。

Docker 采用的客户端-服务器架构如图 1-4 所示。Docker Client 是用户与 Docker 系统交互的接口，用户通过命令行工具发送指令来管理容器和镜像。Docker Client 将请求通过 REST API 发送给 Docker 守护进程，该守护进程运行在 Docker Host 上。Docker Host 是实际执行容器的宿主机，安装了 Docker Engine，负责管理容器的生命周期，包括容器的创建、启动、停止等操作。在 Docker 架构中，镜像是构建和运行容器的基础单元，每个 Docker 镜像都是一个只读的文件系统模板，包含了应用程序运行所需的全部依赖项。Docker 守护进程通过镜像创建并启动容器实例，容器作为镜像的运行实体，在隔离的环境中执行应用程序，同时与其他容器或外部网络进行交互。Docker Registry 作为镜像的集中存储和分发中心，用于存储和分发 Docker 镜像。Docker 守护进程可以从 Registry 拉取所需的镜像，也可以将本地构建的镜像推送至 Registry，从而实现镜像的管理和分发，保证镜像的共享和一致性。这种架构设计确保了 Docker 容器技术的高可用性和可扩展性，为容器化应用的部署和维护提供了基础。

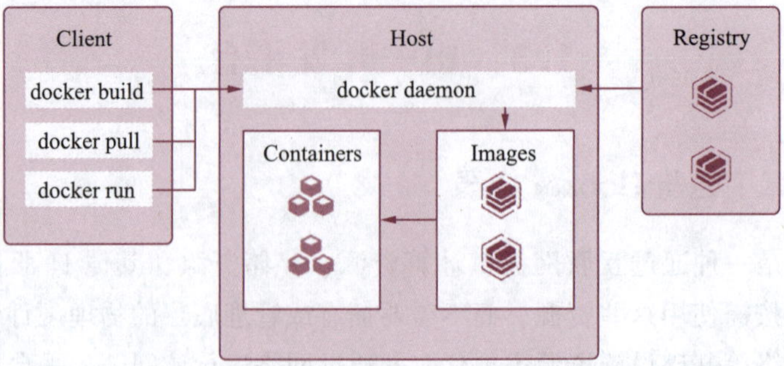

图 1-4 Docker 整体架构

1.3.2　Kubernetes 容器编排平台

Kubernetes 是由 Google 开发的开源容器编排平台，用于自动化部署、扩展和管理容器化应用。它的核心功能是通过容器编排提高容器化应用程序的可管理性和可伸缩性，尤其是在大规模微服务架构中。Kubernetes 能够自动化容器的部署、扩展、健康检查和负载均衡，并且支持跨多个主机集群运行容器，确保高可用性和可靠性。在 Kubernetes 架构中，核心资源对象构成了其功能基础，主要包括 Pod、Deployment、Service 和 Namespace 等关键组件。Pod 是 Kubernetes 的最小调度单元，包含一个或多个共享存储和网络的容器，是应用运行的载体。Deployment 用于定义和管理 Pod 的部署和更新，确保指定数量的 Pod 副本始终运行，并支持滚动更新和回滚。Service 为 Pod 提供稳定的网络访问入口，实现负载均衡和服务发现，确保应用的高可用性。Namespace 是集群资源的逻辑分区，用于实现多租户环境下的资源隔离和管理，帮助用户更好地组织和管理集群资源。

Kubernetes 的架构主要由控制平面和 Worker 工作节点组成，如图 1-5 所示。控制平面负责管理集群的整体状态，其核心组件运行在 Master 节点上，承担调度、控制和管理任务，主要由四个组件组成。kube-apiserver 是集群的入口，负责处理所有的请求；kube controller manager 负责处理集群的控制逻辑，如管理 Pod 副本和节点健康检查；kube scheduler 负责根据资源需求将 Pod 调度到合适的 Node 节点。etcd 则是集群的分布式数据存储，存储所有集群状态和配置信息，确保集群数据一致性。工作节点则运行实际的应用程序容器，每个节点上有三个主要组件：kubelet 负责管理 Pod 的生命周期并与 kube-apiserver 进行通信；kube proxy 负责实现负载均衡和服务发现，确保集群内的流量能够正确路由；容器运行时是实际执行容器启动与管理的底层引擎，负责拉取镜像、创建容器并管理其生命周期，Kubernetes 支持多种容器运行时，如 Docker、Containerd 和 CRI-O。

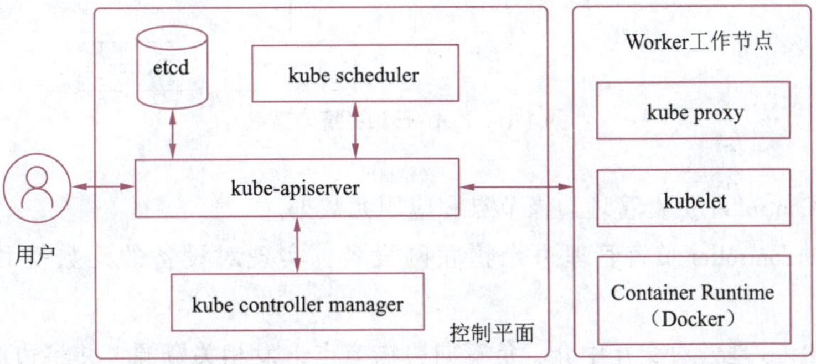

图 1-5　Kubernetes 整体架构

1.3.3　KubeEdge 边缘计算平台

KubeEdge 是由华为开发的开源云原生边缘计算平台，2024 年 10 月正式从云原生计算基金会(CNCF)毕业。它将 Kubernetes 的容器编排能力扩展到边缘侧，实现云侧与边缘侧的数据交互和资源调度。KubeEdge 支持大规模边缘节点的数据采集、实时处理和智能分析等功能，为智能交通、智慧医疗、工业物联网等多种场景提供高效、可靠和安全的边缘计算解决方案。

KubeEdge 架构主要分为云端 CloudCore 和边缘端 EdgeCore 两部分，用户可以通过 kube-apiserver 来管理边缘节点，其整体架构如图 1-6 所示。CloudCore 组件包括 EdgeController、DeviceController 和 CloudHub 等模块。

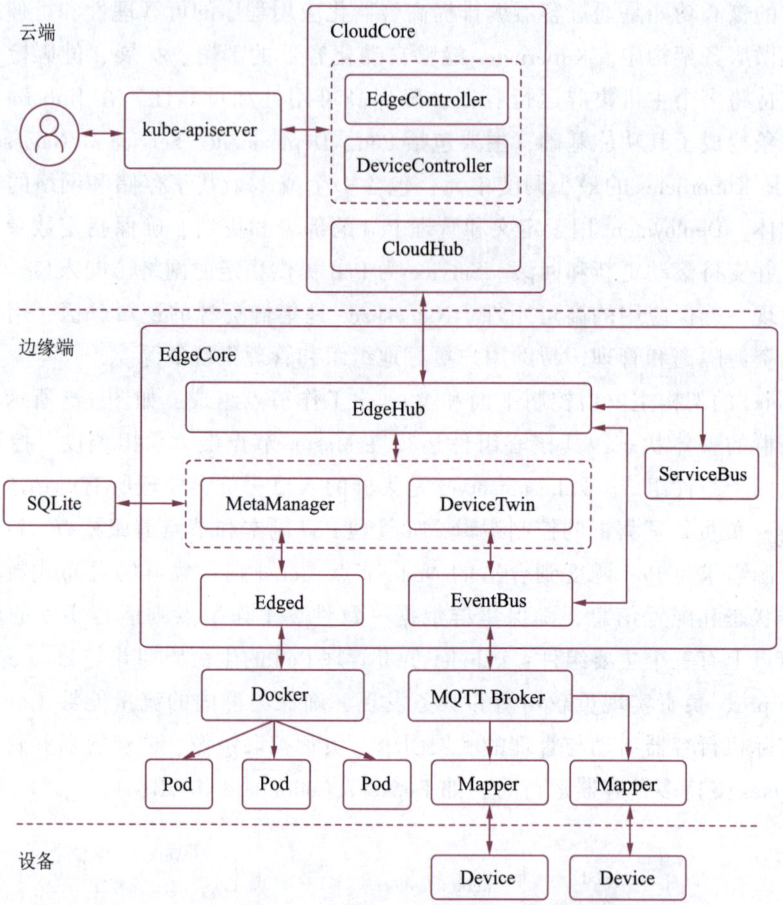

图 1-6　KubeEdge 整体架构

（1）EdgeController 负责管理边缘节点和应用元数据。

（2）DeviceController 负责管理边缘物联网设备，实现对设备的元数据和状态在云边同步。

（3）CloudHub 是云边交互中介，负责向边缘节点下发相关资源，并将边缘节点的状态事件上报，从而实现边缘节点和控制器之间的通信。

EdgeCore 组件主要由 EdgeHub、MetaManager、DeviceTwin、Edged、EventBus 等模块组成，实现管理边缘负载。

（1）EdgeHub 负责与云端的 CloudHub 进行交互实现双向消息传递，将接收数据传送给 EdgeCore 组件的其他模块，同时实现上传数据功能。

（2）MetaManager 负责处理管理云端和边缘端的元数据，同时将元数据存储到轻量级数据库 SQLite 中，实现操作数据库和云边数据协同的中转站。

（3）DeviceTwin 负责处理设备的相关状态，同步设备动态属性到云端。

(4) Edged 是一个轻量化的容器管理组件，负责管理边缘节点上的容器化应用程序。

(5) EventBus 是边端交互的中介，主要使用 MQTT 协议与终端设备进行通信，通过发布设备的期望状态到 DeviceTwin 模块，实现对终端设备的控制；同时订阅来自终端设备的实际状态，并将其上报给 DeviceTwin 模块，以便进行状态管理和同步。

小　结

边缘计算就近部署、计算与服务的特点促使了大量新型应用的产生。本章首先对边缘计算产生的背景与意义、定义与体系结构以及典型应用场景进行了介绍；在此基础上，围绕边缘计算相关技术，从虚拟化技术、云计算技术、软件定义网络、协同边缘计算、边缘服务器部署、内容缓存、计算卸载、边缘智能与性能评价等多个方面介绍了当前边缘计算关键技术，最后介绍了一些目前主流的边缘计算开发平台。

习　题

1. 什么是边缘计算？边缘计算有哪些优点？
2. 边缘计算涉及的核心技术有哪些？
3. 举一个现实生活中运用边缘计算的例子。

第 2 章 边缘服务器部署

边缘服务器部署是移动边缘计算应用实施的关键环节，具有重要的研究价值。选择合适的位置放置边缘服务器不仅可以满足计算需求，还可以提高系统资源利用率，降低部署成本。因此，有必要对时变网络状态下的边缘服务器放置问题进行研究。首先，将边缘服务器划分为静态服务器和动态服务器两类。然后，提出了一种改进的蛇优化算法来确定每个时刻边缘服务器的部署数量和放置位置，以满足一定范围内用户卸载数据的传输延迟要求。最后，利用内点法来进一步降低服务成本。实验结果表明，本章所提出的方法能够动态地部署边缘服务器，同时与经典算法相比，在相同的实验条件下，可以减少 20% ~ 43% 的服务成本。

本章知识导图

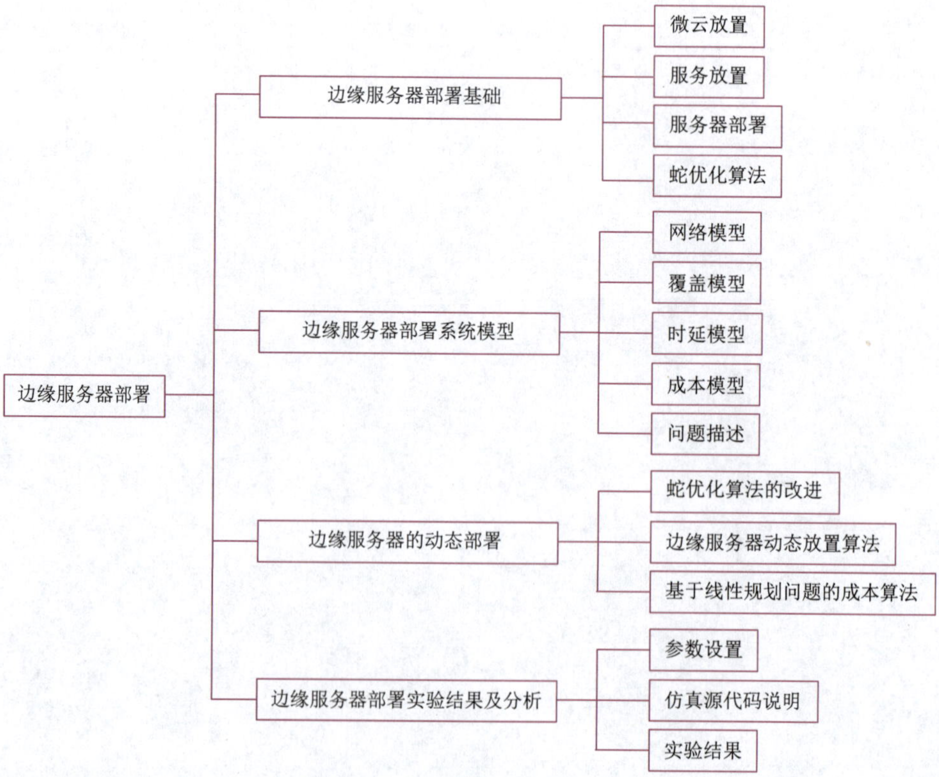

学习目标

1. 了解边缘服务器部署的基本概念和重要性，以及微云放置和服务器部署的现状及其实际应用场景。

2. 理解优化算法的基本原理及其在边缘计算中的应用，以及网络模型、覆盖模型、时延模型、成本模型的构建和作用。

3. 掌握边缘服务器动态放置策略与方法，以及能够分析和解读实验结果，提出改进建议。

4. 能够实际应用优化算法进行边缘服务器的部署，能够根据实验结果优化部署策略，提高系统性能。

2.1　边缘服务器部署基础

互联网技术的快速发展和智能终端设备的普及在网络边缘产生了大量数据，边缘计算通过将边缘服务器部署在更靠近用户的位置实现将计算资源下沉到网络边缘，从而减少任务执行及往返时间，有效减少了网络拥塞和数据传输延迟[58,59]。

如图 2-1 所示，边缘服务器可以根据移动网络的不同物理位置与业务需求灵活确定部署位置。随着 5G 网络建设和运营规模的扩大，业务需求也日益多样化，如何提高系统资源利用率，降低部署成本成为目前研究的重点。然而，目前研究中往往只关注移动边缘计算的核心问题：计算卸载[60]。作为移动边缘计算的第一步，服务器部署很少受到关注。同时，目前边缘服务器部署方案决策时未综合考虑系统主要影响因素，优化目标设定需综合考虑延迟敏感型和计算密集型服务可接受服务延迟约束及如何提升边缘服务器的资源利用率。

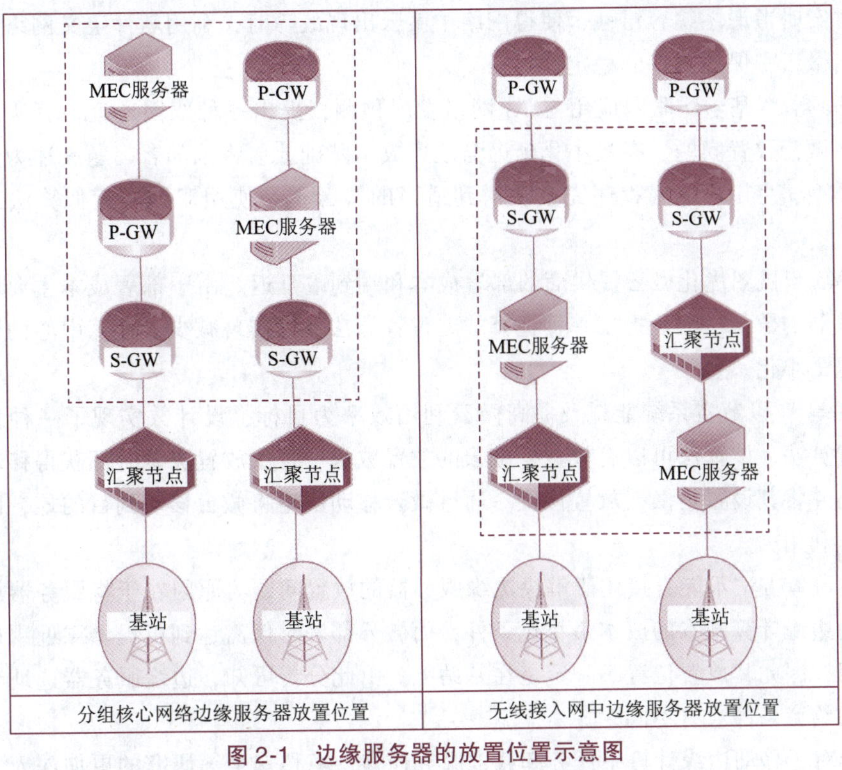

图 2-1　边缘服务器的放置位置示意图

小提示：在无线接入网中，S-GW（serving gateway，服务网关）和 P-GW（PDN gateway，分组数据网网关）是核心网的关键网元，承担不同的功能。S-GW 位于无线接入网与核心网络之间，靠近基站，通常按地域部署以减少时延；P-GW 位于核心网络边缘，连接外部网络（如互联网）。

为弥补上述部署方案中主要不足之处，本章重点研究了如何在用户服务质量约束下，最小化动态部署边缘服务器的成本。本章主要从优化用户传输时延与成本出发，对边缘服务器放置方法进行研究，即如何决策边缘服务器放置位置与数量，使得在一定服务时延的约束下提高用户的体验质量，决策如何使得成本最低。

2.1.1 微云放置

在边缘计算的相关研究中，确定边缘服务器部署方案是移动边缘计算研究的第一步，然而在研究边缘服务器部署方案前，微云部署已被广泛研究。微云是与本地网络中的无线接入点共址的服务器集群，移动用户可以将他们的任务卸载到资源丰富的微云进行处理。与远程云处理方式相比，移动用户和微云之间更短的物理距离意味着微云的任务访问与卸载的延迟大大降低，从而显著改善了用户体验[61]。

Xu 等[62]研究了大规模无线城域网中的微云放置问题。首先证明了该放置问题是 NP-Hard，其次将其建模为一个容量约束的微云放置问题，以最小化移动用户与本地微云之间的访问延迟为目标，设计了一种快速可扩展的启发式解决方案解决该问题。

Wang 等[63]提出了一种差分进化布谷鸟搜索算法来决策微云的长期部署位置。在该研究中充分考虑了物联网场景下的传输延迟、无线接入点转发延迟和微云处理延迟，同时设计部署方案时考虑系统容错性，使得网络中微云出现故障时，利用软件定义网络技术及时启动容错微云，保证网络的稳定性。

Bhatta 等[64]基于物联网应用与 5G 网络发展预测，提出一种双因子近似算法来解决异构环境下微云放置问题。在最小化延迟与放置成本基础上，将该部署问题表述为多目标整数规划模型，将用户应用程序完全映射到适当的微云上，使用双因子近似算法来解决该问题。

Fan 等[65]试图优化微云提供商的部署成本和端到端延迟。由于部署成本主要取决于位置和服务器的数量，因此提出一种选择战略位置算法，以实现减少云计算中心的数量与端到端延迟最小化。

Shen 等[66]以节省系统能耗及提高微云利用效率为目标，设计并实现了一种自适应的微云放置算法。该算法可以有效减少微云的放置数量，每次放置决策时都获得移动设备的聚类中心并将其设置为微云放置位置。通过微云移动策略将微云移动到目的地，以实现能量的最佳利用。

上述放置方法不能直接用于解决边缘服务器的放置问题，原因在于将服务器放置在基站是移动边缘计算基本的成本最小化条件，而微云部署时仅需达到可提供靠近用户的计算资源目标，因此其放置位置不一定是在基站上。由此分析可知，边缘服务器选址与微云放置问题的约束条件大有不同。

随着对于移动边缘计算中任务卸载、服务迁移、隐私安全等研究的更加深入，人们认识到了边缘计算服务器在边缘系统中合理放置的重要性。边缘计算相关研究人员开始关注边缘环境下服务器的放置方案研究。同时，当前大多数研究者以降低边缘系统响应延迟、节约能耗成本与平衡服务器间负载均衡等为目标进行部署研究，在此优化背景下将边缘服务器部署问题分为硬件部署与软件部署两部分着手研究。

2.1.2 服务放置

软件部署也称边缘服务部署，即如何通过将应用服务部署到边缘服务器上进一步降低用户访问时延，提升边缘服务器可用性。其概念与边缘服务缓存概念具有很大不同。两者差异最大的是边缘服务缓存研究中关注的缓存内容多为热点内容，其缓存时间相对较短，而边缘服务部署的应用具有长时间的可用性，因此为提升服务性能，在实际部署中应充分考虑应用种类并为其设计合理的部署方案。

Gao 等[67]研究了移动边缘计算的接入网络选择与服务放置的联合优化问题。通过平衡接入延迟、通信延迟和切换延迟来提高目标网络中 QoS。研究中设计了一种在线框架，将长期优化问题分解为一系列的单个问题，提出了一种基于迭代的算法来推导计算高效的解决方案。最后基于最优性差距的严格理论分析和广泛的跟踪驱动模拟证明其解决方案的有效性。

Farhadi 等[68]提出一个双时间尺度框架，该框架在考虑存储、通信、计算和预算约束的同时，联合优化了服务放置和请求调度。通过分析各种放置与请求调度情况的难度，验证了问题的复杂性。开发了一种多项式时间服务放置算法，该算法在满足硬资源约束并且在请求具有同质资源需求情况下是最优的。

Poularakis 等[69]发现新兴服务中海量服务请求表现出了与当前网络可提供服务的带宽需求的不对等，研究了具有多维(存储、计算和通信)约束且支持 MEC 的多单元网络中的服务放置和请求路由的联合优化，提出了一种使用随机舍入实现近似最佳性能的算法。

Yu 等[70]研究了移动边缘计算 MEC 中的协作服务放置问题，该研究中优化目标为最小化服务请求转发造成的流量负载。将服务放置问题转化为基站与终端用户之间的关联问题，提出了一种基于匹配理论的去中心化协同服务放置算法，通过综合考虑服务的多样性和基站协作特性来优化基站的服务放置和终端用户关联决策。

Deng 等[71]研究了资源受限型分布式边缘网络中服务部署问题，研究中综合考虑边缘服务器的资源限制、应用程序的业务逻辑以及应用程序的平均响应时间约束，提出一种在按需计费模式下以最小的成本生成最佳的服务部署算法。

上述研究针对边缘服务部署问题进行了深入分析与决策。在现实部署决策中，边缘服务器部署与服务部署是两个相互关联的问题，边缘服务器的部署方案直接影响着服务的质量和系统可访问性，同时边缘服务器部署方案的不同还会导致服务部署方案的不同，该部署方案直接影响到整个 MEC 系统的性能表现。因此，边缘服务器的部署方案和服务部署方案必须同时考虑，以保证 MEC 系统能够以最高效、可靠的方式提供服务。

2.1.3 服务器部署

边缘服务器硬件部署中主要研究内容为根据地理位置、网络状况与当前边缘网络设备拓扑结构决策最佳的硬件设施部署方案。研究该问题旨在为用户提供具有高可用性的边缘服务，保证当前边缘计算服务器放置可满足系统最高承载能力并可提供高质量服务，提高系统处理数据量。该研究也是边缘服务器放置研究中的主要研究方向。

Guo 等[72]使用 K-Means 算法结合混合整数二次规划来解决边缘服务器放置问题。由于混合整数二次规划问题的复杂性，作者提出了一个近似解，并指出所提出的算法在计算复杂性方面不是很有效。

Bouet 等[73]在研究中考虑系统服务器大小、数量、服务区域等综合因素将边缘服务器选址问题建模为一个混合整数线性规划问题，设计并实现了一种基于图的算法，在最大化 MEC 服务器负载基础上，实现了在边缘处整合的通信数量最大化目标。

Xu 等[74]利用数据挖掘技术提出了一种非支配排序遗传算法，以使用云计算提供低延迟和高可靠性的车载社交媒体服务。作者将重点放在边缘服务器的放置上，而没有考虑在连接的基站和边缘服务器之间找到最佳关联的问题。

Wang 等[75]基于智慧城市放置场景，以实现边缘服务器间负载均衡与降低访问延迟为目标，将边缘服务器放置问题表述为多目标约束优化问题，采用混合整数规划来找到最佳的边缘服务器放置位置。

Li 等[76]研究了能量感知的边缘服务器放置问题。该研究中将放置问题表述为一个多目标优化问题，以最小化系统能耗为目标提出了一种基于粒子群优化算法的能耗感知边缘服务器放置算法。

Zeng 等[61]将研究重点放在节省无线城域网中部署边缘服务器的成本上，将放置问题转化为在确保网络 QoS 相关约束条件下最小化边缘服务器数量的问题。基于两种不同边缘服务器容量要求，分别讨论研究并制定放置方案，并提出了两种启发式算法和一种基于贪心的算法来分别解决这两种问题。

Lähderanta 等[42]总结了放置问题中需要广泛考虑的因素，提出了 PACK 算法，解决服务器放置与负载容量分配问题。该算法最大限度地减少了服务器与其关联接入点之间的距离，考虑了容量限制下的负载均衡问题，并支持服务器之间的工作负载共享。

在边缘服务器负载能力和部署成本的约束背景下，确定边缘服务器硬件部署的位置和规模等关键信息会对部署成本、边缘服务质量及其性能产生重大影响[77]。因此，边缘服务器硬件的部署成为实施边缘系统时必须考虑的基本问题。然而，尽管上述研究工作从多个角度深入研究了不同优化目标或约束条件下的边缘服务器部署方法，但未考虑用户的移动性。用户在移动网络环境下的位置经常发生变化，这会对边缘服务器的选择和部署产生影响。在用户移动的情况下，仅仅关注延迟和负载平衡是不够的，还需要考虑用户的位置变化、网络连接的稳定性以及移动过程中的服务连续性等因素。因此，为了更好地适应用户的移动性，需要进一步研究考虑移动性的边缘服务器部署方法，以提供更稳定和连续的服务体验。

本章实验所用的数据集为上海电信基站数据集[76]，其中包含百万条由位置和用户上网日志等组成的数据。如果一个用户访问了互联网，我们可以了解其何时开始、何时结束。本章对数据集进行预处理，选取一天中 4 点、8 点、12 点、16 点、20 点及 24 点的用户上网位置和数量进行实验。

2.1.4 蛇优化算法

蛇优化(snake optimization，SO)算法是一种新型的元启发式优化算法，模拟了蛇在不同温度、不同食物条件下的不同行为模式，进行最优值的查找。首先对 SO 算法进行种群初始化，即在搜索空间内随机产生 N 个个体作为原始种群进行计算。如式(2-1)所示：

$$X_i = X_{\min} + r \times (X_{\max} - X_{\min}) \tag{2-1}$$

式中，r 为[0,1]之间的随机数；X_i 为种群中的第 i 个个体；$X_{\max}$ 和 $X_{\min}$ 分别为优化问题取值范围的上、下边界。之后会将种群分为雌、雄两个子种群，用式(2-2)和式(2-3)来划分种群：

$$N_{\mathrm{m}} \approx N/2 \tag{2-2}$$

$$N_{\mathrm{f}} \approx N - N_{\mathrm{m}} \tag{2-3}$$

式中，N_{m} 为雄性个体数；N_{f} 为雌性个体数。温度 Temp 定义如式(2-4)所示：

$$\mathrm{Temp} = \exp\left(\frac{-t}{X}\right) \tag{2-4}$$

式中，t 为当前迭代次数；X 为最大迭代次数。食物数量 Q 定义如式(2-5)所示：

$$Q = c_1 \times \exp\left(\frac{t - X}{X}\right) \tag{2-5}$$

式中，c_1 为常数。当食物数量 $Q<\mathrm{Threshold1}$ 时，蛇会进入勘探阶段，通过选择任意随机位置来搜索食物，并更新自己的位置。其更新公式如式(2-6)和式(2-7)所示：

$$X_{i,\mathrm{m}}(t+1) = X_{\mathrm{rand,m}}(t) \pm c_2 \times A_{\mathrm{m}} \times [(X_{\max} - X_{\min}) \times \mathrm{rand} + X_{\min}] \tag{2-6}$$

$$X_{i,\mathrm{f}}(t+1) = X_{\mathrm{rand,f}}(t) \pm c_2 \times A_{\mathrm{f}} \times [(X_{\max} - X_{\min}) \times \mathrm{rand} + X_{\min}] \tag{2-7}$$

式中，$X_{i,\mathrm{m}}$ 和 $X_{i,\mathrm{f}}$ 为第 i 个雄性和雌性蛇的位置；$X_{\mathrm{rand,m}}$ 和 $X_{\mathrm{rand,f}}$ 为随机选择的雄性与雌性的位置；A_{m} 和 A_{f} 分别为雄性和雌性蛇找到食物的能力。A_{m} 与 A_{f} 的计算方法如式(2-8)和式(2-9)所示：

$$A_{\mathrm{m}} = \exp\left(\frac{-f_{\mathrm{rand,m}}}{f_{i,\mathrm{m}}}\right) \tag{2-8}$$

$$A_{\mathrm{f}} = \exp\left(\frac{-f_{\mathrm{rand,f}}}{f_{i,\mathrm{f}}}\right) \tag{2-9}$$

式中，$f_{\mathrm{rand,m}}$ 和 $f_{\mathrm{rand,f}}$ 分别为 $X_{\mathrm{rand,m}}$ 和 $X_{\mathrm{rand,f}}$ 的适应度；$f_{i,\mathrm{m}}$ 和 $f_{i,\mathrm{f}}$ 分别为 $X_{i,\mathrm{m}}$ 和 $X_{i,\mathrm{f}}$ 的适应度。当食物数量 $Q>\mathrm{Threshold1}$ 时，如果温度 $\mathrm{Temp}>\mathrm{Threshold2}$，此时蛇会去寻找食物，位置更新公式如式(2-10)和式(2-11)所示：

$$X_{i,\mathrm{m}}(t+1) = X_{\mathrm{food}} \pm c_3 \times \mathrm{Temp} \times \mathrm{rand} \times [X_{\mathrm{food}} - X_{i,\mathrm{m}}(t)] \tag{2-10}$$

$$X_{i,\mathrm{f}}(t+1) = X_{\mathrm{food}} \pm c_3 \times \mathrm{Temp} \times \mathrm{rand} \times [X_{\mathrm{food}} - X_{i,\mathrm{f}}(t)] \tag{2-11}$$

式中，X_{food} 为最佳个体的位置；c_3 取值为 2。如果 $\mathrm{Temp}<\mathrm{Threshold2}$，此时蛇将随机处于战斗模式或交配模式。当处于战斗模式时，位置更新公式如式(2-12)和式(2-13)所示：

$$X_{i,\mathrm{m}}(t+1) = X_{i,\mathrm{m}}(t) + c_3 \times \mathrm{FM} \times \mathrm{rand} \times [Q \times X_{\mathrm{best,f}} - X_{i,\mathrm{m}}(t)] \tag{2-12}$$

$$X_{i,\mathrm{f}}(t+1) = X_{i,\mathrm{f}}(t) + c_3 \times \mathrm{FF} \times \mathrm{rand} \times [Q \times X_{\mathrm{best,m}} - X_{i,\mathrm{f}}(t)] \tag{2-13}$$

式中，$X_{\mathrm{best,m}}$ 和 $X_{\mathrm{best,f}}$ 分别为雄性和雌性蛇中的最优个体的位置；FM 和 FF 分别为雄性和雌性蛇的战斗能力。FM 和 FF 可由式(2-14)和式(2-15)计算：

$$\mathrm{FM} = \exp\left(\frac{-f_{\mathrm{best,f}}}{f_i}\right) \tag{2-14}$$

$$\mathrm{FF} = \exp\left(\frac{-f_{\mathrm{best,m}}}{f_i}\right) \tag{2-15}$$

式中，$f_{\mathrm{best,m}}$和$f_{\mathrm{best,f}}$分别为雄性和雌性蛇最佳个体的适应度；f_i 为个体 i 的适应度。当处于交配模式时，位置更新公式如式(2-16)和式(2-17)所示：

$$X_{i,\mathrm{m}}(t+1) = X_{i,\mathrm{m}}(t) + c_3 \times M_{\mathrm{m}} \times \mathrm{rand} \times [Q \times X_{i,\mathrm{f}}(t) - X_{i,\mathrm{m}}(t)] \tag{2-16}$$

$$X_{i,\mathrm{f}}(t+1) = X_{i,\mathrm{f}}(t) + c_3 \times M_{\mathrm{f}} \times \mathrm{rand} \times [Q \times X_{i,\mathrm{m}}(t) - X_{i,\mathrm{f}}(t)] \tag{2-17}$$

式中，M_{m} 和 M_{f} 分别表示雄性和雌性蛇的交配能力；M_{m} 和 M_{f} 可由式(2-18)和式(2-19)计算：

$$M_{\mathrm{m}} = \exp\left(\frac{-f_{i,\mathrm{f}}}{f_{i,\mathrm{m}}}\right) \tag{2-18}$$

$$M_{\mathrm{f}} = \exp\left(\frac{-f_{i,\mathrm{m}}}{f_{i,\mathrm{f}}}\right) \tag{2-19}$$

式中，$f_{i,\mathrm{m}}$和$f_{i,\mathrm{f}}$分别为第 i 个雄性和雌性蛇的适应度。交配完成后可以选择是否将卵孵化，如果选择孵化，则选择种群中最差的雄性和雌性个体进行替换：

$$X_{\mathrm{worst,m}} = X_{\min} + \mathrm{rand} \times (X_{\max} - X_{\min}) \tag{2-20}$$

$$X_{\mathrm{worst,f}} = X_{\min} + \mathrm{rand} \times (X_{\max} - X_{\min}) \tag{2-21}$$

式中，$X_{\mathrm{worst,m}}$和$X_{\mathrm{worst,f}}$分别为雄性和雌性蛇中的最差个体。

2.2 边缘服务器部署系统模型

边缘服务器动态放置的系统模型包括网络模型、覆盖模型、时延模型和成本模型。网络模型考虑了移动用户和边缘服务器之间的网络连接；覆盖模型考虑了边缘服务器的服务范围和覆盖能力；时延模型关注边缘服务器与用户之间的通信时延；成本模型考虑了边缘服务器的固定成本和移动成本。

2.2.1 网络模型

本章考虑的场景如图 2-2 所示。其中，包括 m 个静态边缘服务器 E_i^{s}，$i=\{1,2,\cdots,m\}$，放置在小区等用户相对集中的地方；n 个动态边缘服务器 E_j^{d}，$j=\{1,2,\cdots,n\}$，放置在公园等用户流动性较大的地方；z 个用户 D_k，$k=\{1,2,\cdots,z\}$。

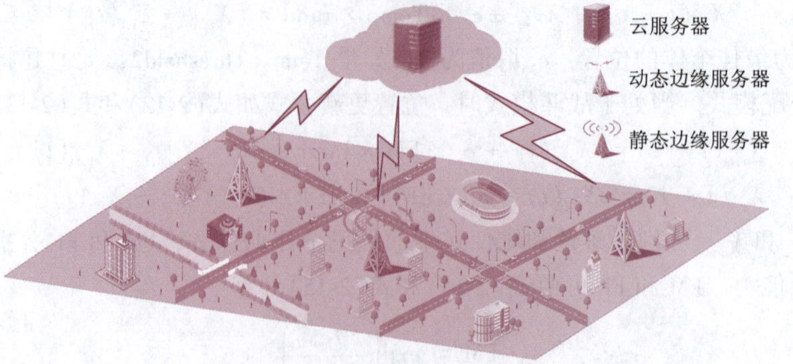

图 2-2 服务器放置场景图

2.2.2 覆盖模型

边缘服务器的覆盖模型旨在实现高效的任务处理和分配，以提高系统性能和用户体验。该模型考虑了每个用户随机产生大小不同的任务数据，以及边缘服务器和云服务器的不同计算能力和覆盖范围。在本模型中，为了促进云和边缘之间的协同工作，一种有效的策略是将边缘服务器部署在人群密集的地方，而在人群稀少的地方，用户可直接将任务卸载至云服务器处理。

假设边缘服务器的覆盖半径为 r，当用户与边缘服务器之间的距离 $d<r$ 时，用户被边缘服务器覆盖，用户与边缘服务器之间的距离 d 由半正矢(Haversine)公式来计算。假设用户的经纬度坐标为(lat_1，lon_1)，边缘服务器的经纬度坐标为(lat_2，lon_2)，则用户与边缘服务器之间的距离 d 可以表示为

$$d = 2r\arcsin\left(\sqrt{\sin^2 A + C\sin^2 B}\right) \tag{2-22}$$

式中，$A = (\mathrm{lat}_2 - \mathrm{lat}_1)/2$；$B = (\mathrm{lon}_2 - \mathrm{lon}_1)/2$；$C = \cos(\mathrm{lat}_1)\cos(\mathrm{lat}_2)$。

当用户位于边缘服务器覆盖范围内时，任务会被卸载至最近的边缘服务器进行处理，以减少数据传输延迟。如果用户不在边缘服务器覆盖范围内，任务将被卸载至云服务器进行处理。需要注意的是，当一个边缘服务器接收的任务数据 η 已经达到其计算能力上限 μ 时，即使用户在其覆盖范围内，任务也无法被卸载至该边缘服务器。此时，用户可以将任务卸载至最近的其他未达到计算能力上限且能够覆盖该用户的边缘服务器或云服务器上。

2.2.3 时延模型

时延为用户将任务数据卸载至边缘服务器或云服务器时产生的传输时延。假设每一个用户 D_k 需要卸载的任务数据量为 δ_k。在任务的卸载决策中，设置 α_k 为用户 D_k 的任务数据是否卸载至某个边缘服务器或云服务器的卸载决策，其中 $\alpha_k \in \{0,1\}$。当 $\alpha_k=0$ 时，用户 D_k 不选择此服务器进行任务的卸载；当 $\alpha_k=1$ 时，用户 D_k 将全部任务数据卸载至此服务器上进行处理。因此，用户 D_k 将任务卸载至服务器上处理的数据量 λ_k 如式(2-23)所示：

$$\lambda_k = \alpha_k \delta_k \tag{2-23}$$

当用户将任务数据卸载至边缘服务器时，首先根据香农公式计算出第 k 个用户将任务卸载至边缘服务器时的传输速率 r_k^{e}，其计算公式如式(2-24)所示：

$$r_k^{\mathrm{e}} = w\log_2\left(1 + \frac{P l_k^{-\alpha} h_1}{N_0}\right) \tag{2-24}$$

式中，w 表示信道带宽；P 表示物联网终端的传输功率；l_k 表示第 k 个用户与其要卸载的边缘服务器之间的距离；α 表示路径损耗因子；h_1 表示用户与边缘服务器之间的信道增益；N_0 表示噪声功率。

因此，用户将任务数据卸载至边缘服务器的传输时延 T_{e} 如式(2-25)所示：

$$T_{\mathrm{e}} = \sum_{k=1}^{z} \frac{\lambda_k}{r_k^e} \tag{2-25}$$

当用户将任务数据卸载至云服务器上处理时，首先根据香农公式计算出用户将任务卸载至云服务器时的传输速率 r_k^{c}，其计算公式如式(2-26)所示：

$$r_k^c = w\log_2\left(1 + \frac{Pl^{-\alpha}h_2}{N_0}\right) \tag{2-26}$$

式中，l表示用户与云服务器之间的距离；h_2表示用户与云服务器之间的信道增益。因此用户将任务数据卸载至云服务器的传输时延 T_c 如式(2-27)所示：

$$T_c = \sum_{k=1}^{z} \frac{\lambda_k}{r_k^c} \tag{2-27}$$

因此，所有用户将任务数据卸载至边缘服务器或云服务器的平均延迟 T 如式(2-28)所示：

$$T = \frac{T^e + T^c}{z} \tag{2-28}$$

式中，T^e+T^c表示所有用户将任务数据卸载至边缘服务器或云服务器的延迟总和。

2.2.4 成本模型

边缘服务器可分为静态边缘服务器和动态边缘服务器。静态边缘服务器一旦放置后不会轻易移动，而动态边缘服务器则会随着用户流动而进行移动。放置边缘服务器的成本有三个主要组成部分，即固定成本、补偿成本和动态成本。固定成本指用于购买和部署边缘服务器的成本。补偿成本指空闲的边缘服务器被用于其他用途，以补偿部署成本。动态成本指边缘服务器在动态放置过程中发生位置变化而产生的成本。

当用户延迟大于一定范围时，说明边缘服务器的数量过少，此时需要增加移动边缘服务器来降低延迟，新部署的边缘服务器的固定成本为

$$C_1 = \begin{cases} (n_{t+1} - n_t)(\omega + \theta), & n_{t+1} > n_t \\ 0, & \text{其他} \end{cases} \tag{2-29}$$

式中，ω 为购买一个边缘服务器所需要的成本；θ 为每个边缘服务器的部署成本；n_{t+1} 为 $t+1$ 时刻动态边缘服务器的数量；n_t 为 t 时刻动态边缘服务器数量。

当用户延迟小于一定范围时，说明部署边缘服务器过多，此时可将边缘服务器用于其他用途以补偿部署成本，补偿成本为

$$C_2 = \begin{cases} (n_t - n_{t+1})\psi, & n_t > n_{t+1} \\ 0, & \text{其他} \end{cases} \tag{2-30}$$

式中，ψ 为每个空闲的边缘服务器可以获得的利益。

当边缘服务器需要移动时，动态成本包括拆卸前一个位置的成本、安装后一个位置的成本以及边缘服务器的移动成本，计算式为

$$C_3 = 2\theta n_m + \zeta w \tag{2-31}$$

式中，n_m 为需要移动的边缘服务器数量；ζ 为一个边缘服务器移动每单位距离所需的成本；w 为所有需要移动的边缘服务器从原位置移动到新位置的最小距离。n_m 的计算式为

$$n_m = \min[N_{t+1} - (N_{t+1} \cap N_t), N_t - (N_{t+1} \cap N_t)] \tag{2-32}$$

式中，N_{t+1}为 $t+1$ 时刻边缘服务器位置集合；N_t 为 t 时刻边缘服务器位置集合。

综上，放置边缘服务器的总成本为

$$C = C_1 - C_2 + C_3 \tag{2-33}$$

2.2.5　问题描述

本章的目标是根据环境的变化，通过网络模型、边缘覆盖和用户时延，找出在满足一定范围内的延迟的不同环境下，边缘服务器的数量和放置位置。可将问题建模为

$$\min C \tag{2-34}$$

$$\text{s.t.}\quad \lambda < \sum_{k=1}^{z} \delta_k \tag{2-35}$$

$$\eta \leqslant \mu \tag{2-36}$$

$$T_{\min} \leqslant T \leqslant T_{\max} \tag{2-37}$$

其中，式(2-34)表示本章优化的目标即放置边缘服务器的总成本；式(2-35)表示在边缘服务器上处理的任务数据要小于所有用户的数据总和；式(2-36)表示边缘服务器接收的用户数据要小于边缘服务器的计算能力；式(2-37)表示计算出的平均用户时延要满足一定的范围。

2.3　边缘服务器的动态部署

边缘服务器的动态放置需要经过多个步骤。首先，使用改进的蛇优化(improving the snake optimization, ISO)算法计算当前时刻边缘服务器的放置位置。其次，通过边缘服务器动态放置算法根据环境变化调整动态边缘服务器的数量和位置，以找到满足延迟要求的动态服务器数量和放置位置。再次，利用最小放置成本算法计算当前和下一时刻边缘服务器放置位置之间的最小移动成本。最后，计算下一时刻的总成本。

为实现 ISO 算法寻找边缘服务器放置位置，本章采用一种映射策略，将多个无关的变量转化为位置的横纵坐标。具体而言，将算法变量 dim 中的第一和第二维度用作确定第一个位置的横纵坐标，第三和第四维度用作确定第二个位置的横纵坐标，依此类推。通过这种映射方式，能够将原始的多维优化问题转化为二维空间中的问题，并利用 ISO 算法在该二维空间中进行搜索。

2.3.1　蛇优化算法的改进

为提高 SO 算法的性能，本章结合粒子群优化(particle swarm optimization, PSO)算法的思想，提高算法的全局搜索能力；引用双向搜索策略，增强算法的寻优能力；借鉴精英引领思想，使优秀个体更易传播其信息。ISO 算法流程图如图 2-3 所示。

1. 结合 PSO 算法

SO 算法在早期迭代时是使用随机搜索来探索区域，具有高度的不确定性。PSO 算法相较于 SO 算法在迭代前期具有较快的收敛速度。因此，在算法迭代前期可结合 PSO 算法对 SO 算法进行改进。具体改进措施如下：

在 PSO 算法中，雄性个体与雌性个体的位置更新公式为当前位置加下一时刻的速度，即

$$X_{i,\mathrm{m}}(t+1) = X_{i,\mathrm{m}}(t) + v_{i,\mathrm{m}}(t+1) \tag{2-38}$$

$$X_{i,f}(t+1)=X_{i,t}(t)+v_{i,t}(t+1) \tag{2-39}$$

式中，$X_{i,m}(t)$ 与 $X_{i,f}(t)$ 为第 t 代时雄性个体与雌性个体的位置；$v_{i,m}(t+1)$ 与 $v_{i,f}(t+1)$ 为第 $t+1$ 代雄性个体与雌性个体的速度，其更新公式为

$$\begin{aligned}v_{i,m}(t+1)= &\ \omega \times v_{i,m}(t)+c_1 \times \text{rand} \times [P_{i,\text{pbestm}}(t)-X_{i,m}(t)]+\\ &\ c_2 \times \text{rand} \times [P_{\text{gbestm}}(t)-X_{i,m}(t)]\end{aligned} \tag{2-40}$$

$$\begin{aligned}v_{i,f}(t+1)= &\ \omega \times v_{i,f}(t)+c_1 \times \text{rand} \times [P_{i,\text{pbestf}}(t)-X_{i,f}(t)]+\\ &\ c_2 \times \text{rand} \times [P_{\text{gbestf}}(t)-X_{i,f}(t)]\end{aligned} \tag{2-41}$$

式中，ω 为惯性权重；$v_{i,m}(t)$ 与 $v_{i,f}(t)$ 为第 t 代时雄性个体与雌性个体的速度；$P_{i,\text{pbestm}}(t)$ 与 $P_{i,\text{pbestf}}(t)$ 为第 t 次迭代后，第 i 个雄性蛇与雌性蛇的最优解；$P_{\text{gbestm}}(t)$ 与 $P_{\text{gbestf}}(t)$ 为第 t 次迭代后，整个雄性与雌性群体中的最优解。

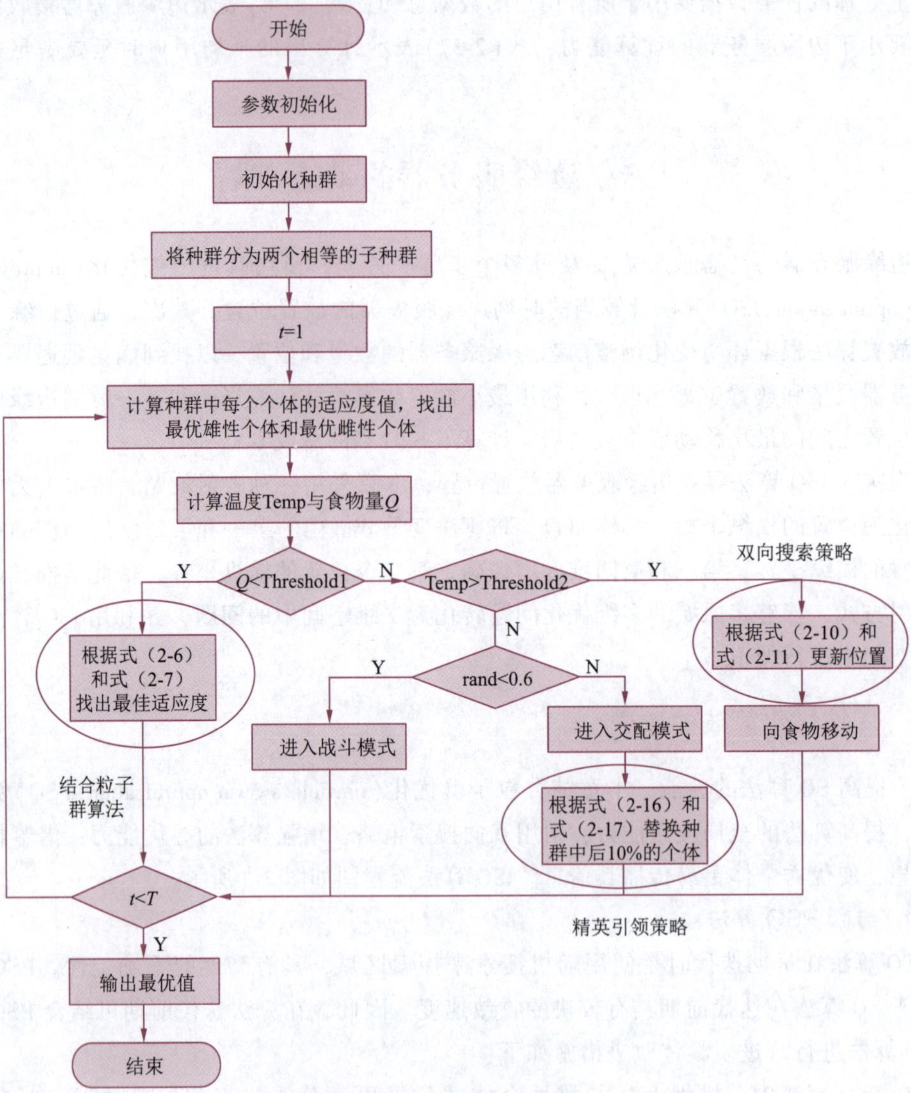

图 2-3 ISO 算法流程图

2. 双向搜索策略

当 Temp>Threshold2 时，蛇会进入小范围搜索模式去寻找食物。原算法在此过程中的寻优能力较弱，此时可以通过双向搜索策略增加找到局部最优解的能力。双向搜索是一种利用最好和最差的个体在搜索区域内进行探索的策略。它的设计目的是让算法远离最坏的个体，同时保持接近最好的个体。具体的位置更新公式表示为

$$X_{i,\mathrm{m}}(t+1)=X_{i,\mathrm{m}}(t)+r_1\times[X_{\mathrm{m,best}}-X_{i,\mathrm{m}}(t)]-r_2\times[X_{\mathrm{m,worst}}-X_{i,\mathrm{m}}(t)] \tag{2-42}$$

$$X_{i,\mathrm{f}}(t+1)=X_{i,\mathrm{f}}(t)+r_1\times[X_{\mathrm{f,best}}-X_{i,\mathrm{f}}(t)]-r_2\times[X_{\mathrm{f,worst}}-X_{i,\mathrm{f}}(t)] \tag{2-43}$$

式中，$X_{\mathrm{m,best}}$ 和 $X_{\mathrm{m,worst}}$ 分别为最好和最差的雄性；$X_{\mathrm{f,best}}$ 和 $X_{\mathrm{f,worst}}$ 分别为最好和最坏的雌性。双向搜索使算法在充分利用搜索区域的情况下接近最优值，加快了算法的收敛速度。

以二维空间为例，该策略的可视化图如图 2-4 和图 2-5 所示，其中有六个个体在某一时刻的位置分布图。规定越靠近坐标轴零点代表适应度值越好，其中蓝色蛇代表最好的个体，棕色蛇代表最差的个体，其余个体用绿色蛇表示。当使用双向搜索策略时，其中某个蛇的位置变化如图 2-4 和图 2-5 所示。图 2-4 中橙色线表示该个体向最好个体靠拢，蓝色线表示该个体远离最差个体，黑色线表示该个体在最好最坏个体影响下的最终移动方向及距离。图 2-5 表示该个体移动后的位置分布图。移动个体变为适应度最好个体，原本最好个体变为其余个体。

图片

图2-4、图2-5

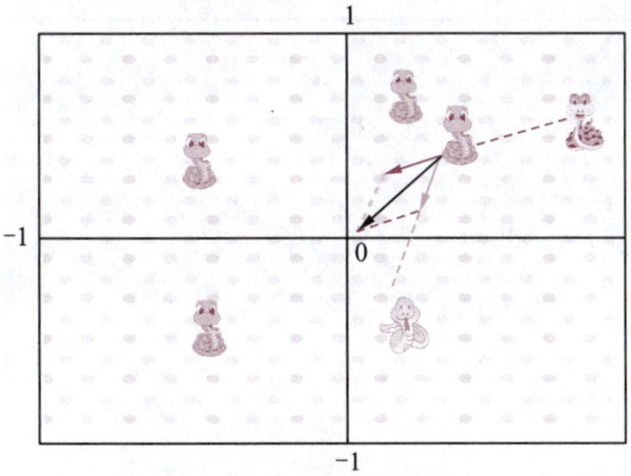

图 2-4　双向搜索策略位置更新前

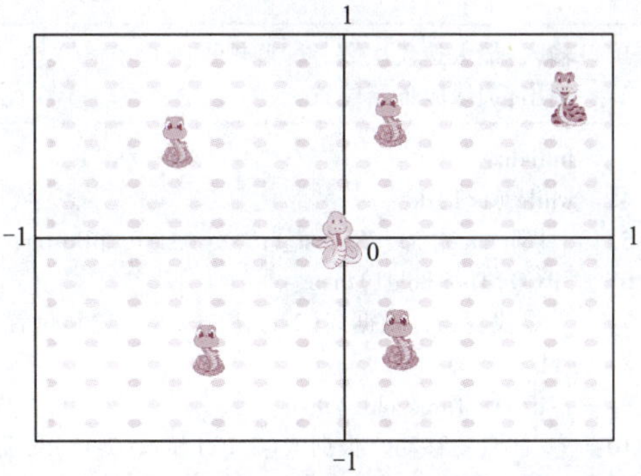

图 2-5　双向搜索策略位置更新后

3. 精英引领策略

在 SO 算法中，蛇交配后存在一定概率产生蛋，即通过随机生成的解替换掉最差的解。然而，随机解的盲目性会降低算法快速寻找最优解的能力。因此，在此处采用精英引领策略，用来替换算法中后 10% 适应度较低的个体，以增加找到最优解的概率。具体的计算式如式(2-44)和式(2-45)所示：

$$X_{i,\mathrm{m}}(t+1)=X_{i,\mathrm{m}}(t)+r_1\times[X_{\mathrm{m,gbest}}-X_{i,\mathrm{m}}(t)] \tag{2-44}$$

$$X_{i,\mathrm{f}}(t+1)=X_{i,\mathrm{f}}(t)+r_1\times(X_{\mathrm{f,gbest}}-X_{i,\mathrm{f}}(t)) \tag{2-45}$$

式中，$X_{\mathrm{m,gbest}}$ 为全部雄性个体中最优的个体；$X_{\mathrm{f,gbest}}$ 为全部雄性个体中最优的个体。此处改进可避免随机解的盲目性，提高算法的收敛速度和解的质量，并增加找到最优解的概率。

图片

图2-6、图2-7

该策略的可视化图如图 2-6 和图 2-7 所示，图中共有 8 个个体在某一时刻的位置分布图。其中蓝色蛇代表适应度最好的个体，棕色蛇代表适应度位

于后 10% 的个体，其余个体用绿色蛇表示。当使用精英引领策略时，棕色蛇的位置变化如图 2-6 和图 2-7 所示。图 2-6 中蓝色线表示该个体向最好个体靠拢，橙色线表示该个体具体移动的方向和距离。图 2-7 表示适应度后 10% 个体移动后的位置分布图。原本最好个体变为其余个体，原本其余个体有的变为后 10% 适应度个体。

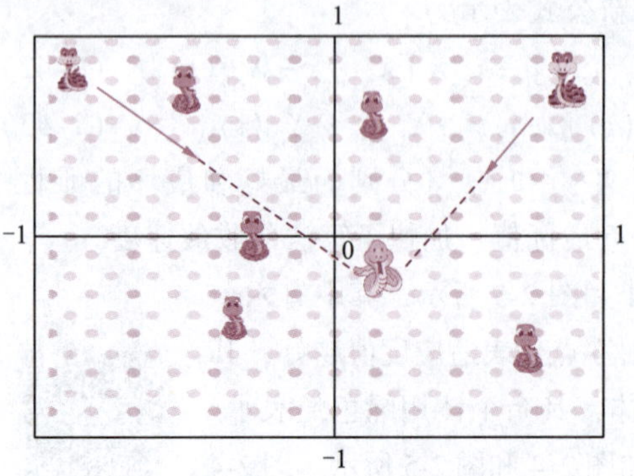

图 2-6　精英引领策略位置更新前

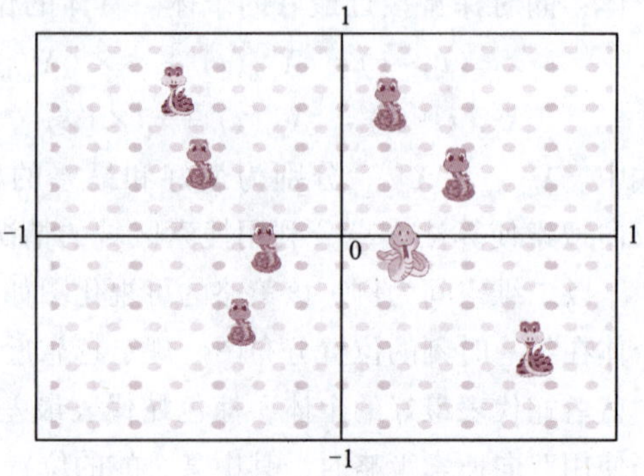

图 2-7　精英引领策略位置更新后

算法 2-1 描述了 ISO 算法的优化过程。

算法 2-1　ISO 算法

```
输入：最大迭代次数、种群规模等
输出：边缘服务器位置
initialize：
while (t<T) do
  计算 temp、Q、Xworst_m、Xworst_f、pBestm、gBestm、pBestf、gBestf
  if(Q<Threshold1) then
    寻找食物，根据式(2-6)和式(2-7)更新位置
  else
    if(Q> Threshold2) then
      向食物移动，根据式(2-10)和式(2-11)更新位置
    else
      if(rand>0.6) then
        进入战斗模式，根据式(2-12)和式(2-13)更新位置
      else
        进入交配模式，根据式(2-16)和式(2-17)更新位置
        选择是否孵化，若孵化根据式(2-20)和式(2-21)更新位置
      end if
    end if
  end if
end while
```

2.3.2　边缘服务器动态放置算法

本节采用一种动态的边缘服务器放置策略。在初始阶段，将静态边缘服务器放置在人群相对密集的地区。通过部署动态边缘服务器来使得用户平均延迟满足在一定范围内。然而，由于用户位置随时间的变化，用户延迟也会产生一定的变化。一方面，当用户平均延迟大于一定范围时，采取相应的措施来降低延迟。尝试通过调整动态边缘服务

器的位置来减少用户平均延迟。如果仍然无法满足要求，会增加边缘服务器的数量，以确保延迟保持在可接受的范围内。另一方面，当用户平均延迟小于一定范围时，通过减少动态边缘服务器的数量使得延迟满足在一定范围内，减少的边缘服务器可用于其他用途以补偿部署成本。这种方法的灵活性使得能够根据实时情况做出相应的动态部署决策。

具体的求解步骤如算法 2-2 所示。通过这种动态的边缘服务器部署策略，服务器能够更好地适应人群位置的变化，从而优化用户的体验。

算法 2-2　边缘服务器动态放置算法

```
输入：不同时刻用户分布位置
输出：动态边缘服务器的数量及位置
通过 ISO 算法找出静态服务器放置的位置
for 时间 = 1 : t do
  使用 IOS 算法改变动态服务器的放置位置，使其达到最佳位置
  if 最小值<延迟<最大值
  else
    while 延迟>最大值 or 延迟<最小值
      if 延迟>最大值
        增加动态服务器数量
        使用 ISO 算法计算位置与延迟
      else
        减少动态服务器数量
        使用 ISO 算法计算位置与延迟
      end if
    end while
  end if
end for
```

2.3.3　基于线性规划问题的成本算法

在求解成本过程中，当多个动态服务器的位置发生变化时，需要计算所有移动的边缘服务器从原位置到新位置的最小移动距离。如图 2-8 所示，当确定三个移动边缘服务器的原位置与新位置后，每个边缘服务器都可以选择三个新位置中的一个进行移动，这样会有很多种可能，如图 2-8 中线段所示。这时需要为每个边缘服务器找到一种最小的移动方案，使得边缘服务器总的移动距离最小。这个问题可以被视为线性规划问题，并可通过内点法进行求解。内点法的核心思想是通过在可行解的内部进行搜索，逐渐接近最优解。相较于传统的逐步逼近边界的方法，内点法通过在可行解内部的点进行迭代，避免了对整个可行解空间的搜索，从而有效减少了迭代次数，提高了求解效率。

内点法可用于计算两组点之间的最小移动距离。在每次迭代中，通过计算梯度和黑塞(Hessian)矩阵，确定牛顿步长，并使用线搜索和更新解向量的步骤，内点法逐步接近最优解。最终，通过计算最小移动距离，结合动态边缘服务器的增加、删除等操作，得到当前时刻放置边缘服务器的最小成本。具体求解步骤如算法 2-3 所示。

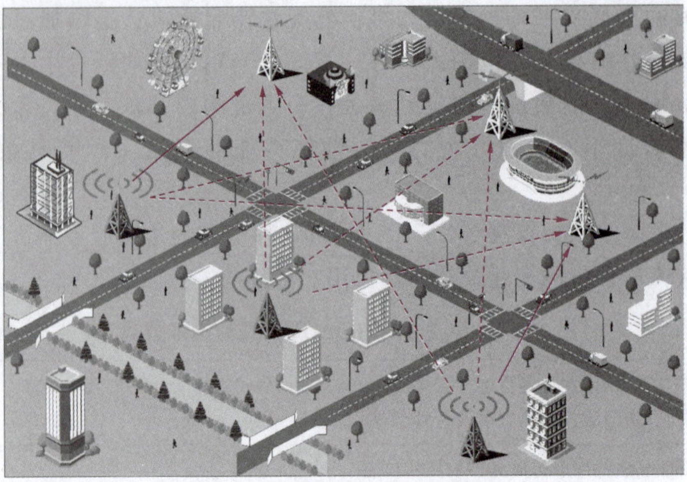

图片

图2-8

图 2-8　最小移动距离示意图

算法 2-3　基于内点法的最小放置成本算法

```
输入：原位置矩阵、新位置矩阵
输出：最小成本
while (i<max_ite) do
  计算梯度和 Hessian 矩阵
  if(lambda/2<tol) then
     break;
  end if
   while(x+t * dx not is valid) do
     t=t * mu
   end while
   x=x+t * dx
end while
```

2.4　边缘服务器部署实验结果及分析

2.4.1　参数设置

本章实验的参数设置见表 2-1。

表 2-1　实验参数

参　　数	取　　值
信道带宽 w/MHz	10
用户传输功率 P/W	0.2
路径损耗因子 α	2
用户与边缘服务器间的信道增益 h_1	0.1
噪声功率 N_0	1.6×10^{-11}
用户与云服务器间的信道增益 h_2	0.98
用户到云服务器的距离 l/m	1×10^{6}

2.4.2　仿真源代码说明

此次实验共有四个文件：main. m、ISO. m、SOI. m、Chung_Reynolds. m。蛇优化改进算法需要先运行一遍 SOI(无坐标向量参数)获得服务器坐标向量，之后运行 ISO(有坐标向量参数)对服务器位置(坐标向量)进行更改。Chung_ Reynolds 文件生成所需要的模型，包括网络、时延、覆盖等模型。Excel 表格 1-6 表示用户在一天中的 4 点、8 点、12 点、16 点、20 点、24 点的位置信息，其中 A、B 列表示日期。C、E 列分别表示开始、结束时间，第 G 列是持续时长，H、I 列分别表示经度和维度，J 列是用户 ID。运行时将各文件放在同一个文件夹下，直接运行 main. m 文件，返回的结果即为最小成本值。改变不同参数值即可取得不同参数下的最小成本。源代码文件可扫描二维码下载。

代码

2.4.2
仿真源代码

下面是运行实例。打开 main. m 文件(见图 2-9)，单击运行即可运行本代码。

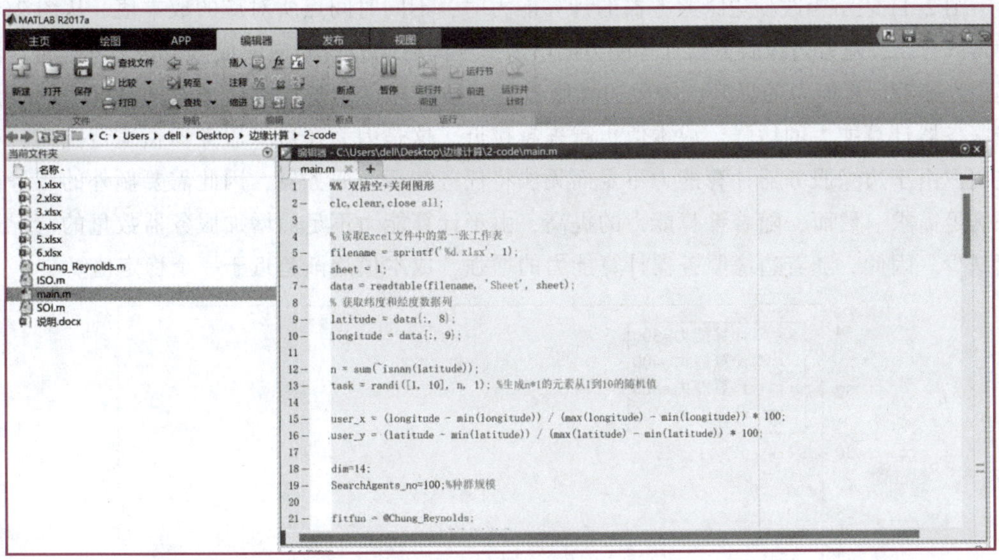

图 2-9　主文件示意图

main. m 文件会调用 ISO. m 以及 SOI. m 文件，ISO. m 以及 SOI. m 文件会调用 Chung_ Reynolds 文件。具体关系如下：

```
main.m
  ├── 调用SOI.m
  │     └── 调用Chung_Reynolds.m
  └── 调用ISO.m
        └── 调用Chung_Reynolds.m
```

调用过程因数据量较大，运行时间较长(取决于计算机性能)，耐心等待一段时间，出现图 2-10 所示内容。

图 2-10 中，min_distance 表示服务器移动的最小距离，dim 是服务器数量，Xvalue 是时延，Xfood 是每个服务器的坐标，c 是最小成本。调用不同时刻下用户的位置数据，即可得到不同时刻下的成本。

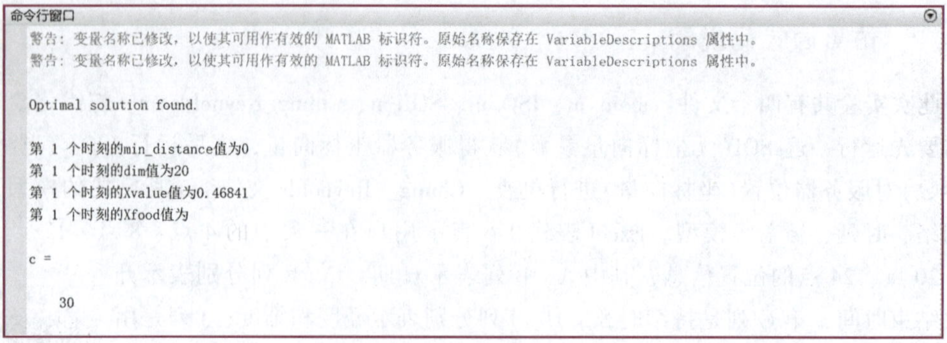
命令行窗口
警告：变量名称已修改，以使其可用作有效的 MATLAB 标识符。原始名称保存在 VariableDescriptions 属性中。
警告：变量名称已修改，以使其可用作有效的 MATLAB 标识符。原始名称保存在 VariableDescriptions 属性中。

Optimal solution found.

第 1 个时刻的min_distance值为0
第 1 个时刻的dim值为20
第 1 个时刻的Xvalue值为0.46841
第 1 个时刻的Xfood值为

c =

    30

图 2-10 运行结果

2.4.3 实验结果

图 2-11 表示当改变边缘服务器的计算能力时，不同时间点所对应的成本值。从图 2-11 中可以看出，随着边缘服务器计算能力的增加，不同时间点所对应的成本值呈下降趋势。这是因为随着计算能力的提升，需要边缘服务器的数量减少，从而导致成本的降低。随着边缘服务器计算能力的增强，成本值也越来越接近。这是因为在边缘服务器覆盖范围内，有些用户由于边缘服务器计算能力不足而无法将任务卸载至服务器，因此需要额外的服务器来满足需求。然而，随着计算能力的提高，由于计算能力不足而增加服务器数量的情况逐渐减少。因此，随着边缘服务器计算能力的增强，成本值逐渐趋近于一个稳定值。

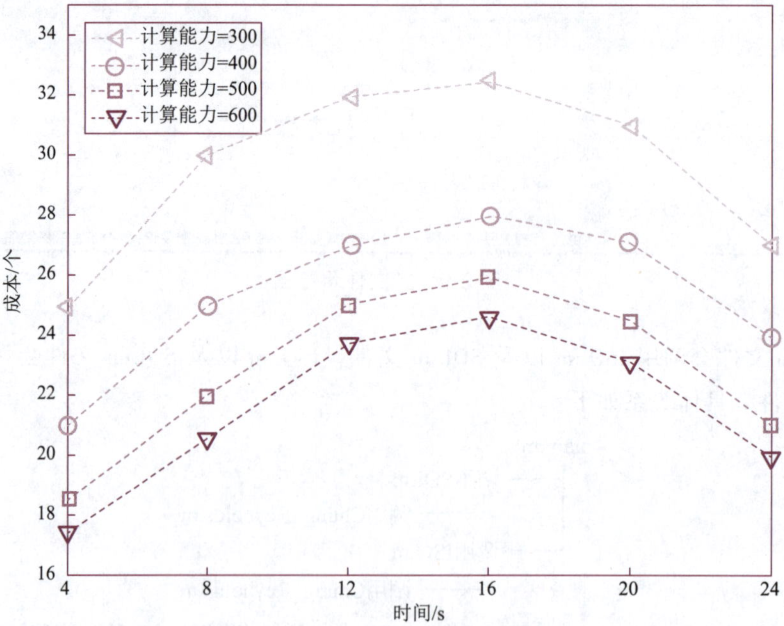

图 2-11 计算能力对成本的影响

图 2-12 表示当改变边缘服务器的计算能力时，不同时间点对应的用户平均延迟。从图 2-12 中可以看出，随着边缘服务器计算能力的增大，用户的平均延迟逐渐降低。这是因为当边缘服务器的计算能力增大时，更多的用户可将任务卸载至边缘服务器处理，不必

卸载到云端，从而减少延迟。

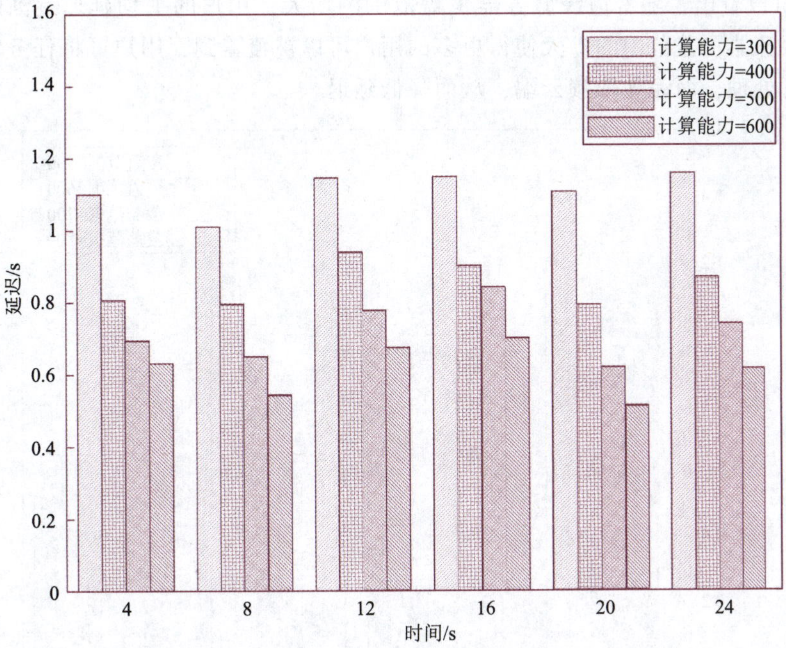

图 2-12　计算能力对延迟的影响

图 2-13 表示当改变边缘服务器的覆盖范围时，不同时间点对应的成本值。从图 2-13 中可以看出，随着边缘服务器覆盖范围的增加，不同时间点所对应的成本值呈下降趋势。这是由于覆盖范围的扩大能够减少对动态服务器的需求，从而降低成本。通过增加边缘服务器的覆盖范围，可以覆盖到更多的用户，无须额外的动态服务器。因此，随着边缘服务器覆盖范围的增加，成本值逐渐减小。

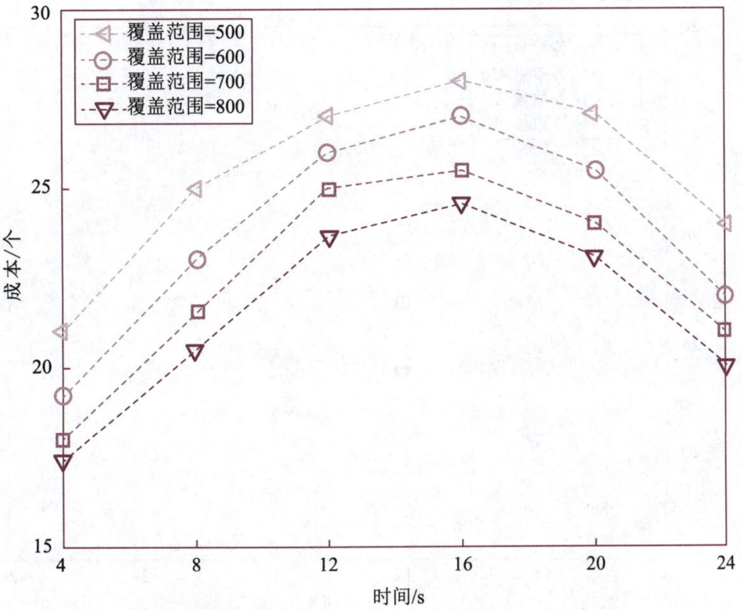

图 2-13　覆盖范围对成本的影响

图 2-14 表示当改变边缘服务器的覆盖范围时，不同时间点对应的用户平均延迟。从图 2-14 中可以看出，随着边缘服务器覆盖范围的增大，用户的平均延迟逐渐降低。这是因为边缘服务器覆盖范围的扩大使得更多的用户可以被覆盖到，用户可将任务卸载到边缘服务器进行处理，而无须依赖云端，从而降低延迟。

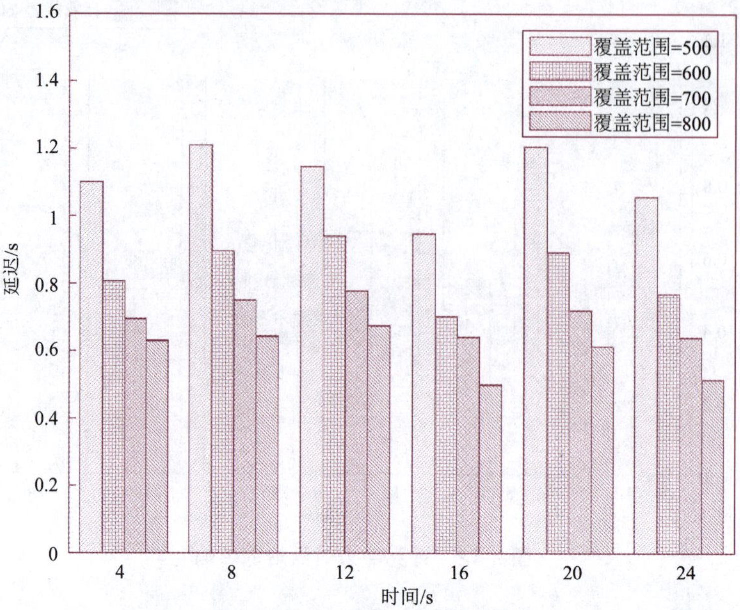

图 2-14 覆盖范围对延迟的影响

图 2-15 表示当改变用户随机生成任务数量的最大值时，不同时间点对应的成本值。从图 2-15 中可以看出，随着用户随机生成的任务数量变大，不同时间点所对应的成本值呈上升趋势。这是由于当边缘服务器的计算能力一定时，用户的任务数量变大，则需要更多的边缘服务器来进行处理，从而增加成本。

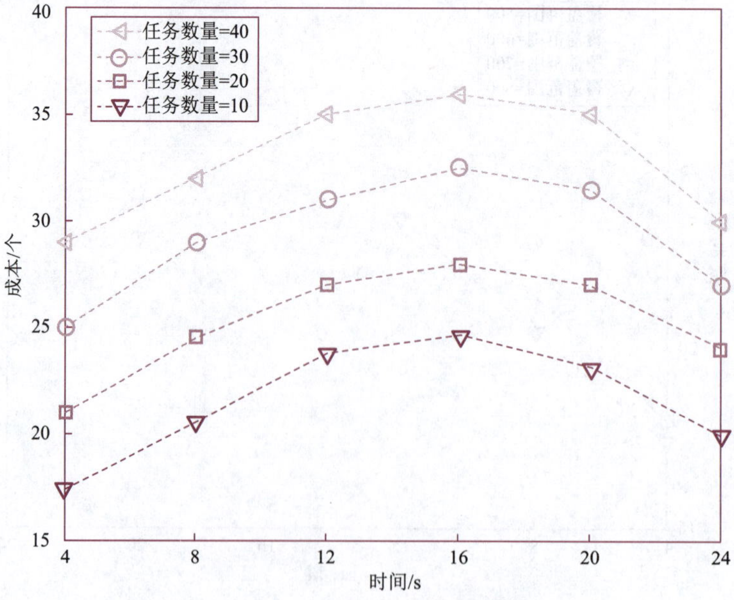

图 2-15 任务数量对成本的影响

图 2-16 表示当改变用户随机生成任务数量的最大值时，不同时间点对应的用户平均延迟。从图 2-16 中可以看出，随着用户随机生成的任务数量的增多，用户的平均延迟逐渐增加。这是因为当用户的任务数量增多时，将数据卸载到云服务器或边缘服务器所耗费的时间增加，从而使用户的平均延迟增加。

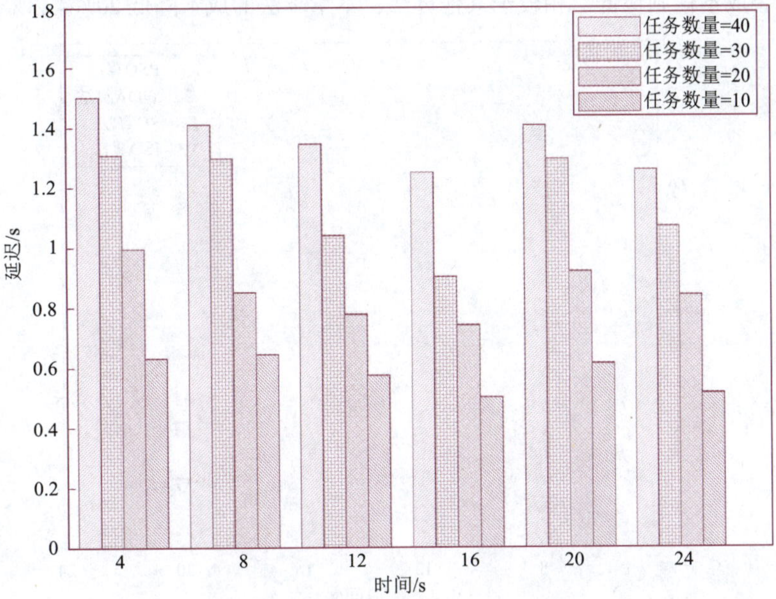

图 2-16　任务数量对延迟的影响

在上述实验的基础上，对比 PSO 算法、WOA 算法、SO 算法在成本以及用户平均延迟方面的影响。

图 2-17 表示在时间 4 点时，相同数量边缘服务器下不同算法所对应的用户平均延迟。从图 2-17 中可以看出，PSO 算法下的用户平均延迟最高，ISO 算法下的用户平均延迟最低。这表明 ISO 算法能够更好地确定边缘服务器的放置位置，使更多的用户能够将任务卸载到边缘服务器上，从而降低用户的平均延迟。

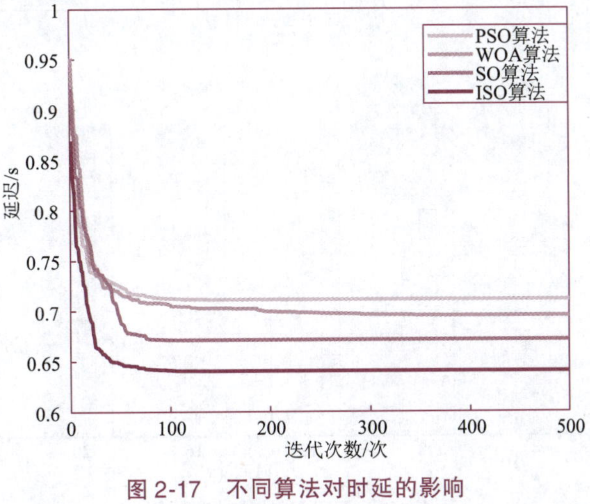

图 2-17　不同算法对时延的影响

图 2-18 表示将平均延迟控制在一定范围内时，不同算法在不同时间点所对应的成本值。从图 2-18 中可以看出，PSO 算法因为使用的是静态放置算法，所以成本会比动态放置算法高出很多。与 WOA 算法、SO 算法相比，本章算法在不同时间点用户位置发生改变时，通过找到最小数量的动态服务器、最优的放置位置以及最小的移动距离，从而在延迟满足在合理范围内的同时将成本做到最低。相较于其他算法，本章算法的成本降低 20% ~43% 。

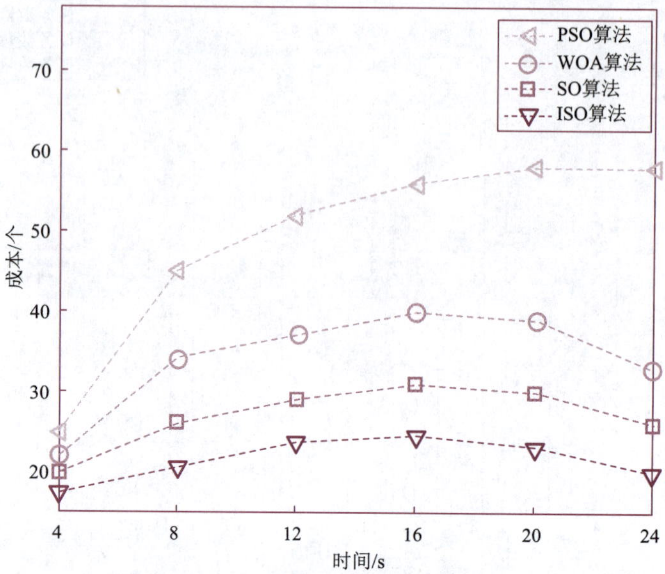

图 2-18 不同算法对成本的影响

图 2-19 表示在不同算法下，不同时间所对应的用户平均延迟。从图 2-19 中可以看出，PSO 算法因为使用静态算法相比于其他动态算法在延迟上高出很多。在动态算法中，本章算法所得到的延迟始终是最低的，这表明本章算法能够找到更优的边缘服务器放置位置。

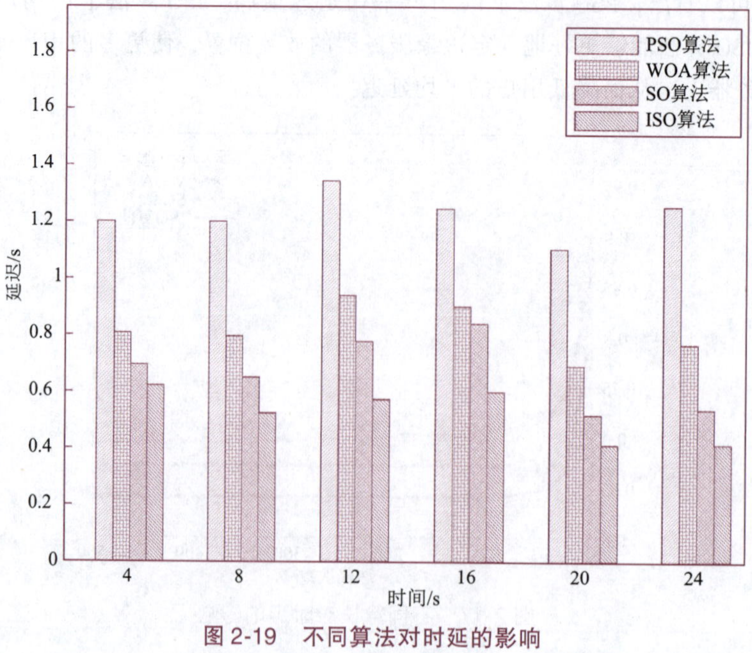

图 2-19 不同算法对时延的影响

小　　结

本章研究了在移动边缘计算环境中边缘服务器的动态放置问题。为了实现动态的边缘服务器放置策略，通过改进SO算法以寻找边缘服务器更优的放置位置，并提出边缘服务器动态放置算法，实现服务器的增加、减少和移动等操作。此外，还通过内点法得出放置边缘服务器的成本。通过仿真实验，验证了ISO算法在降低时延和成本方面的有效性和稳定性。

习　　题

1. 什么是边缘服务器部署？其具有哪些重要性？

2. 解释优化算法在边缘服务器部署中的作用及其基本原理。

3. 设计一个实验来验证某种优化算法在边缘服务器部署中的效果，详细说明实验步骤、参数设置和预期结果。

第3章 边缘内容缓存

边缘缓存技术将请求内容预先缓存在边缘节点或服务器中，其应用使得网络架构趋向于分布式发展，将内容更靠近用户，实现用户请求的本地化处理，有效减轻了核心网络的压力。边缘网络中的用户设备通过 D2D 通信技术，缓解了大规模密集终端接入下爆炸流量带给核心网络的压力，完善了移动网络的分布式计算架构，降低了网络基础设施的部署成本。本章首先介绍了边缘内容缓存基础，其次介绍了相关知识与理论，最后给出了边缘内容缓存的应用示例。

本章知识导图

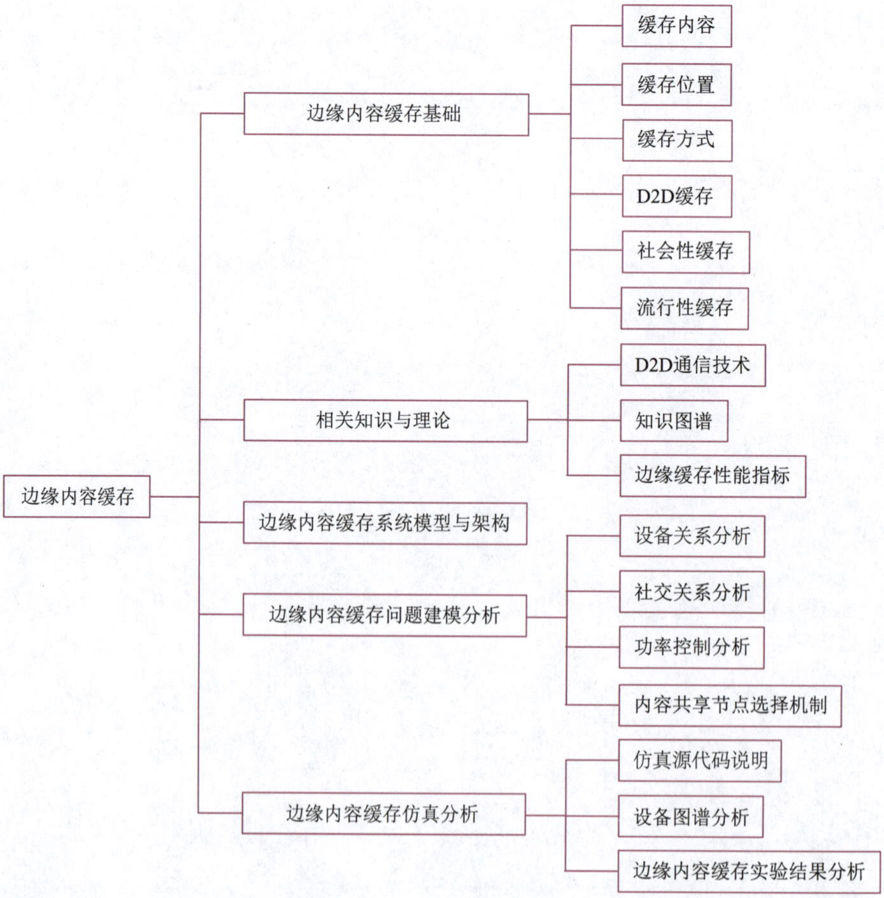

学习目标

1. 了解边缘内容缓存的基本概念。

2. 深入理解边缘内容缓存的相关知识和理论，包括 D2D 通信技术、知识图谱和边缘缓存性能指标。

3. 掌握边缘内容缓存的应用，包括系统模型与架构、问题分析与建模，并能够在实践中灵活解决仿真实验中遇到的实际问题。

4. 通过学习本章提供的示例演示，学会分析边缘缓存技术中的工作原理，能够从示例中获取相关实践经验。

3.1 边缘内容缓存基础

边缘缓存技术将请求内容预先缓存在边缘节点或服务器中，将内容更靠近用户，实现用户请求的本地化处理，有效提升缓存命中率和本地卸载率、降低传输时延。近年来，移动终端设备的缓存能力和计算能力随着智能化发展实现了突破性的提升，用户的请求内容不再局限于边缘服务器或用户附近的小基站中，用户通过自我缓存实现了自我处理需求，并且通过用户之间的 D2D 通信技术，用户的存储内容可以实现内容共享，这种方法能够更加有效地降低时延，提高命中率[78]。

3.1.1 缓存内容

在用户个人移动终端设备上缓存内容时，最先考虑的是缓存什么内容才能够满足用户对内容的需求和期望。因为只有缓存用户需要的内容，缓存才有意义。一般来说，缓存什么内容由内容流行度决定，也就是用户请求的内容缓存在边缘网络中的概率。基于此，研究者开始研究内容流行度对缓存策略的影响。大部分研究者都假设内容流行度是静态的，并采用独立参考模型。常用的流行度模型是在 Web 缓存中观察到的 Zipf 模型，即用户设备在缓存内容时是基于全网的平均内容流行度。但是这种假设在个人用户上是不合适的，因为每个用户都有内容请求差异性。用户的偏好不同，那么用户的个人内容流行度也是不同的。除此之外，基于偏好的内容流行度是需要先验知识的，并且若与用户偏好相同的内容已经过时，用户对这类内容的请求概率也是比较小的。此外，在观察到机器学习策略预测的准确性后，面向机器学习的内容流行度预测缓存策略也很受欢迎。这种缓存策略中，内容受欢迎程度是随时间变化的，并且事先是不知道的。通过及时的跟踪和评估内容流行度的变化，有效提升了不同时隙中的缓存命中率。

3.1.2 缓存位置

从缓存位置的角度看，传统的网络架构中，用户在请求内容时一般在核心网或者云端获取请求内容，但是在边缘缓存中，内容的缓存位置不再只有核心网和云端，还有更靠近用户的小基站 SBS、边缘服务器和智能移动终端设备。低功耗基站缓存方法通过在现有的大蜂窝网络系统中部署低功耗基站(BS)，并在低功耗基站中进行数据缓存，来减轻蜂窝网络回程链路的负载，从而有效地提高无线网络的容量，降低蜂窝网络的运营成本。目前的智能手机拥有强大的计算能力和存储能力，使个人移动终端成为可能，可以充当缓存服务器。

1. 用户设备终端缓存[79]

目前移动终端设备已经逐渐智能化，具有一定的计算能力与存储能力，因此移动终端设备本身可以作为缓存节点，使用户请求能够在本地响应并服务，如图 3-1 所示。或者与邻近用户设备通过 D2D 通信直接响应请求，共享其缓存的内容。即当用户请求一个内容时，用户设备(user equipment,UE)首先在其内存中检查它，如果它在本地缓存，UE 将立即访问它；若自身缓存不存在请求内容，则向邻近用户设备发起请求，得到响应后通过 D2D 直连链路传输缓存内容。这种形式的缓存可以显著减少回程流量和访问延迟，但它以大量 UE 存储为代价。这种缓存策略也称 D2D 缓存策略，其中用户终端缓存的内容大多是基于流行度或用户偏好的内容，在进行数据传输时利用 D2D 通信技术的优势，既提高了内容缓存的灵活性，又提升了缓存系统的整体性能。

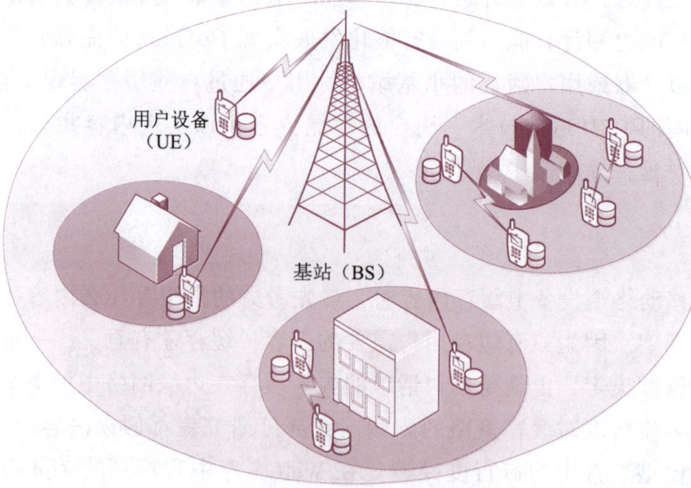

图 3-1　在用户终端设备中缓存

2. 小基站(small base station,SBS)缓存[80]

在小基站缓存中，每个小基站都具有有限的缓存存储空间，请求用户可以从邻近的小基站而不是核心网中检索内容。如果请求用户不能从邻近用户设备中的缓存内容获取请求内容，则向小基站发起请求，小基站将在内容缓存的情况下将其提供给请求用户，并通过无线接入网络传送，该网络不会干扰回程信道。

3. 宏基站缓存[81]

如果无法通过上述两种方法获得信息，请求用户可以从核心网或云下载。宏基站的覆盖范围更广，并且其缓存空间中一般存储所有文件内容，因此它可以确保内容成功交付。但用户可能会重复请求同一内容，这一过程有可能引发严重的访问延迟以及回程链路拥塞[82]。

3.1.3　缓存方式

缓存技术的应用通过消除流行内容的重复传输能够有效地减少回程链路的数据流量并改善系统性能(如传输时延、能量效率等)。除此之外，大量智能移动设备的使用，使得D2D 通信技术也变得越来越重要。将缓存技术与 D2D 通信结合，构建 D2D 缓存网络，能够利用移动设备终端的存储空间高效地存储内容并通过 D2D 通信进行内容共享。但是，移动终端设备的有限缓存容量和不同的用户需求使得移动设备既不能存储所有内容，也不能存储最流行却不符合用户需求的内容。更靠近请求用户的缓存内容能够更快地共享给请求用户，减少了请求用户获取内容的时延和能量消耗。

从缓存方式上来看，缓存又可以分为反应式缓存和主动缓存、集中式缓存和分布式缓存、随机概率缓存和确定性缓存、部分缓存和整体缓存、单点缓存和协作缓存。

反应式缓存指的是用户发出内容请求之后再确定这个内容是否要被缓存。该策略可用于在一定时间内缓存任何高需求的项目，如病毒式视频、流行推文和其他经常请求的社交媒体内容。但是这种缓存策略无法有效应对高峰流量时的用户请求。与此相反的是，主动缓存策略需要在用户发起内容请求之前，根据预测用户未来的内容需求来确定缓存哪些内容。其中分析用户的请求历史、用户偏好以及内容流行度是设计有效缓存策略提升系统性能的重要因素。

集中式缓存需要使用一个拥有全局网络状态信息的中央控制器来决定缓存策略。在集中式缓存网络中，中央控制器通过分析用户请求，控制用户的内容缓存与共享，能够通过最佳的缓存决策来获得最佳的缓存性能。但是在超密集异构网络中，集中式缓存存在复杂性高、中央控制器负载过高、资源利用率过低等问题。而分布式缓存能够较充分地利用邻近设备以及小基站的缓存空间，通过协作缓存能够缓存更多内容，减少因都缓存最流行的内容造成的缓存冗余，提高缓存内容多样性以及缓存命中率。

随机概率缓存指内容的缓存状态是有概率性的，可以通过优化内容的缓存概率来优化整个缓存网络的性能。确定性缓存指每个内容文件的缓存状态是一定的，即缓存与不缓存，因此确定性缓存在某些研究工作中也被看作 0-1 背包问题。

大多数研究中都考虑将整个内容缓存在基站或终端设备中，用户能够在一个地方一次性请求到完整内容。但是对于缓存空间有限的设备，缓存完整内容会降低缓存内容多样性，使得缓存节点的缓存增益减少。因此，研究者开始考虑将内容分割成多个切片，然后按照缓存放置方案将不同的切片放在不同的基站或移动终端上。这种缓存策略增加了缓存节点中的内容多样性，但是请求节点需要在多个缓存节点中获取内容，这会增加用户获取完整内容的时延和能耗，因此需要在缓存命中率和缓存资源消耗之间折中考虑，以便获取较为合适的内容放置策略。

3.1.4　D2D 缓存

D2D 通信作为未来移动通信网络[83]5G、6G 网络的颠覆性革新技术之一，支持传输范围内的移动设备之间直接进行通信，具有提高频谱资源的利用率、增强网络覆盖、降低基站负载等功能。结合移动边缘计算网络边缘侧提供的内容缓存、计算和服务能力，可以实现低延迟、低功耗、超可靠的近距离数据传输需求，为缓解未来网络中持续增长的数据流量问题提供了重要的驱动力[84,85]。

目前关于 D2D 通信的大多数研究都集中在资源分配[86]和干扰管理[87]上，同时基于 D2D 通信技术的内容缓存和共享研究[88,89]也取得了很大的进展。在文献[86]中，通过在蜂窝 UE 和 D2D 对之间共享频谱资源，以此最大化系统的总和速率，同时保持服务质量要求。

D2D 内容缓存与共享指的是将用户请求的内容提前缓存在 D2D 移动设备上，并利用 D2D 通信技术进行内容传输。D2D 缓存技术的应用减轻了飞速增长的移动数据流量带给核心网的回程链路压力，从而为未来的超密集移动网络提供了更多性能提升的思路。基于这个研究方向，工作者在边缘缓存和 D2D 通信的结合上做了很多研究。D2D 缓存相比于边缘服务器上的缓存在性能改进上有了巨大突破，如吞吐量[90]、总服务成功概率[91]、传输延迟[92]和卸载率[93]。

D2D 缓存带来巨大的性能改进是毋庸置疑的，但由于移动终端设备的缓存空间和能量有限，在设备上不可能缓存用户的所有请求内容，而缓存不合适的内容也会造成缓存命中率低和资源浪费等问题。并且，若相邻用户存储相同的内容，就无法利用 D2D 通信技术进行内容共享，D2D 通信的性能优势在 D2D 共享网络中就会完全丢失[94]。因此，文献[100]研究了协作 D2D 缓存策略，即当两个用户需要缓存两个相同的内容时，则由两个用户分别缓存其中一个内容，然后通过 D2D 通信技术进行协作共享，从而充分地利用缓存资源和通信资源，提升缓存效率。这也是目前在 D2D 内容共享网络中研究最多的两个阶段：内容放置阶段和内容交付阶段。在 D2D 内容共享网络的内容交付阶段，缓存内容的用户节点可以利用 D2D 通信技术将内容分发给邻近的内容请求节点，以提高传输速率，降低内容获取时间。即 D2D 内容共享的性能提升可以从 D2D 通信和缓存网络两方面改进性能。

在 D2D 内容缓存与共享网络中，D2D 通信的性能一般从链路建立的角度进行提升。有研究表明，在链路建立时，通信节点的选择对通信性能能够产生一定的影响。在以往的 D2D 通信研究中，只关注需求者与其选定者之间的传输链路是否能够成功进行内容交付[95,96]。本质上，这些研究都假设用户之间能够无私共享，只要两个相邻用户设备节点在某个预定义的通信范围内，就认为相邻用户设备之间可以直接通信，即 D2D 通信的用户设备节点是随机选择接入的。Ji 等[95]提出一种无线网格网络，该网络由用户设备节点在没有中心基站的单位正方形上形成，两个在通信范围内的用户设备节点能够直接通信。Zhao 等[93]基于距离建立 D2D 连接，若附近用户中未缓存请求用户所需要的文件，则向距离大于 R 的 SBS 获取文件。

3.1.5 社会性缓存

在进行 D2D 内容共享时，需要消耗一定的缓存资源和能量，用户由于自私性使得 D2D 通信失败。因此研究者开始研究用户的自私性给系统性能带来的影响以及改进方法，主要分为激励机制和社交关系。其中激励机制指的是为参与通信的用户提供报酬以便促进用户参与 D2D 通信进行内容共享[79]，将 D2D 用户之间的交互建模为一个多人讨价还价博弈，并使用纳什讨价还价解方法设计了一种新的激励机制，提出的激励机制能够最大限度地降低用户的总成本，同时确保参与用户之间公平的报酬转移。Lu等[97]提出一种基于多维信任关系的合作缓存博弈来激励用户为其他设备缓存内容，最小化D2D网络的总开销。社交关系指的是通过引入社交网络的概念，只有具有一定强度社交关系的用户之间才能够进行D2D通信并共享内容。Wu等[98]针对覆盖蜂窝网络的动态D2D通信，提出了一种新颖的社交关系驱动的中继选择方案，联合考虑物理层和社会层对中继选择的影响，其中社会联系不仅被视为中继服务的动机，而且被视为安全性能的度量。Huang[99]等根据实时流行度阈值、可用存储空间和用户设备的能量，在用户即将要访问的节点中选择合适的节点来提前缓存视频，以提高QoS。Fan[100]等通过建立互信和内容相似性的社会关系，在最优停止理论的框架下，基于最优的社会成本阈值选择共享节点，以便促进D2D网络中的内容共享。

3.1.6 流行性缓存

除了在D2D通信上改进D2D缓存与共享网络的性能，缓存网络上的改进也极大促进了D2D缓存与共享网络的发展。受到缓存空间大小和能量的限制，用户终端设备上不可能缓存所有内容。为了提高缓存命中率，缓存什么内容就显得十分重要。在这里缓存命中率指的是用户能在边缘缓存网络中请求到的内容数量与用户请求的所有内容的数量之比。因此，缓存空间要尽可能多地存储用户可能请求的内容。利用用户更频繁地请求热门内容这一事实，使它们更接近用户可以直接改善用户服务质量，如访问延迟。大多数研究中，在考虑用户的内容请求概率时，采用的是基于Zipf分布的静态流行度，即强制用户缓存最流行的内容[101]，这在全网用户请求中增加了缓存命中率。但是在数字网络时代，内容在不断产生，内容的新鲜度是有期限的，即内容流行度应该是时变的[102-104]。考虑到这个问题，D2D缓存在基于内容流行度的缓存上做了一系列的改变与升级。Z. Ming等[105]提出了一种基于年龄的合作缓存策略。但是，当节点中的内容过时，内容命中率将降低。随着机器学习的深入应用，它可以提高预测准确性，将深度学习用于预测内容流行度，并缓存内容流行度高的内容[106,107]。另外，用户个人请求具有差异化，每个用户的偏好不同，在考虑内容流行度时，基于用户偏好的内容流行度更能贴近用户的实际需求[108-110]。文献[109]讨论了边缘缓存的系统建模、大规模优化和框架设计，并考虑到对移动用户的社交行为和偏好的分析，将内容流行度和用户偏好结合起来，构建了具有用户特征的内容流行度分布。文献[110]提出一种生成内容偏好流行度的框架，这个框架会根据数据中的用户信息生成参数，利用参数产生个人受欢迎分布和个人排名顺序模型，接着统计参数化这些分布和模型，最后通过参数化后的分布和模型生成个人偏好概率。最后，考虑到单用户缓存空间有限，提出一种基于社区的协作缓存，不仅增加了总体的缓存容量，缓解了缓存空间大小的限制，还有助于内容多样性以便服务更多用户，最终提高系统的总体缓存命中率。文献[111]在集群协作中提出了基于多级流行度指标的协同缓存部署算法和缓存淘汰策略，建立了以缓存命中率和内容获取延迟为评价指标的缓存策略评估机制。

综上，本章综合考虑用户之间的设备互利性和用户之间的社会关系，提出一种基于设备互利性和用户社交关系的节点选择算法，选择最大化系统和速率的D2D内容共享节点，提升整体的系统性能。本章提出了一种基于用户合作意愿的D2D共享节点选择算法。该算法利用用户之间的合作意愿选择共享节点，主要解决D2D缓存网络中发生缓存或内容传输冲突时的最优节点选择问题。

3.2 相关知识与理论

3.2.1 D2D通信技术

D2D通信是由3GPP组织提出的一种端到端直连传输技术，又称邻近服务(proximity service，ProSe)，定义了两个用户在近距离范围内数据传输的方式。D2D通信在不同的网络中有相似概念，如Ad hoc网络中的P2P(peer to peer)、物联网应用中的M2M(machine to machine)等。这些相关概念之间本质并无较大差别，只是在不同的应用中进行了适当技术改进以满足其网络环境特殊需求。而D2D通信与其他短距离通信技术如蓝牙、无线局域网(wireless local area network，WLAN)等的不同之处主要在于使用的频段不同。蓝牙和WLAN是基于ISM开放频段，而D2D通信则使用电信运营商提供的授权频段，因此其产生的干扰是可控的。同时，D2D通信无须用户手动匹配和自定义设置以连接其他节点，连接速度更快，可以满足用户在传输速率和服务质量(quality of service，QoS)等多方面的需求。

作为5G网络的关键技术，D2D通信引入蜂窝网络可以有效地缓解无线通信资源不足产生的问题。D2D通信与传统的蜂窝网络通信的显著区别在于，D2D通信允许两个物理位置较近的终端设备在没有蜂窝网络或其他核心网络设施支撑的情况下，不经过基站转发，直接通过共享小区频谱资源建立端到端的通信链路。由于D2D通信终端之间距离较短，信道质量较高，因此能够满足用户对传输质量的需求并有效降低终端发射功率，减少传输功耗，延长设备续航时间，D2D通信也因其重要的理论价值和商用前景受到学术界的广泛关注。

图3-2描述了D2D通信的不同应用场景，根据蜂窝网络覆盖情况可以分为蜂窝网络全覆盖、部分蜂窝网络覆盖和无蜂窝网络覆盖三种D2D通信应用。例如，应用场景A中，用户1和用户2直接进行信息传输，有效降低基站负载，提高传输效率；场景B中，用户3作为中继节点，通过D2D通信传输数据给宏基站覆盖范围之外的用户4，此时，D2D通信可以有效地扩展网络覆盖半径，增加边缘用户体验，提高了网络的灵活性；场景C中，多个用户虽然不在宏基站通信范围内，但可以通过自组网方式进行数据传输，扩展通信应用，开拓新型业务。在与蜂窝网络共存的系统中，D2D通信根据频率资源共享情况可以分为三种工作模式：专用模式、复用模式和蜂窝模式。

(1)专用模式，又称Overlay模式。该模式下宏基站先对所有频谱资源进行正交分割，然后D2D通信在宏基站协调下被分配蜂窝通信未使用的无线资源。专门分配的频谱资源与蜂窝资源相互正交，此时，D2D通信与蜂窝通信之间不会产生互相影响，系统内部不存在干扰。

(2)复用模式，又称Underlay模式。该模式下D2D通信与蜂窝通信以非正交的方式共享小区内的无线资源，即正在使用的蜂窝上行链路或者下行链路以合理的方式分配频谱资源给D2D通信进行复用共享，此时，D2D通信与蜂窝通信的接收端会受到相互干扰。

(3)蜂窝模式，此时D2D通信采用传统蜂窝通信的工作方式，两个用户终端传输数据时通过基站实现中继转发。

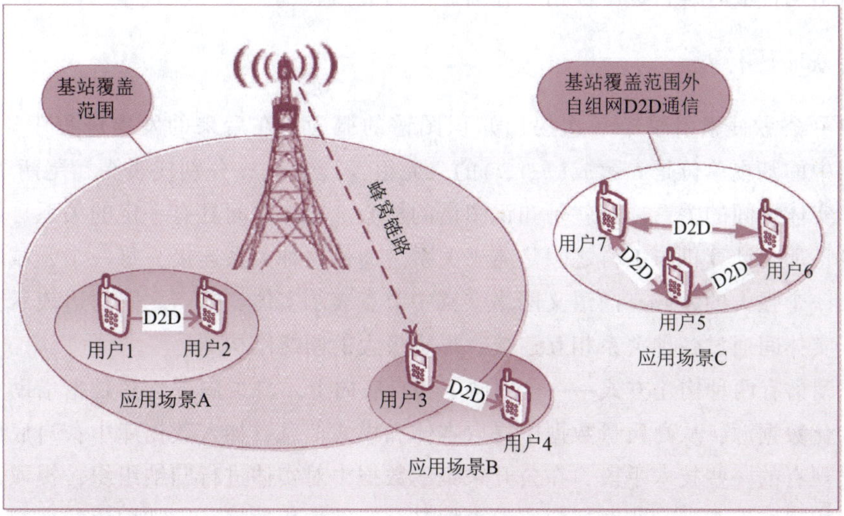

图 3-2　D2D 通信应用场景

实际上，所谓的正交频谱是指蜂窝系统未使用的资源，即专用模式情况下 D2D 通信使用了蜂窝系统的预留资源，虽然对蜂窝通信干扰较少，但频谱资源利用率低。D2D 通信以非正交方式复用蜂窝资源时，可以有效提高系统的频谱利用效率，在一定程度上缓解海量数据引起的无线频谱资源严重匮乏的局面，此时，D2D 通信通过本地的资源复用减少基站负荷，因而在学术界引起广泛关注。由于使用的是和蜂窝系统相同的频谱资源，相互之间的干扰不可避免，因此，D2D 通信在采用复用模式工作时首要考虑就是干扰协调和资源分配。D2D 通信与蜂窝通信复用相同的无线资源时，蜂窝通信一般被看作主通信。

在蜂窝通信中，通信链路根据信息发送端和接收端的不同可以分为两种：上行通信链路(uplink，UL)和下行通信链路(downlink，DL)。一般从蜂窝用户到基站的物理通道称为上行通信链路，此时，蜂窝用户终端发送信息，基站作为接收端接收数据；与此对应，从基站到蜂窝用户之间的物理通道称为下行通信链路，此时，基站作为数据的发送端，蜂窝用户作为数据的接收端。D2D 通信复用蜂窝资源时根据所复用链路的类型可分为上行链路复用和下行链路复用两种情况。然而，由于蜂窝系统引入 D2D 技术后应用场景更加复杂，两种复用模式下产生的相互干扰也不尽相同。当复用蜂窝上行链路频谱资源时，一方面，基站作为上行链路的接收端，会受到来自共享相同频谱资源的 D2D 发送用户产生的 D2C 干扰，其中 D2D 发送用户可能源于相同小区或者邻近小区。另一方面，D2D 通信的接收用户同样会受到来自主通信中蜂窝用户的 C2D 干扰，而且，如果有多个 D2D 通信复用同一个蜂窝信道资源，多个 D2D 通信链路对之间也会互相成为潜在的干扰源。当 D2D 通信选择复用下行链路资源时，系统干扰会较上行链路有所变化。此时，主通信的发送端变为基站，接收端变为蜂窝用户，因此，D2D 通信的接收用户会受到来自基站的 C2D 干扰，而蜂窝用户则会受到 D2D 发送用户的 D2C 干扰。

未来网络中，D2D 通信将通过直通、中继模式增强传统蜂窝通信能力，提供高质量的多媒体本地业务，扩大网络覆盖范围。同时，高效的频谱利用率以及本身的近距离传输特性，使得 D2D 通信可以有效降低发送设备功耗，增强网络吞吐量，卸载主干网络压力，减少网络平均传输时延，进一步拓展蜂窝通信的应用。

3.2.2 知识图谱

2012年谷歌搜索引擎第一次提出知识图谱的概念，在后来的发展进程中逐渐普及。知识图谱中的基本单位是表示成(h,r,t)的三元组，其中h、t分别代表头、尾两个实体，r代表头尾实体之间的关系，这就是知识图谱的核心。实体之间具有一定的关系，如计算机属于工科，那么计算机与工科之间是属于关系。通过这种关系连接，每一个领域的实体就可以形成一个强大的领域有向语义网络，其中节点表示实体，节点之间的边表示节点之间的关系。实体间通过各种关系相互连接，形成极大的网络结构图。

知识图谱有两种构建方式——自顶向下和自底向上。自顶向下构建是指借助百科类网站等结构化数据源，从高质量数据中提取本体和模式信息，加入数据库中；自底向上构建则是通过现有的一些技术手段，在公开采集的数据中对实体进行归纳组织，提取适当的资源模式。构建知识图谱时获取到的原始数据又分为结构化数据、半结构化数据和非结构化数据，不同的数据类型在知识抽取时有不同的处理方式。结构化数据通常都是关系型数据库的数据，结构比较清晰，可以直接将数据转为RDF数据。半结构化数据主要指具有一定的数据结构，但是还需要进一步提取整理的数据。对于这类数据，可以使用包装器进行数据提取并将其还原为结构化数据。非结构化数据处理时需要进行知识抽取，抽取的知识包括实体、属性和关系。对于这三种类型的数据，在构建知识图谱时采用自底向上的构建方式，这种方式实际上是一个迭代更新的过程，每一轮更新都包括三个步骤：

①知识抽取，包括实体抽取、关系抽取、属性抽取。将实体、属性及实体之间的关系从各种数据源中提取出来，在此基础上形成本体化的知识表达。

②知识融合，在获得新知识后，需要对其进行整合，以消除矛盾和歧义，如某个实体可能会有多种表达，某个特定称谓对应多个不同的实体等。

③知识加工，对于融合的新知识，需要经过质量评估后，才能加入知识库中，新增数据后，可以进行知识推理拓展现有知识，得到新知识。

知识图谱的构建流程如图3-3所示。

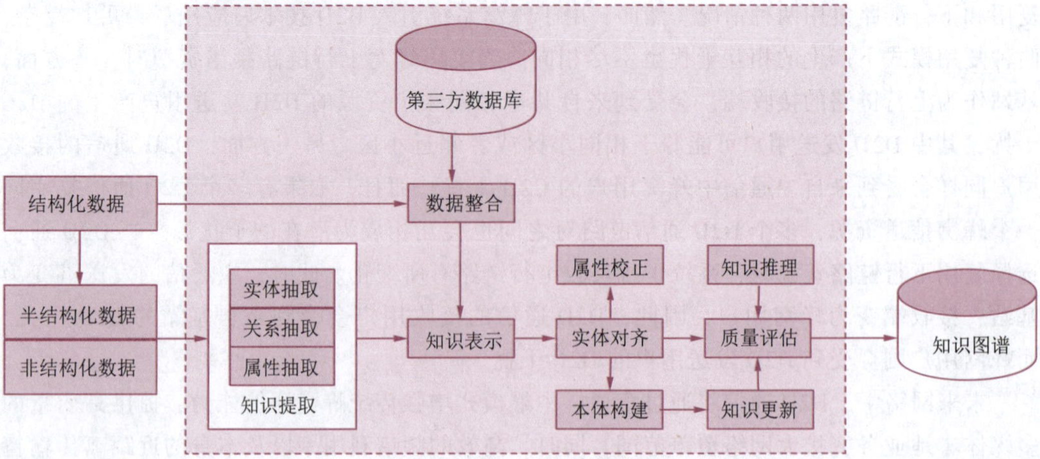

图3-3 知识图谱的构建流程

3.2.3　边缘缓存性能指标

现有研究大多从缓存增益和缓存成本两个不同的角度来评估缓存方案的性能。具体来说，前者主要涉及网络吞吐量和缓存命中率[112,113]。后者主要涉及能耗[114]和延迟[115]。

1. 缓存增益

缓存命中率是缓存系统中优先考虑的性能指标，高命中率意味着内容缓存的效率高，缓存资源更少被浪费。在 Jiang 等[116]中提出了一种利用内容特征和用户偏好的在线内容流行度预测算法，以及一种使用在线梯度下降(OGD)方法和遵循(近似)正则化领导者方法的离线用户偏好学习算法，基于此提出的缓存策略的缓存命中率优于传统策略，并渐进地接近最优性能。

Lee 等[117]提出了 D2D 缓存网络中的缓存策略和协作距离设计，用于能效和吞吐量优化。通过联合考虑基站传输、D2D 缓存和自缓存的影响以及协作距离的影响，提出了一种具有专门设计的功率控制和资源重用策略的聚类方法，综合分析了两种网络结构的吞吐量和能量效率，分别提出了旨在优化吞吐量和能量效率的设计。

2. 缓存成本

Du 等[118]提出了有关能耗的最优缓存问题。然而，他们不考虑用户通过 D2D 通信本地交换文件的能力。Hou 等[119]提出了一种基于内容流行度估计的主动缓存，旨在提高缓存命中率并降低内容传输开销。Yu 等[120]通过对现有缓存放置策略的分析，提出了一种新的缓存策略，将 DUE 的偏好列表表示为内容流行度与缓存概率的比值，显著提高缓存命中率并降低延迟。Kafiloğlu 等[121]研究了蜂窝 D2D 网络中的缓存替换管理，针对视频内容消耗场景，提出并解决了蜂窝 D2D 网络中最小化能量消耗的最优缓存问题，并且提出了一种能量优先的 D2D 缓存算法，该算法考虑了预期的能量消耗，降低了整个系统的能量负担。

3.3　边缘内容缓存系统模型与架构

本章考虑具有一个 BS 和多个 D2D 用户设备的单小区蜂窝网络。其中满足 D2D 通信要求的一对 D2D 发送器和接收器形成 D2D 对，在该场景中，假设设备发现和内容共享可以自主进行。另外，假设一个 D2D 对复用一个蜂窝用户的频谱资源，因此不同 D2D 对之间没有干扰，如图 3-4 所示。另外，假设基站 BS 中包含整个文件库中的内容，能够在非高峰时间将文件缓存到移动用户设备的内存中。

此外，本章考虑设备节点通信的物理条件，即只有设备节点在阈值距离内才能相互通信。根据该模型，一个 D2D 设备节点可以使用单跳通信与阈值距离内的另一个 D2D 设备节点进行 D2D 通信。如若两个 D2D 设备节点之间的距离超过阈值距离，则需要多跳通信。本章只考虑 D2D 设备节点之间的一跳共享。

假设邻居用户和移动用户之间的信道是瑞利衰落信道。此外，假设从邻居用户到请求用户的所有复用的上行链路信道都是独立且同分布的。有研究表明，用户之间的社交关系与用户愿意共享的功率之间有线性关系[122-125]，即用户之间的社交关系越强，用户愿意共享的传输功率越大。基于这种研究思路，将用户的共享意愿与传输功率之间建模为一种线

性关系 $P_j = Q_{ij} P_{\max}$，即若 Q_{ij} 是 D2D 接收端与发送端之间的用户合作意愿，$P_{\max}$ 是 D2D 通信发送端的最大发射功率，则 D2D 发送端的实际功率为 $P_j = Q_{ij} P_{\max}$。因此，本章利用用户的共享意愿与传输功率之间的线性关系，计算用户间的传输速率 R_{ij}。

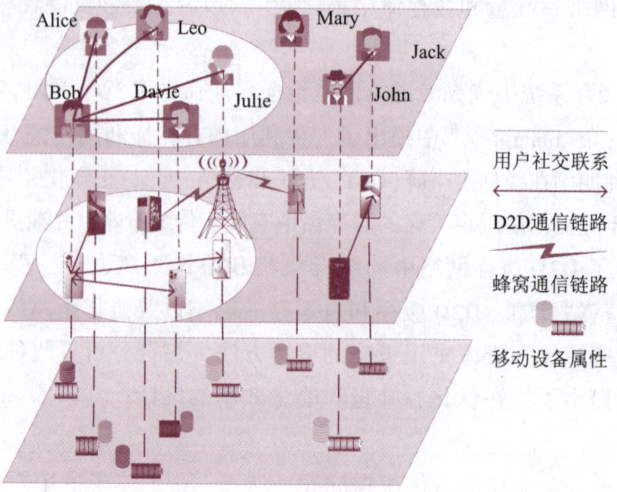

图 3-4 D2D 通信模型

内容提供者 j 和内容请求者 i 之间的传输信噪比 SINR 可以表示为

$$\gamma_{ij}^{D} = \frac{P_j \left| H_{ij} \right|^2}{P_C \left| H_{iC} \right|^2 + N_0} = \frac{Q_{ij} P_{\max} h_{ij} d_{ij}^{-\alpha}}{P_C h_{iC} d_{iC}^{-\alpha} + N_0} \tag{3-1}$$

式中，P_j 为内容提供者的发射功率；$\left| H_{ij} \right|^2 = h_{ij} d_{ij}^{-\alpha}$ 为用户通信链路的信道增益；d_{ij} 为节点用户 i 和用户 j 之间的距离；α 为路径损耗常数。另外，假设所有链路受到噪声影响，噪声值为 N_0。

在这里 D2D 用户复用蜂窝用户的上行链路，则基站 BS 接收到的信噪比 SINR 为

$$\gamma_{iC}^{C} = \frac{P_C \left| H_{CB} \right|^2}{Q_{ij} P_j \left| H_{iB} \right|^2 + N_0} = \frac{P_C h_{CB} d_{CB}^{-\alpha}}{Q_{ij} P_j h_{iB} d_{iB}^{-\alpha} + N_0} \tag{3-2}$$

式中，P_C 为蜂窝用户的发射功率。

两个用户之间的直接通信的传输速率为

$$R_{ij}^{D} = B\log_2(1 + \gamma_{ij}^{D}) = B\log_2\left(1 + \frac{Q_{ij} P_{\max} \left| H_{ij} \right|^2}{P_C \left| H_{iC} \right|^2 + N_0}\right) \tag{3-3}$$

蜂窝用户的数据传输速率为

$$R_C = B\log_2\left(1 + \frac{P_C h_{CB} d_{CB}^{-\alpha}}{Q_{ij} P_j h_{jB} d_{jB}^{-\alpha} + N_0}\right) \tag{3-4}$$

由于接收信干噪比小于阈值时，D2D 通信会发生中断，因此 D2D 通信链路的中断概率等于其接收信干噪比的累积分布函数，即

$$\begin{aligned} P_{\text{out}}^{D2D} &= P_R(\gamma_{ij}^{D} < \gamma_D) = \int_0^{\gamma_D} f_{rc}(\gamma_{ij}^{D})\, d\gamma_{ij}^{D} = F_{rc}(\gamma_D) \\ &= P_R\left(\frac{Q_{ij} P_{\max} h_{ij} d_{ij}^{-\alpha}}{P_C h_{iC} d_{iC}^{-\alpha} + N_0} < \gamma_D\right) \end{aligned}$$

$$= 1 - \frac{Q_{ij}P_{\max}}{Q_{ij}P_{\max} + P_C\gamma_D}\exp\left(-\frac{\gamma_D N_0}{Q_{ij}P_{\max}}\right) \tag{3-5}$$

式中，γ_D 为节点用户 i 和用户 j 之间的信干噪比阈值。

文献[126]提到 D2D 直接链路的受限条件，可得 $\gamma_D N_0 \ll Q_{ij}P_j$，于是

$$\frac{\gamma_D N_0}{Q_{ij}P_{\max}} \to 0 \tag{3-6}$$

则式(3-5)可以简化为

$$P_{\text{out}}^{D2D} = 1 - \frac{Q_{ij}P_{\max}}{Q_{ij}P_{\max} + P_C\gamma_D} \tag{3-7}$$

由式(3-7)可以看出，用户之间的传输速率和中断概率都会受到用户合作意愿的影响。

为了满足用户高速传输数据的需求，在选择共享节点时，以提高传输速率为目标。因此可以将优化问题公式化表述为

$$\begin{aligned} \max \sum_{i,j=1,i\neq j}^{N} B\log_2\left(1 + \frac{Q_{ij}P_{\max}h_{ij}d_{ij}^{-\alpha}}{P_C h_{iC}d_{iC}^{-\alpha} + N_0}\right) \\ \text{s.t.} \quad & C_1: \gamma_i^D \geqslant \gamma_D \\ & C_2: \gamma_{i,C}^C \geqslant \gamma_C \\ & C_3: R_{i,j} \geqslant R_{iC}, \forall i \in N, \forall j \in M \\ & C_4: K_1 \in \{0,1\} \\ & C_5: K_2 \in \{0,1\} \end{aligned} \tag{3-8}$$

式中，约束 C_3 表示只要 D2D 链路的传输速率不小于蜂窝链路的速率，就可以选择 D2D 模式进行数据传输；约束 C_4 和约束 C_5 表示基于设备合作能力的判断因子和基于用户社交关系的判断因子，K_1 为设备之间的设备距离判断因子，$K_1=1$ 表示用户的设备距离大于阈值，即用户设备之间可以进行内容共享，否则 $K_1=0$；K_2 为用户之间的社交距离判断因子，$K_2=1$ 表示用户之间的社交关系大于阈值，即用户设备之间可以进行内容共享，否则 $K_2=0$。

在本章中影响用户共享意愿的因素包括用户设备的设备距离和用户之间的社交距离，即用户间的合作意愿 Q_{ij} 是通过设备自身属性特征和用户间的社交特征来综合定义的，在这里被表示为

$$Q_{ij} = [\alpha I_{ij} + (1-\alpha)S_{ij}]K_1K_2 \tag{3-9}$$

式中，I_{ij} 和 S_{ij} 分别为用户设备合作能力和用户的社交关系。将请求用户的邻居用户以传输速率大小的先后顺序进行排序，在这些候选集合中选择较适合的内容共享节点，以此提升系统的总体传输速率。

在下一节中详细介绍了用户共享意愿的影响因素。其中用户共享意愿综合考虑了设备属性的异质性和用户之间的社交关系，将邻居设备从两方面来进行评判，即用户设备之间的设备互利性和用户自身之间的社交关系。经过评价后，在请求用户的邻居节点中选择性能较合适的节点进行内容共享。

3.4 边缘内容缓存问题建模分析

如今，请求用户已经不再是传统的通信节点。移动社交网络的普及赋予了他们各种社会属性，这些属性的应用有可能提高通信网络的性能。这是因为当移动用户参与内容共享时，他们更愿意选择关系亲密的用户作为合作伙伴，可以有效避免数据共享的失败。此外，由于内容传输和存储空间的消耗，用户设备因为设备性能的差异可能会难以进行数据内容共享。因此在选择算法中，本章基于设备的设备距离和用户之间的社交距离，为请求用户选择合适的内容共享节点以提高系统性能。

其中设备距离是根据设备属性的相似度进行计算的。设备属性包括设备的计算能力、存储容量和电池容量。设备距离越大，表示设备之间合作的可能性越小。社交距离则是根据用户之间的相遇概率和用户之间的属性相似度计算得到。同样，社交距离表示社交距离越大，用户之间的社交关系越强。

3.4.1 设备关系分析

在这里设备距离指的是用户设备之间的合作能力，即对移动用户之间的通信能力的评价，由用户设备的属性相似度计算得出。如果用户的设备属性相差过大，那么用户基于通信的设备距离可能不会与性能较差的移动设备共享数据内容。在这里用移动设备的属性相似度来模拟移动用户之间的合作能力。本章将设备的属性值进行数值归一化，利用相似度计算公式，得出用户之间的合作能力。

对于数值类型的属性值 x_k，本章使用欧几里得距离来计算两个用户在属性上的相似度。距离越大，即 x_{ik} 和 x_{jk} 之间相差越大，d_{ij} 值就越大，表示实体之间的相似度越小，反之，相似度越大。

$$d_{ij}=\sqrt{\sum_{k=1}^{K}(x_{ik}-x_{jk})^2} \tag{3-10}$$

$$I_{ij}=\frac{1}{1+d_{ij}} \tag{3-11}$$

式中，x_k 为设备的属性值；d_{ij} 为设备属性间的欧几里得距离；I_{ij} 为设备间的相似度，将设备间的相似度定义为设备距离。

本章定义一个基于设备属性的设备距离阈值，表示为 m_{ij}，有

$$K_1=\begin{cases}1, & I_{ij}\geqslant m_{ij},\forall i\in N,\forall j\in M\\0, & \text{其他}\end{cases} \tag{3-12}$$

设备的属性及属性值都被存储在构建的图谱中，可以清楚显示出设备和设备属性以及用户之间的关系。在这里本章利用知识图谱这个理论，考虑用户设备的特性，将用户的移动设备联合建立成为一个设备图谱，其中设备属性包括设备类型、设备存储能力、设备的电池容量以及处理事务的能力(如 CPU 的处理能力)。基于知识图谱，可视化表示用户间的联系，为海量的用户分析提供有效方式，将烦琐的用户数据以更加直观的方式表示出来。根据用户移动设备特性之间的潜在联系，对相似的用户移动设备之间的关系进行进一

步挖掘。设备的缓存空间、电池容量越小，CPU 越差，则用户设备辅助其他用户共享内容的概率越小。因此，终端设备能力的相似性直接影响其是否愿意合作为其他终端提供内容共享服务。在这里，基于用户移动设备的相似性对用户的物理属性进行分析，得到用户间的物理联系强度，即用户设备间的互利性分析。

构建知识图谱的具体流程如图 3-5 所示。

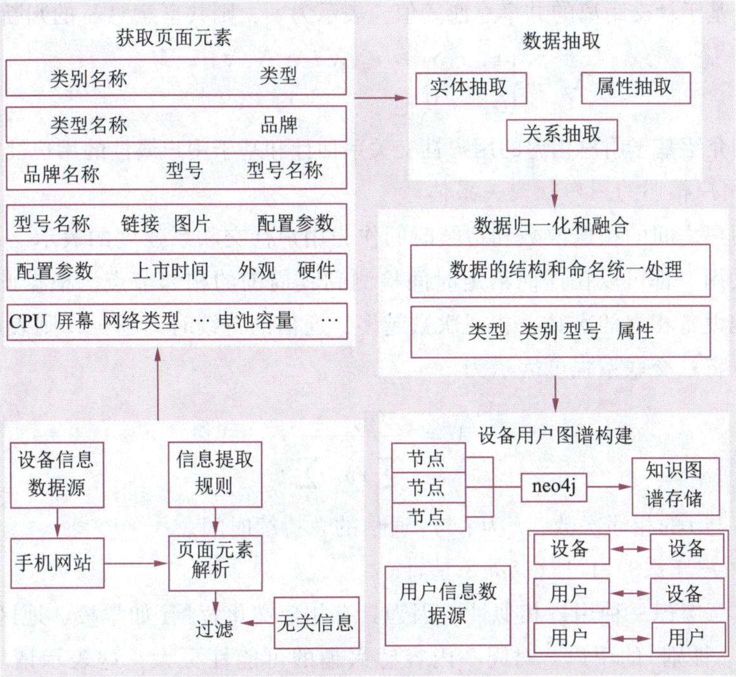

图 3-5　构建知识图谱的具体流程

每一个用户都携带一部设备，而每一部设备都有其特定的设备属性，设备属性的不同导致设备在性能上有一定的异质性，这个问题在以往的研究中很少被考虑。这也是本章考虑设备距离的主要原因。本章对收集到的用户真实数据集进行一些上述处理，计算得到设备间的相似度，以此作为用户间的连接强度，最终将数据存储在图数据库 neo4j 中。

3.4.2　社交关系分析

在现实世界中，持有移动设备的用户之间是有一定社会联系的，而这种社交联系会促使用户更愿意进行移动设备之间的内容共享。此外，对于具有相似属性(即年龄、性别等)的用户对某些内容可能有相似的兴趣，这意味着他们之间对于某些内容可能更加愿意共享。因此，在评估社交关系对用户内容共享的影响时，要同时考虑用户的社交联系和用户之间的相似性。

结合社交关系和用户相似度，可以获得用户 i 和用户 j 之间的共享意愿，表示为

$$S_{ij} = w_1 A_{ij} + w_2 B_{ij} \tag{3-13}$$

式中，A_{ij} 为基于用户相遇的用户社交关系估计；B_{ij} 为基于用户属性的社交关系估计；w_1 和 w_2 为社交关系估计的权重因子，$w_1+w_2=1$。

基于社交联系和用户的相似度构建用户间的共享意愿矩阵为

$$S = \begin{pmatrix} S_{11} & S_{21} & \cdots & S_{N1} \\ S_{12} & S_{22} & \cdots & S_{N2} \\ \vdots & \vdots & & \vdots \\ S_{1N} & S_{2N} & \cdots & S_{NN} \end{pmatrix} \tag{3-14}$$

设定一个基于社交距离的共享意愿阈值，表示为 e_{ij}，则共享意愿 S_{ij} 的判断因子可以写为

$$K_2 = \begin{cases} 1, & S_{ij} \geqslant e_{ij}, \forall i \in N, \forall j \in M \\ 0, & \text{其他} \end{cases} \tag{3-15}$$

下面详细介绍基于用户相遇的用户社交关系估计和基于用户属性的用户社交关系估计。

1. 基于用户相遇的用户社交关系估计

考虑将用户之间的相遇次数和持续时间作为用户社交联系强度的表示。在基站的帮助下，每个移动用户都可以在任何给定时间检测到其周围的相邻节点。根据此信息，用户 i 知道它与其他设备相遇的次数，相遇次数越多，通信的持续时间越长，则表示社交联系越强。因此可以将社交联系强度表示为

$$A_{ij} = \frac{en_{ij}}{\sum_{j=1}^{M} en_{ij}} \frac{t_{ij}}{\sum_{j=1}^{M} t_{ij}} \tag{3-16}$$

式中，en_{ij} 为 i 与 j 的相遇次数，t_{ij} 为 i 与 j 通信的总持续时间。

2. 基于用户属性的用户社交关系估计

在这里本章考虑一种用户相似性。因为具有相似文化背景(如学校、地区)和相似生活经历(如年龄、性别)的用户，对同一内容感兴趣的可能性更大，这表示请求用户从相似度较高的邻近用户上获取到所请求的内容的概率更大，即用户更愿意与偏好相似的用户共享数据。定义 $y_i = \{y_{i1}, y_{i2}, \cdots, y_{iL}\}$ 表示用户的属性特征向量，每个元素代表一个用户属性。用户 i 和用户 j 之间的相似性通过余弦相似度计算，可以表示为

$$B_{ij} = \frac{\sum_{l=1}^{L} y_{il} y_{jl}}{\sqrt{\sum_{l=1}^{L} y_{il}^2} \times \sqrt{\sum_{l=1}^{L} y_{jl}^2}} \tag{3-17}$$

式中，y_{il} 和 y_{jl} 为用户 i 和用户 j 第 l 个属性特征的值；B_{ij} 为用户间的相似度。

最后综合设备距离和用户距离来考虑最终的合作意愿 Q_{ij}，即由式(3-9)可得。

3.4.3 功率控制分析

由于移动设备的能量有限，在进行内容传输时有一定的能量消耗。为了能够在最大化系统传输速率的同时最小化传输功率，提高系统性能，将优化问题公式化表述为

$$\begin{aligned} \max_{P_1, \cdots, P_N} \quad & \sum_{i,j=1, i \neq j}^{N} B \log_2 \left(1 + \frac{P_j h_{ij} d_{ij}^{-\alpha}}{P_C h_{iC} d_{iC}^{-\alpha} + N_0} \right) - P_1 - \cdots - P_N \\ \text{s. t.} \quad & P_j = Q_{ij} P_{\max} \\ & P_j \in [0, Q_{ij} P_{\max}] \end{aligned} \tag{3-18}$$

约束表示用户的传输速率必须满足约束条件 $0 \leqslant P_j \leqslant Q_{ij} P_{\max}$。

因为每一个用户都更倾向于自己控制传输功率，而不是与其他用户合作，因此可以将上述问题建模为一个功率控制博弈问题。

效用函数可以表示为

$$\pi_j(P_j, P_{-j}) = R_{ij}^D - x_{ij} P_j = B\log_2\left(1 + \frac{P_j h_{ij} d_{ij}^{-\alpha}}{P_C h_{iC} d_{iC}^{-\alpha} + N_0}\right) - x_{ij} P_j \tag{3-19}$$

式中，$x_{ij} = e^{w_3 d_{ij}}$；w_3 为物理距离的相关系数，用来调节用户间物理距离在功率控制函数中的权重。

定理 1　在以上定义的功率控制博弈中，对所有用户 i，存在纳什均衡。

所建立的功率博弈存在纳什均衡，可以通过对效用函数求导得到。

$$\frac{\partial \pi_j(P_j, P_{-j})}{\partial P_j} = B \frac{h_{ij} d_{ij}^{-\alpha}}{P_C h_{iC} d_{iC}^{-\alpha} + N_0 + P_j h_{ij} d_{ij}^{-\alpha}} - x_{ij} \tag{3-20}$$

接着对效用函数求二次偏导，得到二次偏导值为

$$\frac{\partial^2 \pi_j(P_j, P_{-j})}{\partial {P_j}^2} = B \frac{-h_{ij} d_{ij}^{-\alpha}(h_{ij} d_{ij}^{-\alpha})}{(P_C h_{iC} d_{iC}^{-\alpha} + N_0 + P_j h_{ij} d_{ij}^{-\alpha})^2} \tag{3-21}$$

容易看出，$\frac{\partial^2 \pi_j(P_j, P_{-j})}{\partial^2 P_j} < 0$，$P_j$ 策略集也满足判定条件，故效用函数 $\pi_j(P_j, P_{-j})$ 满足拟凹性，符合博弈论定理，故存在纳什均衡解。

令 $\frac{\partial \pi_j(P_j, P_{-j})}{\partial P_j} = 0$，可以得到发射功率最优解。

$$\begin{aligned} P_j &= \frac{\frac{B h_{ij} d_{ij}^{-\alpha}}{x_{ij}} - P_C h_{iC} d_{iC}^{-\alpha} + N_0}{h_{ij} d_{ij}^{-\alpha}} = \frac{B h_{ij} d_{ij}^{-\alpha} - x_{ij} P_C h_{iC} d_{iC}^{-\alpha} + x_{ij} N_0}{x_{ij} h_{ij} d_{ij}^{-\alpha}} \\ &= \frac{B}{x_{ij}} - \frac{P_C h_{iC} d_{iC}^{-\alpha} + N_0}{h_{ij} d_{ij}^{-\alpha}} \end{aligned} \tag{3-22}$$

3.4.4　内容共享节点选择机制

本节提出一种基于用户合作意愿的 D2D 内容共享节点选择算法来选择内容共享节点，以最大化系统的效率，如算法 3-1 所示。

算法 3-1　基于用户合作意愿的 D2D 内容共享节点选择算法

(1) 根据物理特性，得到相邻终端用户设备集

$N_i^h = \{j : d_{ij} \leqslant d_{\max}, d_{\max} \geqslant 0\}$

(2) 根据用户设备距离，用户社交距离得到用户的合作意愿

$Q_{ij} = [\alpha I_{ij} + (1-\alpha) S_{ij}] K_1 K_2$

(3) 根据用户合作意愿计算用户的发射功率 $P_j = Q_{ij} P_{\max}$

(4) for j = 1 : legth(N_i^h)

(5) 根据式(3-3)计算 R_{ij}

(6) end for

(7) 得到 max(R_{ij})，选择最优节点 j

(8) end

基于用户合作意愿的 D2D 内容共享节点选择算法流程，如图 3-6 所示。

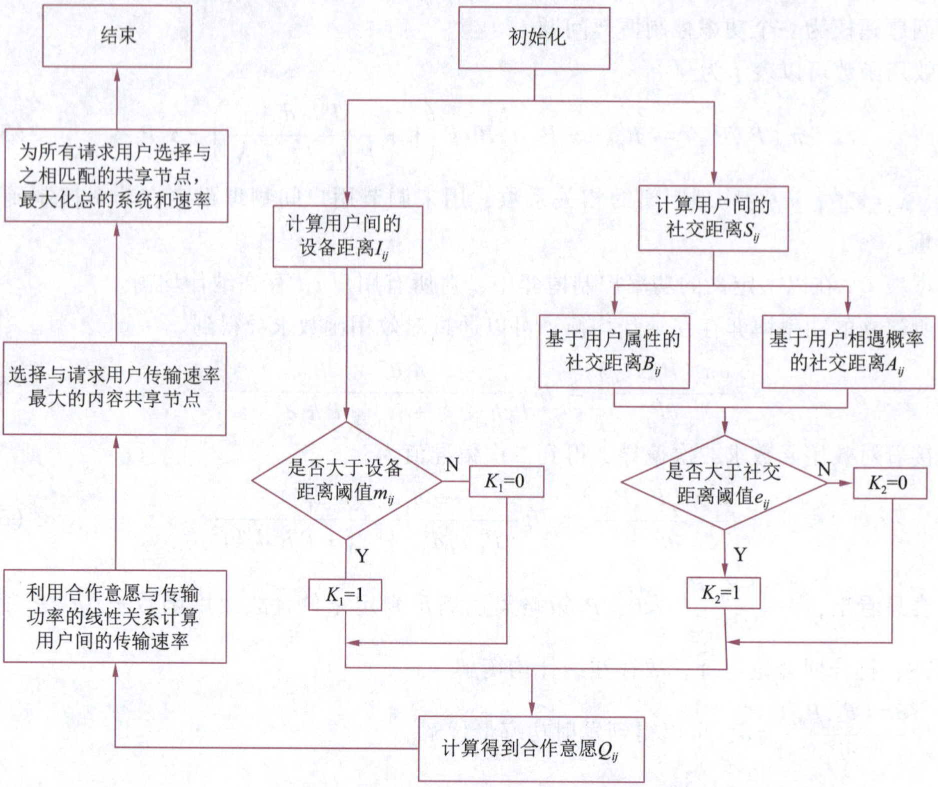

图 3-6 内容共享节点选择算法流程

3.5 边缘内容缓存仿真分析

3.5.1 仿真源代码说明

代码

3.5.1 仿真源代码

此次实验共有五个文件：shejiaojuliyuzhi. m、shebeijuliyuzhi. m、sulv. m、manyidu. m、nengxiao. m。shejiaojuliyuzhi. m 文件主要研究社交距离阈值对 D2D 通信系统和速率的影响。shebeijuliyuzhi. m 文件主要研究设备距离阈值对 D2D 通信系统和速率的影响。sulv. m 文件主要研究 D2D 通信距离对 D2D 通信系统和速率的影响。manyidu. m 文件主要研究 D2D 通信距离与用户满意度的关系。nengxiao. m 文件主要研究 D2D 通信距离与能效的关系。源代码文件可扫描二维码下载。

3.5.2 设备图谱分析

在正规的移动设备信息网站中将手机设备参数信息通过爬虫程序抽取出来，并将它们转化为结构化的数据。结构化数据结构清晰，能够直接作为关系型数据库中的数据。下面是构建设备图谱的具体流程：

1. 数据抽取

首先，找到正规的移动设备的信息网站，解析移动设备的网页元素，利用 Python 爬虫程序对页面进行解析和信息提取，过滤掉无关信息。其中网页源码数据信息页面如图 3-7 所示。可以在 json 文件中直接获取设备名等设备的相关属性。

```
<div class="pro-intro">
    <h3>
<a href="/cell_phone/index1359541.shtml" target="_blank">vivo S9 (8GB/128GB/全网通/5G版) </a>
                                                              </h3>

        <ul class="param clearfix">

            <li title="移动TD-LTE, 联通TD-LTE, 联通FDD-LTE, 电信TD-LTE, 电信FDD-LTE">
                              <span>4G网络: </span>移动TD-LTE, 联通TD-LTE, 联通FDD-LTE, 电信TD-LTE, 电信FDD-LTE            </li>
            <li title="6.44英寸  2400x1080像素">
                              <span>主屏尺寸: </span>6.44英寸  2400x1080像素            </li>
            <li title="联发科 天玑1100">
                              <span>CPU型号: </span>联发科 天玑1100            </li>
            <li title="2.6Ghz A78*4+2.0GHz A55*4  八核">
                              <span>CPU频率: </span>2.6Ghz A78*4+2.0GHz A55*4  八核            </li>
            <li title="4000mAh  不可拆卸式电池">
                              <span>电池容量: </span>4000mAh  不可拆卸式电池            </li>
            <li title="6400万像素主镜头+800万像素超广角镜头+200万像素微距镜头">
                              <span>后置摄像头: </span>6400万像素主镜头+800万像素超广角镜头+200万像素微距镜头            </li>
            <li title="Android 11">
                              <span>出厂系统内核: </span>Android 11            </li>
            <li title="8GB">
                              <span>RAM容量: </span>8GB            <a class="more" href="/1360/1359541/param.shtml" target="_blank">更多参数&gt;&gt;</a>
                    </li>
        </ul>
```

图 3-7　数据爬取的 json 格式数据

因为在 D2D 通信中，对移动设备间通信影响较大的是设备的计算能力以及设备的电池容量，故此只获取了移动设备的名称、CPU 型号、电池容量、RAM、ROM 等重要属性信息，将数据存储为 Excel 表格文件，最终形成一个具有相关属性的移动设备数据集。

2. 数据预处理

对获取到的数据集进行观察，发现有些设备属性特征可能有缺失值，通过人工标注的方式进行属性值的补充，得到一个较完整的移动设备数据集。但是，由于不同属性的值的表达方式不同，因此需要对这些数据进行预处理，在这里进行统一的归一化处理，统一数据格式。

3. 基于图数据库 neo4j 的知识存储

图谱关系示例如图 3-8 所示。

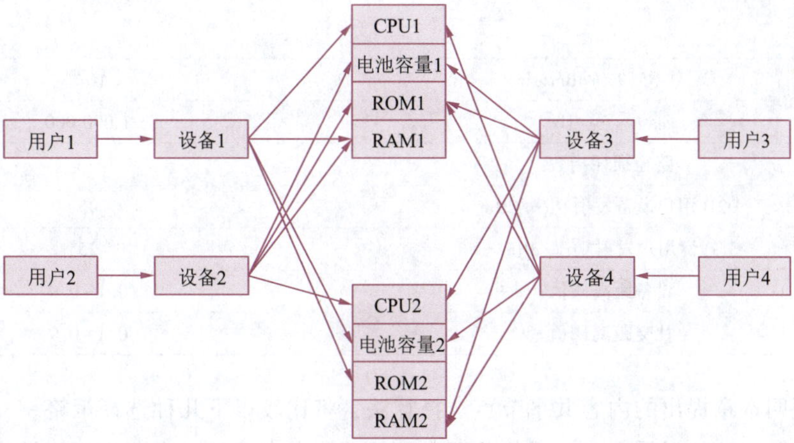

图 3-8　图谱关系示例

4. 得到设备图谱

最后在图数据库 neo4j 中以图谱的形式表现出来，部分图谱如图 3-9 所示。

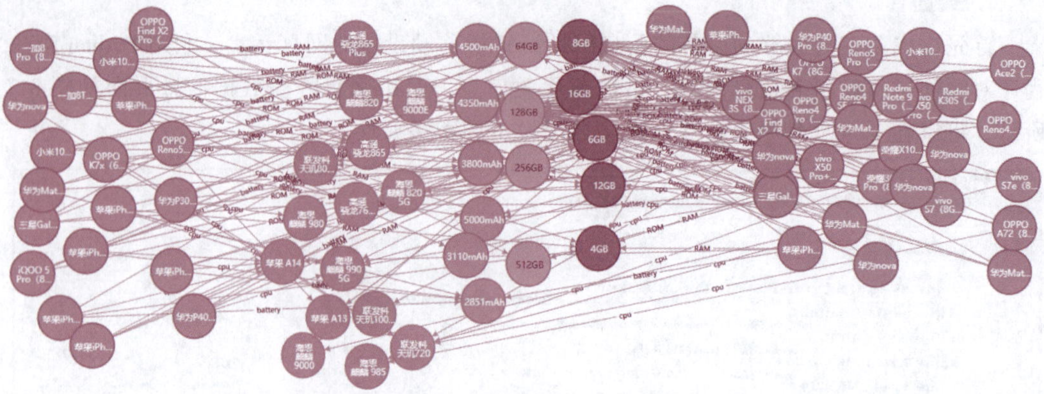

图 3-9　基于知识图谱构建的设备图谱

利用设备图谱，可以得到用户之间的设备距离，即通过计算移动设备的属性之间的相似度计算得到。利用设备距离和社交距离，得到用户之间的共享意愿，即综合考虑用户之间的社交距离和用户的设备距离，以此选择内容共享节点进行数据传输。

3.5.3　边缘内容缓存实验结果分析

本章研究了 D2D 内容共享节点的选择算法，旨在提高 D2D 用户通信时的传输速率。本章考虑在单小区场景下，将 D2D 用户随机分布在小区内。考虑到移动设备通常由人携带，因此移动设备与用户之间具有一定的稳定性。通常在考虑 D2D 通信协作时，目前的大部分研究都集中在用户之间的社交关系上，但是不同的用户所携带的移动设备在设备属性上具有异质性，即不同的设备的计算能力、存储能力、电池容量会有所区别。本章提出的共享节点选择算法中将同时考虑用户移动设备距离和用户之间的社交距离。

实验中用到的仿真参数见表 3-1。

表 3-1　仿真参数

噪声密度/(dBm/Hz)	10^{-7}
带　宽/Hz	1 000 000
路径损耗指数	-3
D2D 用户设备发射功率/dBm	45
蜂窝用户发射功率/dBm	25
设备距离阈值	0.1~0.9
社交距离阈值	0.1~0.9

为了证明本章提出的内容共享节点选择算法，将比较以下几种选择策略。

①基于距离的选择策略：从通信范围内的候选节点中选择一个距离用户请求节点最近的节点作为共享节点进行数据传输。

②随机选择策略：在请求节点的通信范围内，随机选择一个节点作为共享节点进行数据传输。

③基于社交信任的节点选择策略：只根据用户之间的社交信任关系来选择传输速率最快的用户节点。

④基于用户最强合作意愿的选择策略：选择使用户满意度最大的节点，即用户之间的合作意愿最强，这种共享方式可以传输比较私密的内容。

⑤本章提出的选择策略：综合考虑用户的社交距离和设备距离，得到用户的内容共享意愿，选择传输速率最大的节点。

仿真比较三种共享节点选择算法在系统和速率和用户满意度两个指标上的差别。

1. D2D 通信系统和速率

为了确定社交距离的阈值和设备距离的阈值，本章首先对不同的阈值对系统和速率的影响做了仿真实验。

从图 3-10 和图 3-11 可以看出随着社交距离阈值和设备距离的增大，D2D 通信系统和速率在随之减小。这是因为随着阈值的增大，用户可选择的内容共享节点随之减少，即 D2D 通信链路逐渐减少，则 D2D 通信的系统和速率也随之减小。从图中可以看出当社交距离阈值小于等于 0. 2 时，设备距离阈值小于等于 0. 2 时，D2D 通信系统有较高的系统和速率。因此，在后面进行 D2D 内容共享节点选择算法的仿真实验中，将设备距离阈值和社交距离阈值都设为 0. 2。

图 3-12 表示系统和速率与 D2D 通信距离之间的关系。从图 3-12 中可以看出，系统和速率随着 D2D 通信距离的增大而减小，这是由于随着 D2D 通信的增加，信道增益会越来越小，这会导致传输速率越来越低。其中基于用户合作意愿的选择策略主要考虑了用户之间的合作意愿强度，即选择了合作意愿最强的节点进行内容共享，但是未考虑距离对传输速率的影响，因此总体的传输速率较低。基于距离的选择策略虽然考虑了距离，但是没有考虑节点之间的设备距离和社交距离，因此选择的节点在传输时会导致链路中断。基于用户社交信任的节点选择算法只考虑了节点之间的社交信任关系，即考虑用户之间的社交距离。而本章提出的共享节点选择算法不仅考虑用户之间的社交距离，还考虑用户携带的移动设备之间的设备距离，因此具有较高的链路通信成功率。

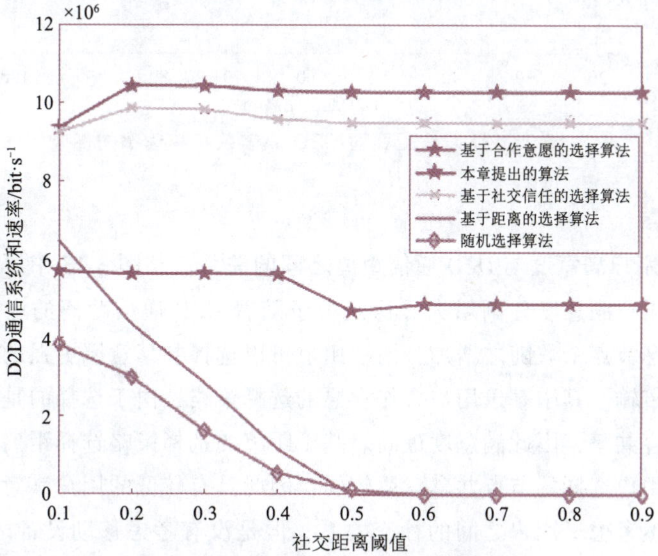

图 3-10　社交距离阈值对 D2D 通信系统和速率的影响

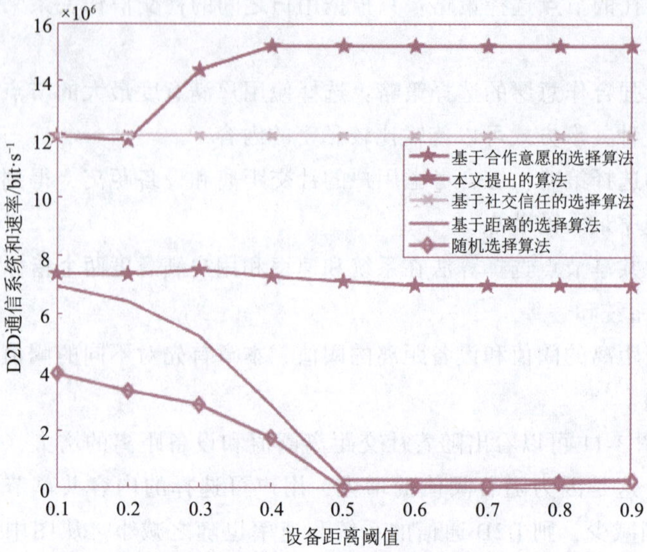

图 3-11　设备距离阈值对 D2D 通信系统和速率的影响

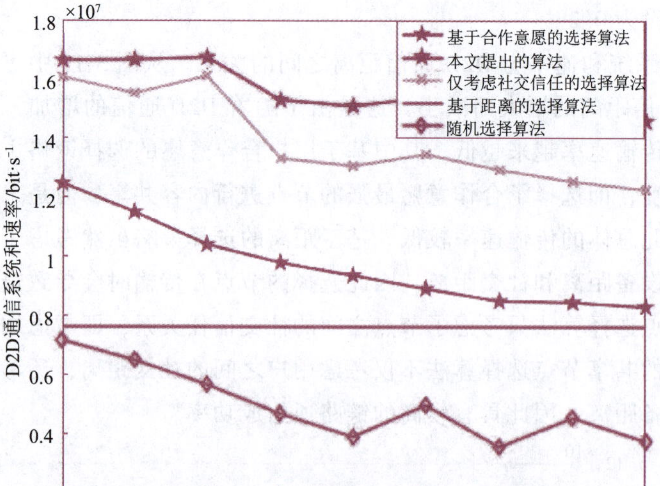

图 3-12　D2D 通信距离对 D2D 通信系统和速率的影响

2. 用户满意度

图 3-13 表示用户满意度与 D2D 通信距离之间的关系。从图 3-13 中可以看出，随着通信距离的增加，用户满意度逐渐增大。这是由于随着 D2D 通信距离的增加，请求用户可以选择的内容共享节点个数随之增加，请求用户可以选择共享意愿更强的节点作为内容共享节点进行数据传输。其中基于用户合作意愿的选择策略，由于选择的是用户合作意愿最强的节点进行内容共享，因此满意度最高。基于距离的选择策略选择距离请求用户最近的节点，这会导致用户选择的节点共享意愿较弱，因此具有较低的用户满意度。基于社交信任的选择策略虽然考虑了用户之间的社交关系，但是没有考虑移动设备之间的社交距离，

因此选择的节点在传输时可能会导致链路中断。而本章提出的算法综合考虑了用户之间的社交距离和移动设备之间的设备距离，因此具有较高的用户满意度。

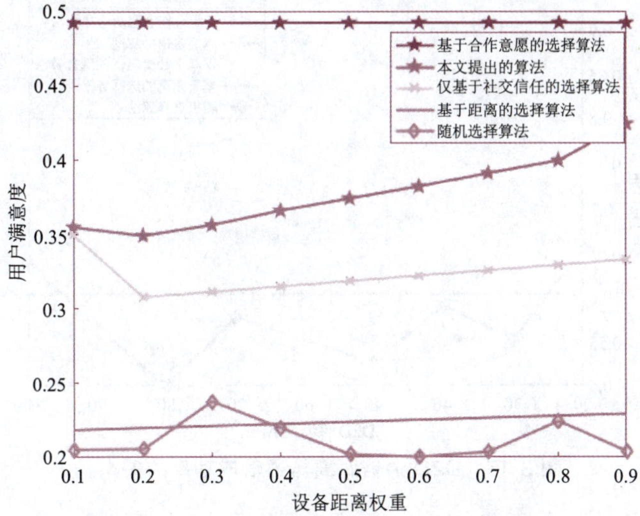

图 3-13　D2D 通信距离与用户满意度的关系

3. 能效

图 3-14 表示用户的通信距离与能效之间的关系。在这里能效指的是传输速率与用户的传输功率之间的比值。从图 3-14 中可以看出，随着通信距离的增加，用户的能效随着用户之间通信距离的增加逐渐降低。

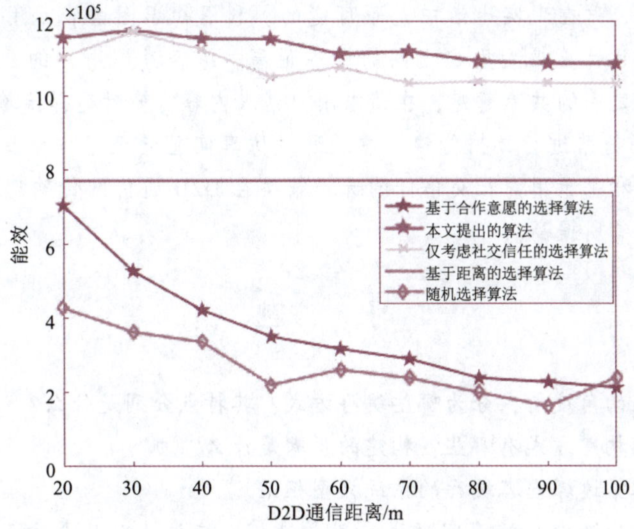

图 3-14　D2D 通信距离与能效的关系

4. 通信成功率

图 3-15 表示用户的通信距离与通信链路成功通信概率的关系。在这里通信成功概率指的是用户是否能够找到符合条件的相邻用户成功通信的概率。

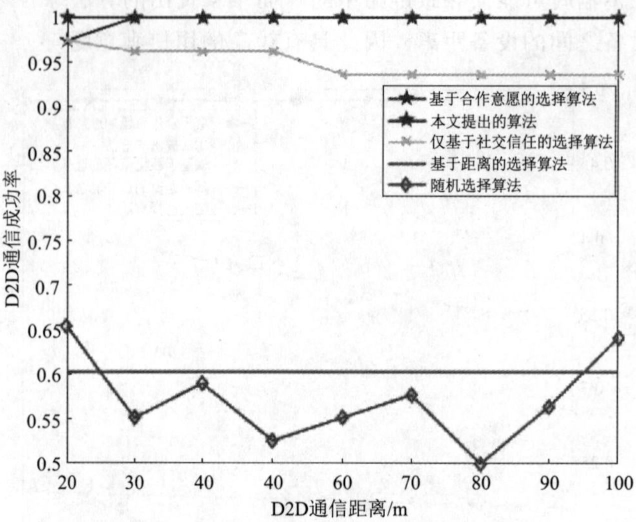

图 3-15　D2D 通信距离与通信成功率的关系

小　结

本章研究了单蜂窝小区网络中多个 D2D 用户之间的内容共享问题，提出了一种基于用户共享意愿的共享节点选择问题，该节点选择算法综合考虑了用户之间的社交距离和设备距离。以往的研究中大部分研究只考虑了用户的社交关系，假设所有用户携带的移动设备具有相同的属性，这在现实生活中是不可能的。利用知识图谱表示用户-设备-设备属性之间的关系，通过计算得到用户之间的设备距离。综合考虑用户的社交距离和设备距离，计算得到用户之间的共享意愿，在请求用户请求内容传输时选择传输速率最大的用户节点建立 D2D 通信链路进行数据传输；最后通过仿真实验验证了本章提出的基于共享意愿相比于基于距离和基于用户社交信任的选择策略在 D2D 通信的传输速率以及 D2D 通信用户满意度方面均有所提高。

习　题

1. 从缓存位置的角度看，分为哪些缓存方式？其特点分别是什么？
2. 知识图谱的构建方式有哪些？构建的步骤是什么？
3. 简要描述本章边缘内容缓存的系统模型框架。
4. 若要对本章边缘内容缓存问题进行数学建模，应该从哪几个方面进行分析？请简要描述。

第4章 边缘协同卸载

协同边缘计算通过不同设备之间的相互协作来提高网络系统对感知数据的处理能力。但是，当终端用户向边缘服务器发送感知数据处理的请求时，边缘服务器需要考虑其空闲的资源是否支持感知数据的处理。并且，异构边缘服务器通常由于部署不同的硬件设备，其性能也存在一定的差异，这对卸载决策的制定产生了很大的影响。因此，本章重点研究协同边缘计算网络中异构边缘服务器的资源配置与卸载决策联合优化问题，并将问题表述为受异构边缘服务器 CPU 频率、计算和存储等资源约束的时延和能耗权衡的优化问题，确定最优的卸载比例。边缘服务器在确定返还数据处理结果的传输路径选择上，综合考虑传输路径的距离和带宽，以减少传输时延和传输能耗，同时避免网络链路上数据量剧增导致的网络拥塞问题。

本章知识导图

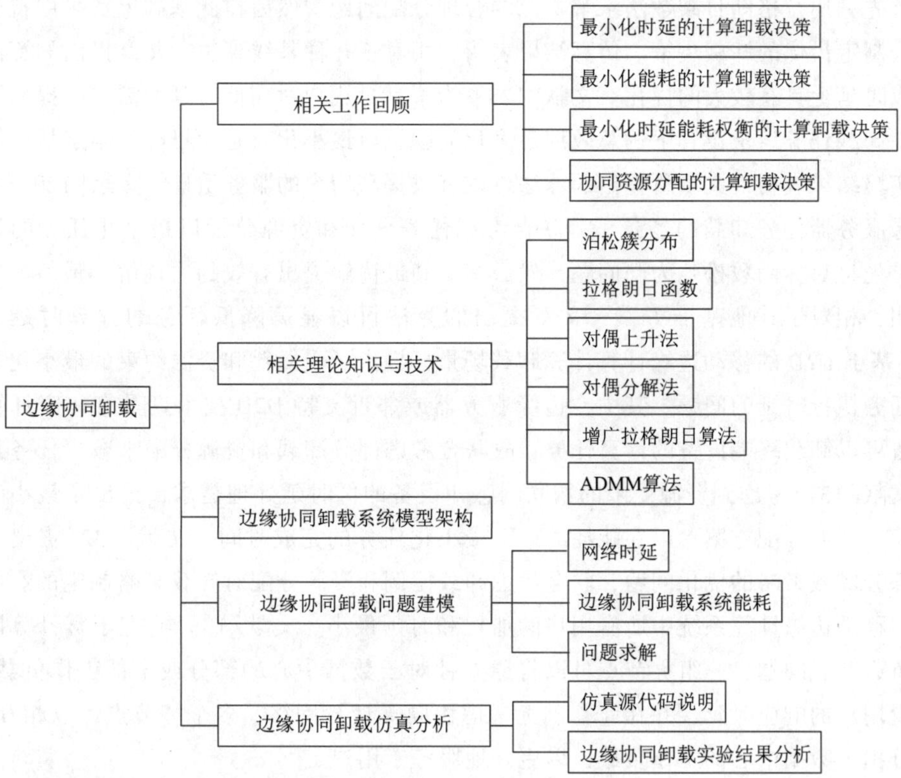

学习目标

1. 了解边缘协同卸载的基本概念。
2. 深入理解边缘协同卸载的理论知识与技术，以及系统模型框架。
3. 掌握边缘协同卸载问题建模，并能够在实践中对遇到的实际问题进行数学建模。
4. 通过学习本章提供的仿真分析，学会分析边缘协同卸载在实际应用中的工作原理。

4.1 相关工作回顾

目前国内外关于边缘计算卸载的研究主要关注卸载决策和资源配置这两个问题。卸载决策主要研究终端设备上计算任务的卸载问题。计算任务的卸载方案主要以时延[127-133]、能耗[133-140]或时延与能耗的加权和[141-146]为优化目标制定卸载决策。资源配置也是边缘计算中十分重要的研究领域[147-154]。资源配置主要通过优化网络带宽，边缘服务器的 CPU 频率、计算和存储等资源的合理分配，使边缘服务器更好地卸载来自终端的计算任务。

4.1.1 最小化时延的计算卸载决策

最小化时延的卸载决策是指以最小化任务的响应时间为目标制定最优的卸载决策。任务的响应时间包括任务队列的等待时间，任务在不同设备的传输时间。文献[127]针对智能电网场景下产生的高时延问题，联合优化任务卸载决策和资源分配制定最佳卸载策略。文章首先利用拉格朗日乘数法求解资源的合理分配问题，然后在此基础上，采用自适应遗传算法制定最优的卸载决策。仿真结果表明，相对于几种基线算法，文章提出的算法在任务完成时延上具有较大的优化。文献[128] 为了满足用户对超低时延的需求，提出了静态和动态卸载任务请求设置下的总效用最大化问题，以最小化时延为目标，制定最优卸载决策。实验结果表明，文章所提出的算法可以有效提高用户的服务质量。文献[129] 在多用户边缘服务器任务卸载的场景下，联合考虑任务分配和资源分配以最小化任务的计算延迟。首先将目标函数松弛为凸问题，然后基于其最优解提出有效的次优解。最后，实验结果表明，相对于其他基准方案，文章提出的算法可以显著降低任务的计算时延。文献[130]基于 D2D 的移动边缘计算计算卸载场景，提出了受能耗和资源约束的最小化共享频谱中任务执行时延的问题。其中，边缘服务器或邻近支持 D2D 技术且具有一定计算能力的设备可以卸载终端设备的计算任务，故联合考虑部分卸载和资源分配来减少任务执行时延。文献[131]考虑到资源受限的物联网感知设备的低时延处理需求，提出了最小时延卸载决策和资源分配方案，以在能耗约束下最小化任务的完成时间。文献[132]提出了一个基于部分卸载策略的优化问题，联合考虑卸载比例和资源分配对卸载策略制定的影响，使多用户移动边缘计算系统中所有用户的加权和时延最小。文献[133]研究了雾计算网络的工作负载卸载问题，一组雾节点可以将原本针对云数据中心的部分或全部工作负载卸载，以减少用户的响应时延，并在此基础上考虑协同雾计算网络，多个雾节点可以相互帮助，共同分担云数据中心的工作负载，以更好地服务于用户。

4.1.2　最小化能耗的计算卸载决策

最小化能耗的卸载决策是指以最小化能耗为优化目标制定最优的卸载决策。能量消耗一般包括不同设备利用自身资源对计算任务处理和传输所消耗的能量。文献[133]为了降低系统能耗，提出了一种基于遗传算法算子的自适应粒子群优化算法的节能卸载策略，在满足时延约束的前提下最小化系统能耗。仿真实验表明，该策略相对于其他基准方案可以更好地提高网络性能。文献[134]基于异构云(包括边缘云和远程云)的多用户边缘计算场景，研究了最小化多个移动设备总能耗的任务卸载问题。文章提出了任务调度与资源分配的联合优化算法，以实现在任务延迟约束下，最小化多个移动设备的总能耗。文献[135]基于移动边缘计算场景下提出了一种新颖的终端用户合作算法，即考虑了一个具有辅助节点的 MEC 系统。文章考虑部分卸载和二进制卸载两种不同的卸载模型，以最小化时延约束下的系统总能耗为优化目标，联合优化用户和具有辅助功能节点的计算和通信资源分配。文献[136]针对多媒体通信对无线网络通信能力和处理能力的迫切需求，提出受资源约束的最小化系统总能耗优化问题，实验结果表明，文章所提出的在线节能任务分配和计算卸载策略可以提高用户的体验质量。文献[137]在移动边缘计算场景下制定最优卸载决策最小化任务卸载的能耗，数值结果表明所提出的卸载方案相对于本地计算和完全卸载具有较好的网络性能。文献[138]基于时分多址和正交频分多址联合考虑多用户计算卸载和资源分配的优化问题，联合优化任务卸载和资源分配以在计算延迟的约束下最小化能耗。文献[139]提出了一种协同计算框架，该框架考虑了雾节点和云中心之间的垂直和水平协作，以在服务时延约束下最小化所有移动设备的总能耗。

4.1.3　最小化时延能耗权衡的计算卸载决策

最小化时延和能耗加权和的卸载决策是指在时延和能耗之间寻找平衡以提高网络性能为目标制定最优的卸载决策。文献[141]针对新兴智能车载应用对更低时延的需求，设计了一个在 5G 场景下的车辆感知多接入边缘计算网络。基于深度强化学习的联合计算卸载和任务迁移优化(joint computation offloading and task migration optimization，JCOTM)最小化系统时延和能耗的加权和。文献[142]考虑到移动设备的 CPU 频率对任务卸载的影响，联合考虑任务卸载决策和移动设备的 CPU 频率以最小化任务的响应延迟和设备能量优化问题。文献[143]基于移动边缘计算中网络信号干扰的场景研究了多用户计算卸载问题，以最小化时延与能耗的加权和。仿真结果表明，文章所提出的算法具有高效的计算卸载能力。文献[144]基于边缘计算中资源受限的边缘设备，研究最小化系统成本的计算卸载问题。联合优化卸载决策和时钟频率、传输功率和信道速率等资源分配以最小化系统成本。实验结果表明，所提算法具有较好的优化效果。文献[145]引入基于层次分析法的服务质量评估框架，对具有不同服务质量需求的各类物联网设备进行分析，以最大限度地减少雾计算网络的任务进程时延和能耗开销。文献[146]研究了移动边缘计算系统中移动设备执行时延与能耗之间的权衡问题，采用一种最小化执行时延和能耗加权的分布式算法进行问题求解。

4.1.4 协同资源分配的计算卸载决策

资源分配是计算卸载的关键技术之一，它主要解决网络带宽以及边缘服务器的计算和存储等资源的合理分配问题。文献[147]考虑到具有一定计算资源的家庭接入点，可以将终端设备的任务卸载到家庭云，通过对无线电和计算资源的合理分配，优化能耗和延迟之间的决策变量，得到最佳的任务卸载通信策略。文献[148]面向移动边缘计算中多用户多边缘服务器场景，综合考虑任务卸载和资源分配(用户的传输功率和服务器的计算资源)以制定最优的卸载决策，采用一种次优方法进行问题的求解。文献[149]在基于深度学习为增强现实提供智能应用的前景下，提出了将前端设备与具有一定计算能力的设备结合在一起，解决前端设备难以处理智能应用的问题，采用驱动模型解决能量消耗、处理延迟、网络条件等联合优化问题以确定最佳的卸载决策。文献[150]基于无线网络计算资源的优化分配提出了最大化全网频谱效率和系统容量的最大化问题，实验结果表明所提算法在支持 D2D 的 MEC 系统中具有较好的网络性能。文献[151]综合考虑通信与计算资源，利用边缘计算系统中移动设备的闲置计算资源实现信道多样性和计算多样性，以提高网络性能。文献[152]综合考虑雾节点的通信和计算资源，在提高雾节点资源利用率的同时，最小化所有任务的总延迟。文献[153]综合考虑利用终端设备、边缘服务器和云服务器之间的纵向协同，以及边缘节点之间相互协作的横向协作，建立三层协同计算网络，联合优化卸载决策和计算资源分配，以在设备电池容量有限的情况下最小化平均任务持续时间。文献[154]联合考虑协同边缘计算中任务卸载与资源分配，提出了计算卸载决策、协同选择、功率分配和 CPU 周期频率分配的问题，目标是最小化延迟，同时保证传输功率、能耗和 CPU 周期频率的限制，采用基于拉格朗日对偶分解法和单调优化法解决联合迭代问题。

4.2 相关理论知识与技术

4.2.1 泊松簇分布

1. 泊松过程

泊松过程是随机过程的一种，是以事件的发生时间来定义的。泊松过程是一种累积随机事件的发生次数的独立增量过程，即每次事件的发生是相互独立的。

假设一个计数过程 $\{N(t),\ t\geqslant 0\}$ 是泊松过程，$N(t)$ 表示时间 t 内事件发生的次数，λ 为事件发生的强度(或速率)，如果 $N(0)=0$ 且 $N(t)$ 是平稳独立增量过程，即在不相交的时间区间内，事件发生的个数是相互独立，则对任意时间区域 $0<s<t$，增量 $N(t)-N(s)$ 服从参数为 $\lambda(t-s)$ 的泊松分布 $P(\lambda(t-s))$。

2. 泊松簇过程

泊松簇过程分为父过程和子过程，即父节点和子节点均进行泊松点分布。父过程为父节点在指定区域内进行泊松点分布。子过程为以父点为中心进行的泊松点分布。泊松点过程的实现有一维的撒点方法和二维的撒点方法两种。

一维的撒点方法遵循泊松分布参数为 λt 的泊松点分布，二维的撒点方法遵循泊松分布参数为 $\lambda \times A(R)$ 的泊松点分布，$A(R)$ 是区域 R 的容量。边缘服务器与用户呈现泊松簇分布，其中父节点的泊松点遵循一维的撒点方法，子节点的泊松点分布遵循二维的撒点方法。

4.2.2　拉格朗日函数

拉格朗日乘子法是一种求解多元函数在一组约束下的极值的方法，通过引入拉格朗日乘子可将 n 个变量和 m 个约束条件的优化问题转换为 $(n+m)$ 个变量的无约束优化问题。拉格朗日乘子法的应用十分广泛，是凸优化的重要研究部分，经常用于求解等式约束下的优化问题。

设目标函数为 $f(x)$，等式约束条件为 $g(x)=0$，求解等式约束下最小化目标函数的 x 的取值，其公式如下表示：

$$\begin{aligned} &\min_{x \in \mathbf{R}^n} f(x) \\ &\text{s.t.} \quad g_k(x) = Ax - b = 0, \quad k = 1,2,\cdots,m \end{aligned} \tag{4-1}$$

其极值求解流程如下所示：

首先，引入拉格朗日乘子 λ 构造拉格朗日函数 $L(x,\lambda)$，即

$$L(x,\lambda) = f(x) + \sum_{k=1}^{m} \lambda_k g_k(x), \quad x \in \mathbf{R}^n, \lambda \in \mathbf{R}^m \tag{4-2}$$

其次，对式(4-2)的多个变量求偏导，即

$$\frac{\partial L}{\partial x_i} = 0, \cdots, \frac{\partial L}{\partial \lambda_k} = 0 \tag{4-3}$$

如果有 m 个约束条件，就应该有 $(m+n)$ 个方程，由此求出的多元方程组的解就可能是最优解。这是因为拉格朗日乘子法求得的解只有在目标函数为凸优化的情况下，才能保证得到的是最优解，否则是局部极小值。

4.2.3　对偶上升法

假设式(4-1)目标函数 $f(x)$ 是凸函数，则其对偶函数为

$$h(\lambda) = \inf_x L(x,\lambda) = -f^*(-A^{\mathrm{T}}\lambda) - b^{\mathrm{T}}\lambda \tag{4-4}$$

式中，λ 为对偶变量或者拉格朗日乘子；f^* 为 f 的共轭函数。公式的推导和共轭函数的表达式如下所示：

函数 $f(x)$ 的共轭函数为

$$f^*(\lambda) = \sup_{x \in \mathbf{R}^n} (\lambda^{\mathrm{T}} x - f(x)) \tag{4-5}$$

公式的推导如下所示：

$$\begin{aligned} h(\lambda) &= \inf_x L(x,\lambda) \\ &= -\sup_x -L(x,\lambda) \\ &= -\sup(-\lambda^{\mathrm{T}}Ax - f(x) + \lambda^{\mathrm{T}}b) \\ &= -\sup(-\lambda^{\mathrm{T}}Ax - f(x)) - \lambda^{\mathrm{T}}b \\ &= -f^*(-A^{\mathrm{T}}\lambda) - \lambda^{\mathrm{T}}b \end{aligned} \tag{4-6}$$

将式(4-1)的优化问题转化为对偶问题：$\max h(\lambda)$

假设式(4-1)和式(4-4)是满足强对偶条件的，故原问题和对偶问题的求解等同，可以通过对偶问题的解得到原问题的解。

$$x^* = \operatorname{argmin} L(x,\lambda^*) \tag{4-7}$$

故对偶上升法的迭代更新的过程如下：

$$\begin{cases} x^{k+1} = \operatorname{argmin} L(x,\lambda^k) \\ \lambda^{k+1} = \lambda^k + \alpha^k \nabla h(\lambda) = \lambda^k + \alpha^k(Ax^{k+1} - b) \end{cases} \tag{4-8}$$

式中，$\alpha^k>0$ 表示步长，这个更新过程能够正常运行的前提是函数 $f(x)$ 必须要严格凸函数的或者有界的。

4.2.4 对偶分解法

假设目标函数是可分的，即目标函数的表达式为

$$\begin{gathered} \min_{x\in R^n} f(x) = \sum_{i=1}^{N} f_i(x_i) \\ \text{s.t.}\quad g_k(x) = Ax - b = 0,\quad k = 1,2,\cdots,m \end{gathered} \tag{4-9}$$

继续假设子函数 $f_i(x_i)$ 之间相互独立，且变量 x_i 之间也不存在任何关系，故可以并行计算每一个子函数 $f_i(x_i)$ 的取值，将等式约束按列划分如下：

$$Ax - b = [A_1,\cdots,A_N]x = A_1x_1 + \cdots + A_Nx_N = \sum_{i=1}^{N} A_ix_i \tag{4-10}$$

因此，将拉格朗日函数进行如下转化：

$$L(x,\lambda) = \sum_{i=1}^{N} L_i(x_i,\lambda) = \sum_{i=1}^{N} (f_i(x_i) + \lambda^T A_i x_i) - \lambda^T b \tag{4-11}$$

上式可以让式(4-8)迭代更新的过程实现并行求解，即

$$\begin{gathered} x_i\, k + 1 = \arg\min_{x_i} L(x_i,\lambda^k) \\ \lambda^{k+1} = \lambda^k + \alpha^k \nabla h(\lambda) = \lambda^k + \alpha^k(Ax^{k+1} - b) \end{gathered} \tag{4-12}$$

由式(4-12)可得$(Ax^{k+1}-b)$的值需要将$(Ax_i^{k+1}-b)\,(i\in i,\cdots,m)$的取值聚合在一起。

4.2.5 增广拉格朗日算法

增广拉格朗日函数相对于拉格朗日函数增加了一个二次正则项，增加二次正则项的作用是不需要再强调函数 $f(x)$ 严格凸或者有界，并且可以让函数更加“光滑”，更快更稳定地达到收敛，公式的增广拉格朗日函数为

$$L(x,\lambda) = f(x) + \sum_{k=1}^{m} \lambda(Ax_k - b) + \sum_{k=1}^{m} \frac{\rho}{2}\|Ax_k - b\|_2^2,\quad x\in \mathbf{R}^n,\lambda\in \mathbf{R}^m,\rho\in \mathbf{R}^m \tag{4-13}$$

式中，$\rho>0$，$\lambda>0$ 或 $\lambda<0$ 都可以；ρ 为惩罚因子或者惩罚系数。其对偶上升法迭代过程更新为

$$\begin{cases} x^{k+1} = \operatorname{argmin} L(x,\lambda^k) \\ \lambda^{k+1} = \lambda^k + \rho \nabla h(\lambda) = \lambda^k + \rho(Ax^{k+1} - b) \end{cases} \tag{4-14}$$

需要注意的是，ρ 为步长，考虑不能用对偶分解法对式(4-14)求解，因为其展开项会有

一个交叉项，导致数据维度很高进而无法运行，因此多个子任务无法并行计算，而ADMM算法虽然无法将原问题分解成多个并行计算的子任务，但是由于其对变量的交替求解，因此可以将一个复杂度过高无法求解的并行问题转化为复杂度低的子问题依次求解。

4.2.6 ADMM算法

假设有如下优化问题：

$$\begin{aligned} &\min f(x)+g(z) \\ &\text{s.t.}\quad Ax+Bz=c \end{aligned} \tag{4-15}$$

式中，$x\in\mathbf{R}^s$，$z\in\mathbf{R}^n$，$A\in\mathbf{R}^{p\times s}$，$B\in\mathbf{R}^{p\times n}$，$c\in\mathbf{R}^p$，其增广拉格朗日函数为

$$L(x,z,y)=f(x)+g(z)+\lambda(Ax+Bz-c)+\left(\frac{\rho}{2}\right)\|Ax+Bz-c\|_2^2 \tag{4-16}$$

式中，λ为拉格朗日乘子(对偶变量)；$\rho>0$表示惩罚因子(惩罚参数)。该问题的ADMM迭代求解方法为

$$\begin{cases} x^{k+1}=\arg\min\limits_x L(x,z^k,\lambda^k) \\ z^{k+1}=\arg\min\limits_z L(x^{k+1},z,\lambda^k) \\ \lambda^{k+1}=\lambda^k+\rho(Ax^{k+1}+Bz^{k+1}-c) \end{cases} \tag{4-17}$$

式中，ρ为步长。令$u=\left(\frac{1}{\rho}\right)\lambda$，可得出更简洁的缩放形式为

$$\begin{cases} x^{k+1}=\arg\min\limits_x\left[f(x)+\left(\frac{\rho}{2}\right)\left\|Ax+Bz^k-c+u^k\right\|_2^2\right] \\ z^{k+1}=\arg\min\limits_z\left[g(z)+\left(\frac{\rho}{2}\right)\left\|Ax^{k+1}+Bz-c+u^k\right\|_2^2\right] \\ u^{k+1}=u^k+Ax^{k+1}+Bz^{k+1}-c \end{cases} \tag{4-18}$$

可以看出，每次迭代过程分为三步：

①求解与x相关的最小化问题，更新变量。

②求解与z相关的最小化问题，更新变量。

③更新对偶变量。

4.3 边缘协同卸载系统模型架构

本章考虑的边缘计算架构场景如图4-1所示。该场景包含用户层的物联网感知终端设备、边缘层的边缘服务器和云层的云数据中心。边缘服务器通过回程线路连接云数据中心，通过无线信道连接物联网感知终端设备。边缘服务器之间通过有线链路相互通信，边缘服务器与终端设备的部署属于泊松簇分布。当用户层的物联网感知终端设备向邻近的边缘服务器发送任务请求时，如果边缘服务器部署有相关的应用，则利用本地资源处理感知数据，否则边缘服务器寻求部署有相关应用的其他边缘服务器来协同处理感知数据。并且，考虑到边缘服务器受限于自身的硬件条件，对感知数据的处理能力有限，只能处理部

分的感知数据，剩余部分的感知数据由云层的云数据中心进行处理。

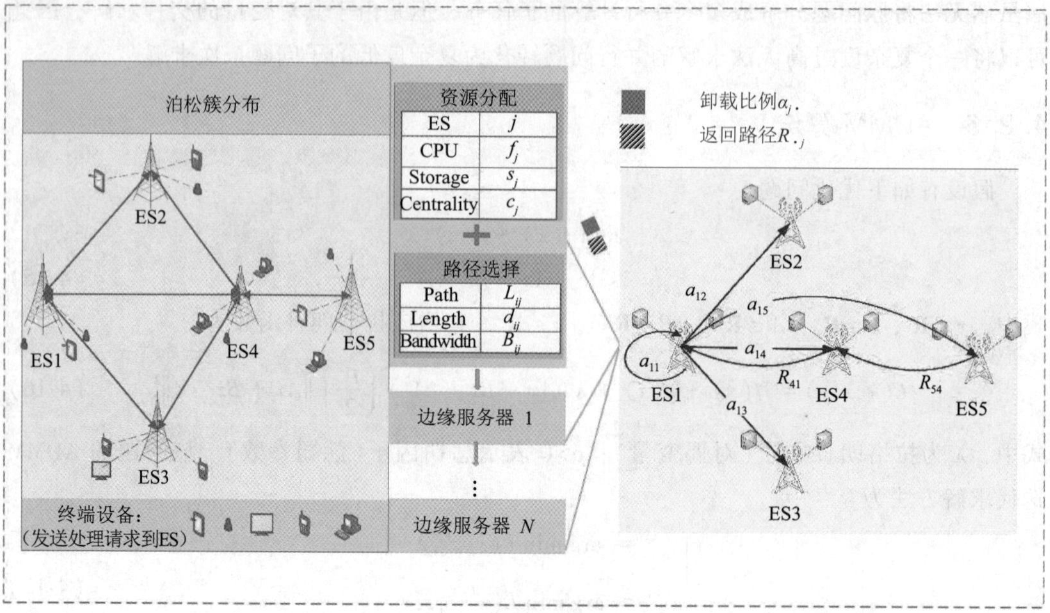

图 4-1 边缘计算架构场景

本章研究边缘计算中感知数据的协作卸载问题。假设有 M 个物联网感知终端设备，标记为 $d_i(1\leqslant i\leqslant M)$，以及 N 个边缘服务器，标记为 $w_j(1\leqslant j\leqslant N)$。正常情况下物联网感知终端设备 d_i 向邻近的边缘服务器 w_j 发送感知数据处理请求。本章假设 λ_j 表示单位时间内物联网感知终端设备 d_i 传输至其通信范围内的边缘服务器 w_j 的感知数据流，并且考虑到部分卸载，用 $\alpha_j(0\leqslant\alpha_j\leqslant1)$ 表示边缘服务器 w_j 处理感知数据的卸载比例，当 $\alpha_j=1$ 时表示边缘服务器 w_j 处理全部的感知数据，当 $\alpha_j=0$ 时表示边缘服务器 w_j 将终端设备发送的感知数据处理请求转发给远程云中心进行处理。

考虑到边缘层的边缘服务器之间的协作卸载，本章将卸载比例 α_j 划分为 N 个分区，即边缘服务器 w_j 利用本地计算资源处理感知数据的卸载比例 α_{jj}，其余 $(N-1)$ 个分区表示其他边缘服务器 w_i 协作处理边缘服务器 w_j 发送感知数据的卸载比例，故 $\alpha_{jj}+\sum\limits_{i\in N/j}\alpha_{ji}=\alpha_j$，$\forall j\in\mathbf{N}$。因为边缘层的边缘服务器受限于自身的硬件条件，所以可能无法处理全部的感知数据，所以 $\alpha_{jj}+\sum\limits_{i\in N/j}\alpha_{ji}\leqslant 1,\forall j\in\mathbf{N}$。进一步定义矩阵 $\boldsymbol{R}=(\alpha_{ij})(i,j\in\mathbf{N})$ 表示边缘层中所有边缘服务器之间协作关系，矩阵 $\boldsymbol{R}$ 的第 j 行即 $\boldsymbol{\alpha}_{j.}$ 表示边缘服务器 w_j 请求其他边缘服务器 w_i 协作处理感知数据的卸载比例，故 $\alpha_{j.}$ 表示边缘服务器 w_j 的请求向量，同理矩阵 $\boldsymbol{R}$ 的第 i 列即 $\boldsymbol{\alpha}_{.i}$ 表示边缘服务器 w_i 处理其他边缘服务器发送感知数据的卸载比例，故 $\boldsymbol{\alpha}_{.i}$ 表示边缘服务器 w_i 的服务向量。当 $\alpha_{ji}=0(i\neq j)$ 表示边缘服务器 w_j 没有向边缘服务器 w_i 发送感知数据或边缘服务器 w_i 没有服务于边缘服务器 w_j，可能因为边缘服务器 w_i 没有部署相关的应用，当 $\alpha_{ji}=1(i\neq j)$ 表示边缘服务器 w_j 将终端设备发送的感知数据全部转发给边缘服务器 w_i 进行协同处理，故可以得到 $0\leqslant\alpha_{ji}\leqslant1$。

4.4 边缘协同卸载问题建模

本章的目标是提高用户的服务体验(QoE)和降低系统能耗 E。将网络时延 D 作为 QoE 的衡量指标，网络时延 D 越小，其对应的 QoE 越高，故将问题表述为基于异构边缘服务器 CPU 频率、计算和存储资源约束的时延和能耗加权和优化问题。并且为了消除网络时延 D 与系统能耗 E 不同指标之间的影响，本章采用离差标准化对时延 D 和能耗 E 进行标准化处理，其目标式为

$$
\begin{aligned}
\min R(\alpha) = & \sum_{j=1}^{N}\left(\theta \frac{D_j - D_j\min}{D_j\max - D_j\min} + (1-\theta)\frac{E_j - E_j\min}{E_j\max - E_j\min}\right) \\
\text{s.t.}\quad & 0 \leqslant \alpha_{ji} \leqslant 1, \forall i,j \in \mathbf{N}, \\
& \alpha_{jj} + \sum_{i \in N/j} \alpha_{ji} \leqslant 1, \forall j \in \mathbf{N} \\
& \sum_{i \leqslant N} \alpha_{ij} * f_k \leqslant f_j, \forall j \in \mathbf{N} \\
& \sum_{i \leqslant N} \alpha_{ij} * \lambda_k \leqslant \mu_j, \forall j \in \mathbf{N} \\
& \sum_{i \leqslant N} \alpha_{ij} * c_k \leqslant c_j, \forall j \in \mathbf{N}
\end{aligned} \tag{4-19}
$$

式中，θ 为权重因子；D_j 为边缘服务器 w_j 协同其他部署有相关应用的边缘服务器和云中心处理感知数据的网络时延；E_j 为边缘服务器 w_j 协同其他部署有相关应用的边缘服务器和云中心处理感知数据的系统能耗。第二个约束表示协作边缘服务器对感知数据的卸载比例之和不能大于 1；第三个约束表示边缘服务器 w_j 处理其他边缘服务器转发的感知数据的 CPU 频率之和不得超过边缘服务器 w_j 本身的 CPU 频率；第四个约束表示边缘服务器 w_j 处理其他边缘服务器转发的感知数据的计算量不能超过边缘服务器 w_j 本身的服务速率；第五个约束表示边缘服务器 w_j 处理其他边缘服务器转发的感知数据大小不能超过边缘服务器 w_j 本身的内存。

4.4.1 网络时延

当物联网感知终端设备将感知数据处理请求发送给邻近的边缘服务器时，从请求发送到计算结果的返回，网络时延主要包括物联网感知终端设备与边缘服务器之间感知数据的传输时延，边缘服务器与部署有相关应用的其他边缘服务器协同处理感知数据的处理时延，边缘服务器之间感知数据的传输时延，边缘服务器与云中心之间感知数据的传输时延和云中心处理感知数据的时延。基于上述分析，本章令 $\tau_{kj}, \tau_{ji}, \tau_{jc}$ 分别表示物联网感知终端设备和边缘服务器、边缘服务器之间、边缘服务器与云中心之间感知数据的传输时延，令 $\overline{f_j}$，$\overline{f_c}$ 分别表示边缘服务器和云中心处理单位感知数据的时钟周期，f_j，f_c 分别表示云中心和边缘服务器对应的 CPU 资源。本章处理感知数据的网络时延如下所示：

1. $\alpha_j = 0$

在这种情况下，边缘服务器 w_j 会将终端设备发送的感知数据处理请求转发给云中心

进行处理，云中心因为配置有强大的算力资源，可以处理海量的感知数据，并将处理结果返还给终端设备，其网络时延的表述为

$$D_j = \tau_{kj} + \tau_{jc} + \frac{\overline{f_c}\lambda_j}{f_c} \tag{4-20}$$

2. $\alpha_j=1$

在这种情况下，边缘层的边缘服务器 w_j 协同部署有相关应用的边缘服务器协作处理终端设备发送的全部感知数据处理请求，云中心将不会参与到感知数据的处理，其网络时延的表述为

$$D_j = \tau_{kj} + \left(\frac{c_j}{\sum_{i \in A_k} c_i}\right)\left[\alpha_{jj}\frac{\overline{f_j}\lambda_j}{f_j} + \sum_{i \in N/j}\alpha_{ji}\left((\tau_{ji}) + \frac{\overline{f_i}\lambda_j}{f_i}\right)\right] \tag{4-21}$$

需要注意的是，A_k 表示配置有相关应用的边缘服务器集合，c_j 表示对应边缘服务器 w_j 的接近中心度，这是考虑到各个边缘服务器因其地理位置的不同对感知数据传输有一定的影响。一般来说，居于网络中心的边缘节点重要性高于其他边缘节点，故本章拟用边缘节点的接近中心度表示边缘节点在网络中的重要程度。

3. $0<\alpha_j<1$

在这种情况下，边缘层的边缘服务器协同部署有相关应用的边缘服务器协作处理 α_j 部分的感知数据，剩余$(1-\alpha_j)$部分的感知数据由云中心进行处理，其响应时延为

$$D_j = \tau_{kj} + \left(\frac{c_j}{\sum_{i \in A_k} c_i}\right)\left\{\alpha_{jj}\frac{\overline{f_j}\lambda_j}{f_j} + \sum_{i \in N/j}\alpha_{ji}\left[(\tau_{ji}) + \frac{\overline{f_i}\lambda_j}{f_i}\right]\right\} + (1-\alpha_j)\left(\tau_{jc} + \frac{\overline{f_c}\lambda_j}{f_c}\right) \tag{4-22}$$

4.4.2 边缘协同卸载系统能耗

系统能耗主要是指在边缘网络中感知数据传输和处理的能耗，主要分为边缘层的边缘服务器协同部署有相关应用的其他边缘服务器对感知数据的处理能耗，云中心对感知数据的处理能耗以及感知数据在边缘服务器之间和边缘服务器与云中心之间的传输能耗。本章假设 P_j，P_c 分别表示边缘服务器 w_j 和云中心的 CPU 运转功率，P_{ji}，P_{jc} 分别表示感知数据在边缘服务器之间以及边缘服务器和云中心之间的传输能耗功率，则系统能耗表述如下：

1. 边缘层任务负载的能耗

$$W_j = P_j \times \alpha_{jj}\frac{\overline{f_j}\lambda_j}{f_j} \tag{4-23}$$

式中，W_j 表示边缘服务器对感知数据的处理能耗，扩展到多边缘服务器之间的协作卸载，则边缘层的边缘服务器对感知数据的协同处理的能耗为

$$W_j = \sum_{j \in A_k}\left[a_{jj} \times \left(P_j \times \frac{\overline{f_j}\lambda_j}{f_j} + \tau_{ji} \times P_{ji}\right)\right] \tag{4-24}$$

2. 远程云中心关于任务负载的能耗

$$W_c = (1-\alpha_j) \times \left(P_c \times \frac{\overline{f_c}\lambda_j}{f_c} + \tau_{jc} \times P_{jc}\right) \tag{4-25}$$

式中，W_c 表示云中心对感知数据处理的能耗，其中$\left(P_c \times \frac{\bar{f}_c \lambda_j}{f_c}\right)$表示云中心对感知数据的处理能耗，$(\tau_{jc} \times P_{jc})$表示边缘服务器与云中心之间的传输能耗。

综上可以得出系统能耗为

$$E_j = \sum_{j \in A_k} \left[a_{jj} \times \left(P_j \frac{\bar{f}_j \lambda_j}{f_j} + \tau_{ji} P_{ji} \right) \right] + (1 - \alpha_j) \times \left(P_c \frac{\bar{f}_c \lambda_j}{f_c} + \tau_{jc} P_{jc} \right) \tag{4-26}$$

4.4.3　问题求解

在协同边缘计算中，边缘层的边缘服务器受限于硬件条件只能处理部分感知数据，剩余感知数据由云中心进行处理，不同的卸载决策将会导致不同的网络性能。例如，相对于具有强大算力资源的云中心，边缘服务器处理感知数据可能会产生较大的处理时延和能耗，但是云中心处理感知数据将会导致额外的传输时延和能耗。并且考虑到异构边缘服务器有限的计算、存储和 CPU 频率等资源对卸载决策的影响，故让每个边缘服务器确定最优的卸载比例是提高用户服务质量(QoS)的前提。本章提出了基于交替方向乘子法(ADMM)的分布式算法，可以使每个边缘节点确定最优的卸载比例。分布式交替方向乘子法作为一种轻量级和分布式算法，相对于传统的交替方向乘子法集中式求解策略，可以将式(4-19)分解为多个子问题，每个子问题由一个单独的边缘节点进行求解，同时这将避免边缘节点之间信息的交互导致私有信息泄露的风险。但是，传统的 ADMM 具有一定的局限性，将分布式 ADMM 应用到式(4-19)之前，需要解决以下几个问题：

(1)传统的 ADMM 需要两个随机变量。但是式(4-1)中的优化问题包含两个以上的变量。

(2)传统的 ADMM 只能处理具有等式约束的优化问题。但是，式(4-19)中的优化问题包含多个不等式约束，故需要将不等式约束问题转化为等式约束问题。

(3)需要将 ADMM 从集中式转换为分布式方案，使每个边缘节点利用其私有信息便可独立计算出感知数据的卸载比例。

为了解决问题(1)和(2)，针对式(4-19)中的第二个不等式约束引入指标函数，并将指标函数合并到目标函数中，将约束优化问题转化为无约束优化问题。具体来说，定义行变量 $\psi_j = \left\{\alpha_{j\cdot}: \sum_{k \in N} \alpha_{jk} \leqslant 1, \forall k \in \mathbf{N}\right\}$，表示边缘服务器 w_j 的约束域，由此可以定义一个指标函数为

$$I_{\psi_j}(\alpha_{j\cdot}) = \begin{cases} 0, & \alpha_{j\cdot} \in \psi_j \\ -\infty, & \alpha_{j\cdot} \notin \psi_j \end{cases} \tag{4-27}$$

继续引入新的指标函数来表述式(4-1)中其他不等式约束。具体来说，定义矩阵向量 $\boldsymbol{\xi}$，矩阵向量 $\boldsymbol{\xi} = (\xi_1^{\mathrm{T}}, \xi_2^{\mathrm{T}}, \cdots, \xi_N^{\mathrm{T}})$，$\eta_j = \left\{\xi: \sum_{j=1}^{N} \xi_j \boldsymbol{I}_{N1} \leqslant (f_1, f_2, \cdots, f_N) \&\& \sum_{j=1}^{N} \xi_j \boldsymbol{I}_{N2} \leqslant (\mu_1, \mu_2, \cdots, \mu_N) \&\& \sum_{j=1}^{N} \xi_j \boldsymbol{I}_{N3} \leqslant (c_1, c_2, \cdots, c_N), \forall j \in \mathbf{N}\right\}$。这里 $\boldsymbol{I}_{N1}$ 表示大小为 N 的单位矩阵 $\boldsymbol{I}_N$ 与 f_k 相乘，$\boldsymbol{I}_{N2}$ 表示大小为 N 的单位矩阵 $\boldsymbol{I}_N$ 与 λ_k 相乘，$\boldsymbol{I}_{N3}$ 表示大小为 N 的单位矩阵 $\boldsymbol{I}_N$ 与 c_k 相乘。由此可以定义一个指标函数为

$$I_{\eta_j}(\boldsymbol{\xi}) = \begin{cases} 0, & \boldsymbol{\xi} \subset \boldsymbol{\eta}_j \\ -\infty, & \boldsymbol{\xi} \notin \boldsymbol{\eta}_j \end{cases} \tag{4-28}$$

将上述指标函数整合到式(4-19)中，可以将不等式约束转化为下面的等式约束问题：

$$\min R(\alpha) = \sum_{j=1}^{N}\left[\theta \frac{D_j - D_{j\min}}{D_{j\max} - D_{j\min}} + (1-\theta)\frac{E_j - E_{j\min}}{E_{j\max} - E_{j\min}} + I_{\psi_j}(\alpha_{j\cdot})\right] + I_{\eta_j}(\boldsymbol{\xi})$$

$$\text{s.t.} \quad \alpha_{j\cdot} - \xi_j = 0, \quad \forall j = 1,2,\cdots,N \tag{4-29}$$

由式(4-29)可以看出，优化问题由两个随机变量块 φ_j 和 ξ_j 组成了一个等式约束，这解决了问题(1) 和(2) 包含的相关问题。

为了求解问题(3)，需要证明式(4-19)中的增广拉格朗日函数是可分的。式(4-19)的增广拉格朗日函数如下所示：

$$L(\alpha_{j\cdot},\xi_j,l) = \sum_{j=1}^{N}\left\{\left[\theta \frac{D_j - D_{j\min}}{D_{j\max} - D_{j\min}} + (1-\theta)\frac{E_j - E_{j\min}}{E_{j\max} - E_{j\min}} + I_{\psi_j}(\alpha_{j\cdot})\right] + I_{\eta_j}(\xi) + l_j \times |\alpha_{j\cdot} - \xi_j| + \frac{\rho}{2}\|\alpha_{j\cdot} - \xi_j\|_2^2\right\} \tag{4-30}$$

式(4-30)为目标函数的增广拉格朗日函数，其中 l 表示拉格朗日乘子，ρ 为惩罚因子。由式(4-30)可以看出，增广拉格朗日函数值仅与边缘节点 w_j 有关，故目标函数可以采用分布式交替方向乘子法进行目标式的求解。

在算法 4-1 中，每个边缘服务器 w_j 将私有参数 $\alpha_{j\cdot}$ 发送到云中心，云中心通过迭代更新生成变量 ζ_j 和 l_j，并将其发送给边缘服务器 w_j。通过这种方式，每个边缘服务器不需要知道其他节点的私有信息，便可以求得最优解，并避免隐私的泄露。

算法 4-1 分布式 ADMM

Initialize $\alpha_{j\cdot}^0, \xi_j^0$ and l_j^0
for $k=0,1,\cdots$ do
  Edge node:
    $\alpha_{j\cdot}^{k+1} = \text{argmin } L(\alpha_{j\cdot}, \xi_j^k, l_j^k)$
  Cloud:
    $\zeta_j^{k+1} = \text{argmin } L(\alpha_{j\cdot}^{k+1}, \xi_j, l_j^k)$
    $l_j^{k+1} = \text{argmin } L(\alpha_{j\cdot}^{k+1}, \xi_j^{k+1}, l_j)$
end for

当确定最优卸载比例后，本章采用广度优先搜索算法进行协作节点的查找，协作节点处理边缘节点 w_j 发送的感知数据的请求，将计算结果返还给边缘节点 w_j 的路径选择上可以综合考虑返回路径的长度和带宽，路径长度越小，损耗的传输时延和传输能耗就越小，而带宽是衡量网络链路单位时间内能够传输的最大数据量，带宽越大表示网络链路单位时间所能承载的传输数据量越大，这可以避免网络拥塞的问题。故协作节点综合考虑返回路径的距离和带宽，在避免网络拥塞的同时尽可能减少额外的传输时延和传输能耗。

算法的总体流程如下：

步骤1：(系统初始化)假设边缘节点的数量为 N，随机选取物联网感知终端设备向邻近的边缘服务器发送感知数据处理的请求。

步骤2：当感知数据的处理请求发送到边缘服务器 w_j，边缘服务器 w_j 如果可以处理，则直接进行感知数据处理。否则，运行算法 3-1 确定最优的卸载决策。

步骤3：本章采用广度优先搜索算法来查找协作节点，其中根和叶子节点为卸载节点，中间节点为转发节点。协作节点将处理感知数据的计算结果返还给边缘节点 w_j 的路径选择上综合考虑传输路径的距离和带宽。

步骤4：云中心处理剩余的感知数据，并返回计算结果。

4.5　边缘协同卸载仿真分析

4.5.1　仿真源代码说明

在本节中，使用 MATLAB 开发了一个协同边缘计算网络仿真系统来测试分布式 ADMM 算法的性能，系统的初始参数设置如下：$N=100$，$\tau_{kj}=0.03$，$\tau_{ji}=0.2$，$\tau_{jc}=0.8$。本章假设边缘服务器的通信范围为 30，终端设备的通信范围为 15，终端设备在其通信范围内发送感知数据的处理请求，边缘服务器寻求其他部署有相关应用的边缘服务器的服务过程也是在其通信范围内进行。此外，本章还将所提算法与其他几种算法进行对比，分别是文献[133]针对工作负载转发问题的分布式优化算法(distributed optimization algorithm，DOA)和 No Cooperation算法。

权重因子确定代码文件有 main_code. m、weight_contrast. m、fun223. m、fun224. m、fun2231. m、fun2232. m、fun2233. m、compute_fval_225. m。main_code. m 文件主要计算时延与能耗的权重不同时，得出相应的时延、能耗和代价函数。weight_contrast. m 文件主要将 main_code. m 文件得出的结果绘制出来并保存。fun223. m、fun224. m、fun2231. m、fun2232. m、fun2233. m、compute_fval_225. m 文件是 ADMM 计算过程中的函数文件。在进行实验中先执行 main_code. m，再执行 weight_contrast. m，即可得出实验结果图。源代码文件可扫描二维码下载。

代码

4.5.1
仿真源代码

优化工具箱提供 fmincon 函数用于对有约束优化问题进行求解。

```
x0=[0,0,0,0,0];
% 迭代求解过程,对于 x1 到 x5,x1 表示的是第一个边缘服务器的卸载比例,是一个 1* 5 的向量组,依此类推
x1=fmincon(@ fun223,x0,xA1,xb1,[],[],xlb,xub);% descend
x2=fmincon(@ fun2231,x0,xA2,xb2,[],[],xlb,xub);
x3=fmincon(@ fun2232,x0,xA3,xb3,[],[],xlb,xub);
x4=fmincon(@ fun2233,x0,xA4,xb4,[],[],xlb,xub);
x5=fmincon(@ fun2234,x0,xA5,xb5,[],[],xlb,xub);
```

显然，其调用语法中有很多和无约束函数 fminunc 的格式是一样的，其意义也相同，在此不再重复介绍。对应上述调用格式的解释如下：

x= fmincon(fun,x0,A,b)：给定初值 x0，求解 fun 函数的最小值 x。fun 函数的约束条

件为 A * x<= b，x0 可以是标量或向量。

x= fmincon(fun,x0,A,b,Aeq,beq)：最小化 fun 函数，约束条件为 Aeq * x= beq 和 A * x <= b。若没有不等式线性约束存在，则设置 A=[ ]，b=[ ]。

x= fmincon(fun,x0,A,b,Aeq,beq,lb,ub)：定义设计变量 x 的线性不等式约束下界 lb 和上界 ub，使得总是有 lb<= x <= ub。若无等式线性约束存在，则令 Aeq=[ ]，beq=[ ]。

4.5.2 边缘协同卸载实验结果分析

图 4-2 显示了在不同权重因子的情况下，时延与能耗的加权和随着任务负载到达率的变化趋势。从图 4-2 中可以看出，时延与能耗的加权和随着任务负载到达率的增加而增加，这是因为随着单位时间内发给边缘服务器感知数据流的增加，边缘服务器需要利用自身更多的资源去处理感知数据，这会导致较高的网络时延和系统能耗，所以网络时延与系统能耗的加权和与任务负载到达率呈正相关。当权重因子为 0.2 时，在相同的任务负载到达率的情况下，其时延与能耗的加权和最小，故本章将权重因子的值设置为 0.2。

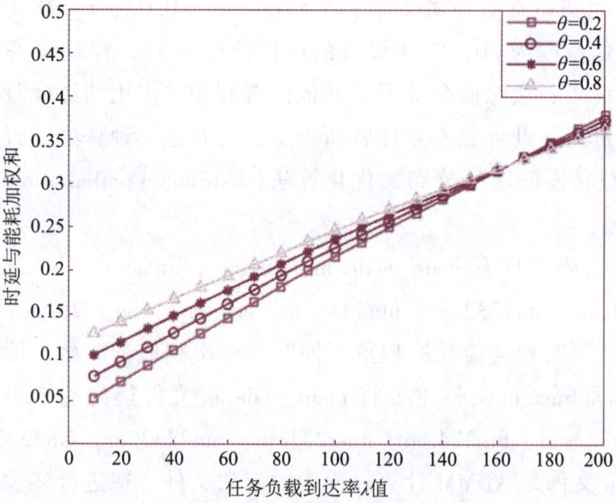

图 4-2 权重因子的确定

图 4-3 显示了分布式 ADMM 算法中参数时延、能耗、时延与能耗的代价和随着迭代次数的变化。从图 4-3 可以看出这个三个参数都可以在较少的迭代次数(少于 5 次)内快速收敛到最优解。

图 4-4 为协作边缘服务器之间卸载转发过程，其中黑色的点表示移动终端设备，红色三角形表示边缘服务器，蓝色标中的边缘服务器为部署有相关应用的协作边缘服务器，绿色的点表示随机选取的移动终端设备。当移动终端设备向最近的边缘服务器(绿色标记的边缘服务器)发送感知数据处理的请求，如果边缘服务器部署有相关的应用便将利用自身的资源处理感知数据，否则将其进行转发，寻求部署有相关应用的其他边缘服务器对感知数据进行协同处理。从图 4-4 中可以看出，协作边缘服务器的数量为 5。

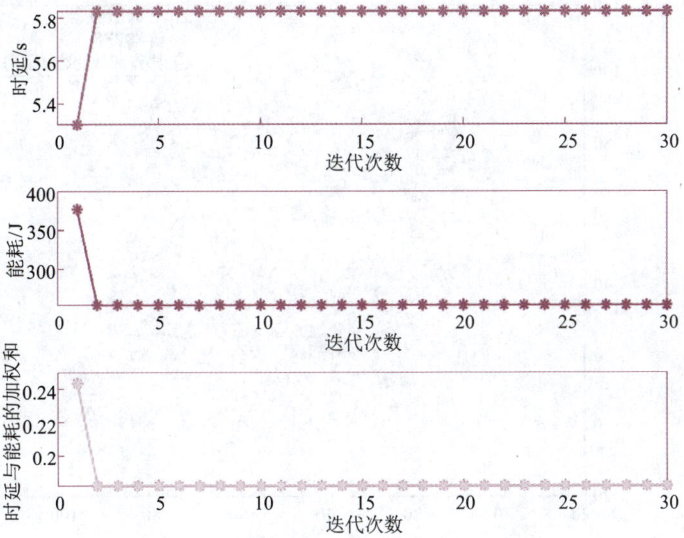

图 4-3　收敛速率

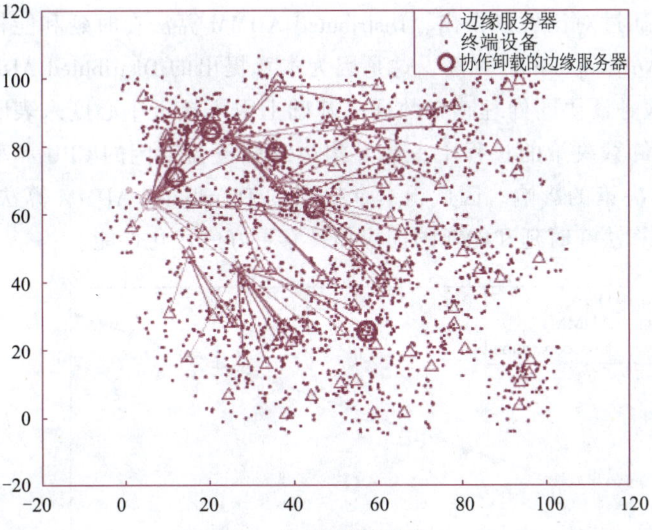

图 4-4　泊松簇过程

图 片

图4-4

图 4-5 为协作边缘服务器将计算结果返还给寻求协同处理感知数据服务的边缘服务器的过程，在协作边缘服务器确定返还计算结果的传输路径选择中，本章综合考虑返回路径的长度大小和带宽大小。路径长度越小，在传输过程中损耗的时延和能耗越小。同理，带宽越大，在传输过程中越能避免短时间内感知数据流的剧增导致网络链路拥塞的问题，故本章在确定返回路径时，选取较小的路径长度和较大的带宽大小。图 4-5 为五个协作边缘服务器将计算结果返还给寻求协同处理感知数据的边缘服务器的传输路径展示。

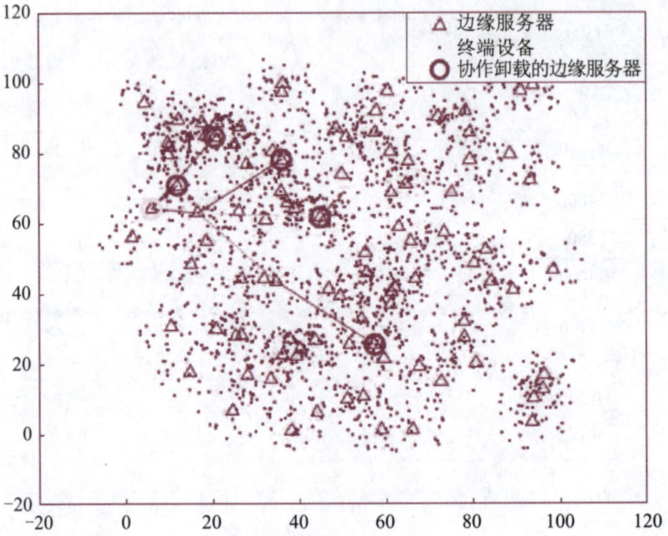

图片
图4-5

图 4-5 返回路径的选择

图 4-6 为本章提出的 Distributed ADMM 算法与 DOA 算法和 No Cooperation 算法在时延与能耗加权和的对比。通过对比可以得出，Distributed ADMM 算法在时延和能耗加权和的取值小于 DOA 算法和 No Cooperation 算法。这是因为本章提出的 Distributed ADMM 算法相对于 DOA 算法在边缘服务器协同处理感知数据的基础上引入接近中心度来表明节点的重要程度，并在制定最优卸载决策的过程中考虑异构边缘服务器空闲的 CPU 频率、计算和存储等资源对制定卸载决策的影响。因此，本章提出的 Distributed ADMM 算法相对于 No Cooperation 算法和 DoA 算法在时延和能耗的加权和具有更好的优化性能。

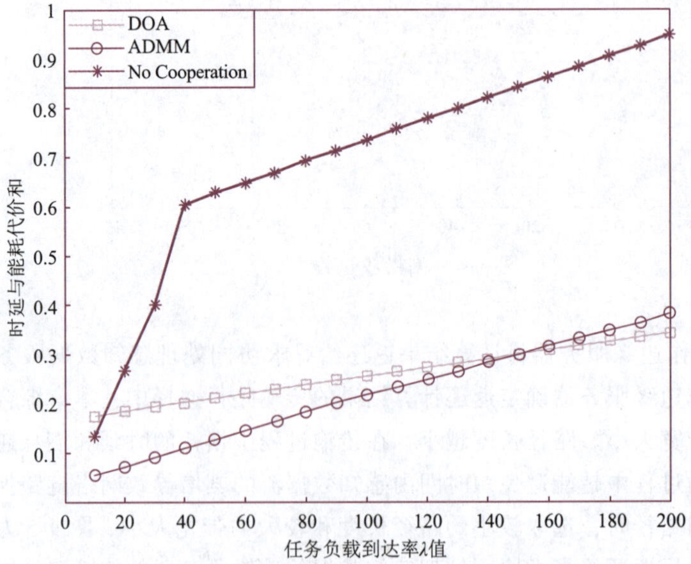

图 4-6 代价和对比

小　结

本章研究了协同边缘计算中任务卸载与异构边缘服务器资源分配的联合优化问题。本章的目标是在异构边缘服务器的计算、存储和 CPU 频率等资源约束下最小化时延和能耗的加权和，并采用分布式 ADMM 算法进行求解。分布式 ADMM 算法对参数的交替求解可以避免边缘服务器隐私泄露的风险。同时，本章综合考虑传输路径的长度和带宽作为协作边缘服务器返还计算结果的路径选择标准。仿真实验表明，分布式 ADMM 算法相对于 DoA 算法和 No Cooperation 算法在时延和能耗加权和上有较大的优化。

习　题

1. 本章边缘协同卸载所涉及的理论知识与技术都有哪些？

2. 简要描述本章边缘协同卸载的系统模型框架。

3. 若要对边缘协同卸载问题进行数学建模，应该从哪几个方面进行分析？请简要描述。

第 5 章 边缘智能

边缘智能是实现万物智联的重要技术，让物联网设备具有思考和判断的能力。在联邦学习中，服务器和客户端协同训练模型，并且把模型部署到客户端中，可以做到实时响应，具有实际应用价值。但是联邦学习的分布式框架存在以下挑战：资源受限、数据异构、系统动态和安全问题，国内外对于这几个挑战的研究仍有不足之处。本章提出了两种方法解决以上问题，并开发了边缘智能平台，验证这两种方法的有效性。第一种方法针对资源受限和系统动态的挑战，分别计算客户端-服务器（C-S）和点对点（P2P）两种模式的时延和能耗，并以此为约束条件，使用逆幂律，训练高精度的轻量化模型，有效提高资源的利用率。第二种方法针对资源受限、数据异构和安全问题的挑战，建立稀疏约束下的损失函数，使用 ADMM 求解，再对网络模型剪枝，使其轻量化，并在掩码的协助下，得到个性化模型，用户可以自主选择剪枝率。最后两个方法训练的模型均被部署到边缘智能平台，验证其可行性。

本章知识导图

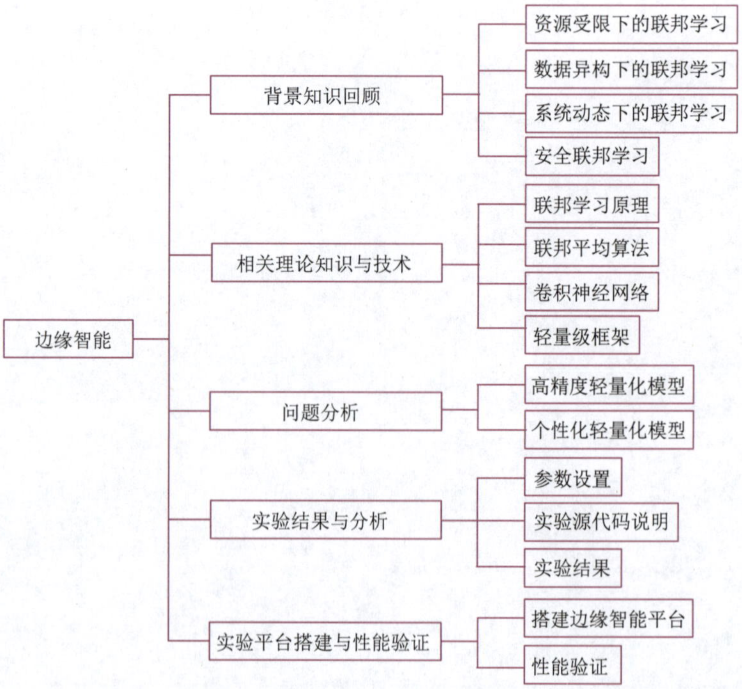

学习目标

1. 了解边缘智能的基本概念。

2. 深入理解边缘智能的理论知识和技术，包括联邦学习原理、联邦平均算法、卷积神经网络、轻量级框架等。

3. 能够使用边缘智能的知识和技术训练高精度和个性化的轻量化模型。

4. 学习本章提供的边缘智能平台示例，能够从示例中获取部署实际应用的相关实践经验。

第五代移动通信技术(5G)的特点是高速率、低时延、海量连接，虽然5G改善了用户的生活，但是它还不能做到让人完全信任无人驾驶、远程医疗等新兴产业，这些产业不仅需要高速的传输速率，而且要求在智能上不断创新。为了进一步发展这些产业，创建智能城市，从“万物互联”迈向“万物智联”，必须要人工智能与物联网深度融合，进一步发展边缘智能，为物体赋能。

“人工智能学科”于20世纪50年代出现在人们的视野中，并在80年代进入应用发展期。机器学习于1980年成为一个独立的方向，在全世界得到研究。人工智能是一种使用数据和算法来让计算机模拟出人类智能的技术，能迅速处理和分析海量的数据，从中找出规律，在节省人力物力的同时达到更好的效果。物联网实现了“万物互联”，它让各种类型的物体通过网络互联互通，利用技术感知识别物理世界，为人们的生活带来便利[155]。物联网设备每时每刻都会产生数据，这些数据经过处理和分析后可以为用户提供更高的服务质量。传统的方法是把数据上传到数据处理中心进行机器学习，如云端。但是这样存在以下缺点：①随着设备规模的不断扩大，将海量的数据上传到云端处理，会增加云端的存储、计算和通信压力；②在以云为中心的集中式架构中，传输数据会增加时延，这对于需要实时决策的应用程序是不可接受的，如自动驾驶；③数据中涉及用户的隐私，在网络中传输原始数据会增加泄露的风险。

近年来，物联网设备的各项性能得到了快速的提升，有了更好的传感和计算能力，并产生了一种新的技术：边缘计算，用以解决云端的困境[156]。把处理数据的工作迁移到网络边缘，在更靠近用户的地方处理数据。从“万物互联”到“万物智联”，需要为网络中互联的物体赋予智能，让它们可以进行智能开发和应用。边缘计算与人工智能结合构成新的技术——边缘智能。它是指把机器学习模型部署到边缘端，直接在边缘端收集感知设备产生的数据，并使用机器学习等人工智能技术，实时智能处理数据，从而产生更高的效率。边缘智能使物体本身具有进行机器学习的能力，是实现“万物智联”极具潜力的技术，典型应用场景如下：①智能家居，实时记录并调节室内湿度温度等，并且在保护隐私的情况下，为不同的家庭进行个性化服务；②无人驾驶，该应用需要极高的实时响应能力，稍有不慎，就会造成安全事故，边缘智能可以让汽车本身具有思考和判断的能力；③制造业，在工业物联网中引入人工智能技术，可以提高生产效率，而且边缘智能可以自主地对突发事件做出实时响应，解决问题。

联邦学习作为机器学习的新范式，采用移动边缘计算框架，让边缘设备在边缘服务器的帮助下分布式地训练神经网络模型，无须传输原始数据，近年来受到了广泛关注[157,158]。图 5-1 为基于联邦学习的万物智联，每个客户端使用本地数据训练本地模型，然后把训练后的模型上传到服务器，服务器聚合全部的本地模型后，得到全局模型，再将其发送到各个客户端中。直接在客户端中处理数据，保护了用户的隐私，让更多用户愿意参与联邦训练，共同训练更好的模型。

随着 5G 的发展和部署，边缘计算与人工智能将进一步交叉融合，联邦学习会发挥更大的潜能，但是这也面临着诸多挑战：资源受限、数据异构、系统动态和安全问题。本章基于联邦学习，研究如何在边缘设备中更好地训练和部署机器学习模型，为 5G/6G 的发展提供理论和技术参考。

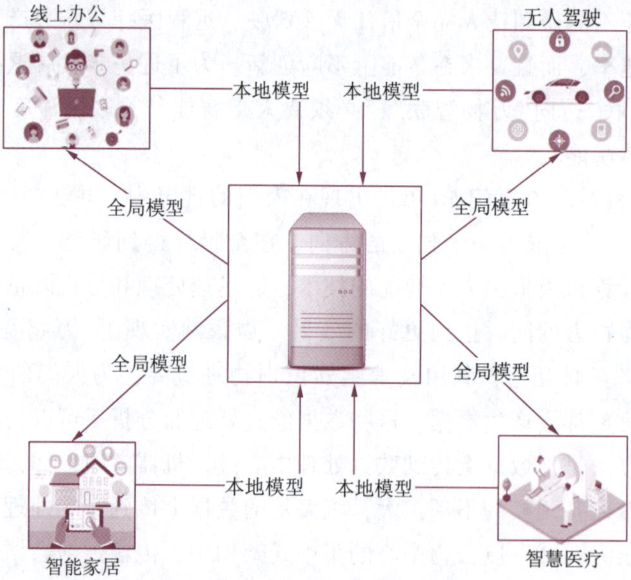

图 5-1　基于联邦学习的万物智联

5.1 背景知识回顾

联邦学习中参与模型训练的设备不只是智能手机、传感设备，也可以是医院等机构。把数据保留在设备中，并直接在设备中训练模型，在网络中传输参数，可以在保护数据安全的同时，有效地降低通信压力。但是联邦学习的分布式架构天然地存在资源受限、数据异构、系统动态、安全等问题。

5.1.1 资源受限下的联邦学习

虽然物联网设备的性能得到了提高，但是与服务器相比，它们的内存、计算能力等仍然有限，而神经网络模型规模巨大，这一矛盾导致模型的部署出现困境，边缘设备可能难以承受神经网络模型的训练和通信开销。如最近快速发展的大型语言模型(large language model, LLM)，其中 GPT 为大众熟知，GPT-4 的模型参数量更是达到了惊人的 1.8 万亿。

David 等[159]通过网络解剖来识别、可视化和量化网络每个单元的作用。Denil 等[160]证明了网络模型中的参数存在明显的冗余，很多参数甚至不需要学习，一部分重要的参数可以预测剩下的参数。Li 等在联邦学习中，通过修剪模型的权重来轻量化模型，进而减轻客户端的训练和通信压力[161]。李开菊等[162]通过去除模型中的冗余数据来实现联邦学习的高效通信。Sebastian 等[163]使用有损压缩和退出机制降低联邦学习的通信成本，Mills 等[164]通过对模型进行压缩和解压缩来减少通信开销。

5.1.2 数据异构下的联邦学习

各个客户端中的数据与用户的生活习惯、爱好等有关，这些数据之间非独立同分布，存在异构性。如客户端 1 中有猫和狗两种数据，客户端 2 中有狗和鸟两种数据，一个客户端中甚至没有另一个客户端的数据，这样的数据训练的模型上传到服务器聚合后必然会导致模型性能的下降。

个性化联邦学习是解决数据分布不平衡的有效方案，为每个客户端训练个性化的、不同的模型。常见的构建个性化联邦学习的方法包括元学习、迁移学习、自适应调整等。Dong 等[165]通过引入联邦元学习减轻了非独立同分布数据对模型精度的负面影响，并通过自适应隐私参数显著提高了收敛速度。Yi 等[166]设计了一种具有知识转移的个性化联邦学习框架 pFedKT，以提高个性化私有模型在非独立同分布数据上的性能。Luo 等[167]提出了个性化的联邦学习框架 APPLE，让每个客户端自适应地学习可以从其他客户端获益多少来不断调整模型。

5.1.3 系统动态下的联邦学习

参与联邦学习的设备具有高度动态性，计算能力和通信资源等都随着时间快速变化。另外，用户的移动性也是引起动态变化不可忽视的因素。在学习的过程中，设备可能会因掉线临时退出训练，或者因速度过慢延长联邦学习时间。

Xu 等[168]使用空中计算(over-the-air computation)动态优化客户端训练本地模型时的学习效率，进而适应无线网络环境的变化。Chen 等[169]采用动态约束，提出了一种融合惩罚方法，自适应调整学习率，进行多任务学习。Liu 等[170]提出了一种基于强化学习的包括等待和聚合的策略，调整加权因子，适应各种场景，并让服务器只等待对训练有重大贡献的设备。

5.1.4 安全联邦学习

虽然联邦学习传输模型参数的方式在保护数据安全上有了重要进展，但是参数仍然可以向服务器或第三方机构泄露隐私[158]。当联邦训练的参与者中出现恶意攻击者或者黑客时，用户的敏感信息可能会被暴露出来，而且让学习过程被迫中断，无法继续训练模型。

Bonawitz 等[171]设计了一种安全的聚合协议，可以在不暴露参与者模型梯度的情况下对模型进行聚合。Stephen 等[172]提出了一个被第三方管理的安全协议，通过实体解析和加法同态加密，对垂直分区的数据进行私有的联邦学习。

在当前的研究中，仍有很多不足之处。在解决资源受限问题的方法中，很多研究采用启发式剪枝，去掉对最终结果影响不大的参数来轻量化模型，但是没有考虑到神经网络模型在训练过程中的动态性，造成精度损伤，这需要更多的迭代训练来恢复。针对数据异构问题，很多方法需要额外的数据来表示模型，加重了计算和通信压力。考虑系统动态性的很多研究忽略了训练边缘联邦学习的两个重要指标：时延和能耗。解决联邦学习安全问题的方法中，一般只考虑了如何提高安全性，没有提高训练模型时的精度等性能。另外，大多数研究只解决了其中的一个或两个问题。

5.2 相关理论知识与技术

5.2.1 联邦学习原理

联邦学习系统主要由训练本地模型的客户端、聚合服务器以及训练过程中的相关通信框架三部分组成，其中客户端和服务器是联邦学习的实体组成部分，通信计算框架由相关机器学习算法进行构建。在联邦学习过程中，假设有 N 位参与方 $\{F_i\}_{i=1}^{N}$ 协作使用各自私有数据集 $\{D_i\}_{i=1}^{N}$ 训练机器学习模型。传统的处理方法是先将所有的数据集 $\{D_i\}_{i=1}^{N}$ 集中收集在一起，然后再训练出机器学习模型 M_{sum}。但在联邦学习训练过程中不集中收集参与方的数据 $\{D_i\}_{i=1}^{N}$，而是各个参与方先在本地训练出本地模型，最后再协作训练出全局模型 M_{fed}，因而每一个参与方 F_i 都不会将自己的数据 D_i 暴露给其他参与方。如果 V_{sum} 和 V_{fed} 分别表示为集中模型 M_{sum} 和联邦模型 M_{fed} 的准确率，设 δ 为一个非负实数，有

$$|V_{\text{fed}} - V_{\text{sum}}| < \delta \tag{5-1}$$

则称 δ 为联邦学习算法的准确率损失。联邦学习是基于分布式数据集上训练模型，在联邦学习研究中允许在一定范围内上比集中式机器学习的模型性能稍差一些。联邦学习保证了数据不离开本地，数据不会暴露给任何第三方，仅以牺牲模型性能稍差一些的微小代价，却能带给用户更为需要的安全性和隐私保护。

5.2.2 联邦平均算法

在联邦学习研究领域中，联邦平均（federated averaging, FedAvg）算法是一种较为经典的算法，也是联邦学习中被广泛参考的算法框架[170]。在联邦学习的研究领域中有许多新提出的算法都是在联邦平均算法的基础上加以改进；同时，联邦平均算法作为经典传统的算法，通过了解联邦平均算法的原理，可以更好地掌握联邦学习系统整体的工作原理。假设在联邦学习系统中，有 N 个客户端和一个用于全局模型聚合的边缘服务器。通常边缘服务器会从 N 个客户端中随机选取 K 个客户端参与联邦学习，且全局模型是由 K 个参与联邦学习的客户端协同训练得到的，如图 5-2 所示。

若每个客户端都有本地数据集 $(x_k, y_k) \in A$，其中集合 A 的大小为 D_k，则对每个客户端来讲，损失函数定义为

$$f_k(\omega) = l(\omega; x_k, y_k) \tag{5-2}$$

式中，ω 为模型参数。

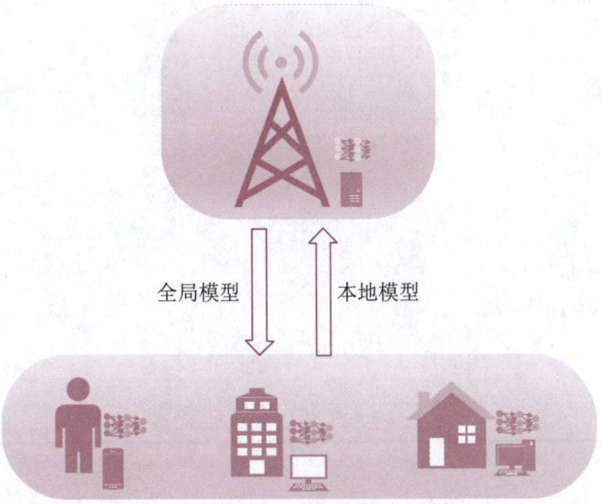

图 5-2 联邦平均

若客户端数据样本总量为 D，联邦学习的目标是找到使得平均预测损失最小化的最优模型参数 ω，则优化函数可以表示为

$$\min_{\omega \in \mathbf{R}^d} F(\omega) = \frac{D_k}{D} \sum_{k=1}^{K} F_k(\omega) \tag{5-3}$$

式中

$$F_k(\omega) = \frac{1}{D_k} \sum_{i \in D_k} f_i(\omega) \tag{5-4}$$

在学习率 η 下，每个客户端使用梯度下降算法更新权重，则有

$$\omega_{r+1}^k = \omega_r^k - \eta \nabla f_k(\omega^k) \tag{5-5}$$

在第 $r+1$ 轮通信中，服务器将接收到的所有从客户端上传的本地模型参数进行聚合，计算出全局模型参数为

$$\omega_{r+1} = \frac{D_k}{D} \sum_{k}^{K} \omega_{r+1}^k \tag{5-6}$$

联邦学习是一个迭代求解全局模型的过程，客户端通过聚合服务器协同训练出全局模型，直到全局模型收敛或达到其终止条件为止。本章对联邦学习的研究中，也参考了联邦平均算法的架构。联邦平均算法的具体实现过程如算法 5-1 所示，主要包括服务器进程和客户端进程两个方面。

算法 5-1 联邦平均算法

输入：客户端总数 N，控制每一轮参与 FL 的客户端数量的比例系数 $\varphi \in (0,1]$，客户端批处理大小为 B，本地训练迭代次数为 E，学习率为 η。
输出：全局模型 ω_{r+1}
服务器进程(server process)：
1：初始化模型参数 ω_0，并将 ω_0 发送给所有客户端
2：for each round r=1,2,⋯ do

服务器随机选取 $K \leftarrow \lceil N \times \varphi \rceil$ 个客户端

  for 客户端 $C_k \in K$ do

    $\omega_{r+1}^{(k)} \leftarrow \text{ClientUpdate}(k, \omega_r)$

  end for

  $\omega_{r+1} \leftarrow \sum_{k=1}^{K} \frac{n_k}{n} \omega_{r+1}^{(k)}$

end for

客户端进程(client processes):

ClientUpdate(k, ω_r):

for epoch i in 1 to E do

  for batch b in 1 to B do

    $\omega_{b+1,i}^{(k)} \leftarrow \omega_{b,i}^{(k)} - \eta \nabla l(\omega_{b,i}^{(k)};\ b)$

  end for

end for

return $\omega_{B,E}^{(k)}$

5.2.3 卷积神经网络

卷积神经网络作为深度学习领域中重要的网络之一，在自然语言处理以及计算机视觉领域有着广泛的应用。卷积神经网络能够较好地完成图像特征的提取以及对图像的分类，是神经网络领域的一个研究热点[173]。卷积神经网络除了输入层和输出层之外，通常还包括多个卷积层和池化层以及全连接层。卷积神经网络与全连接网络相比，由于卷积层采用了局部连接方式，每个神经元只与前一层少量神经元连接，同时池化层能够在保留有用信息的同时减少数据量，所以卷积神经网络能够有效地减少参数，加快模型收敛速度[174]。卷积网络的基本结构示意图如图 5-3 所示。

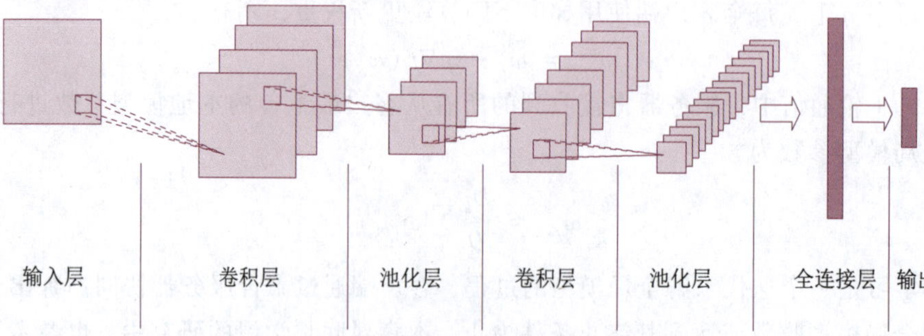

图 5-3　卷积神经网络基本结构

假设卷积网络中第 i 层的特征图为 h_i，卷积神经网络输入图像为 X，则 $h_0 = X$。卷积过程中则有

$$h_i = f(\boldsymbol{h}_{i-1} \otimes \boldsymbol{w}_i + \boldsymbol{b}_i) \tag{5-7}$$

式中，$\boldsymbol{w}_i$ 表示第 i 层卷积核的权重；$\otimes$表示卷积操作；$\boldsymbol{b}_i$ 表示偏移向量；f 表示激活函数。

池化层通常跟随卷积层出现，池化层能够对特征图进行降维，然后得到新的特征，假设 h_i 是池化层，即

$$h_i = \text{pool}(h_{i-1}) \tag{5-8}$$

经过多个卷积和池化操作之后，卷积神经网络通过全连接层对特征进行提取，得到一个输出概率分布 Y，即

$$Y(i) = P(L = l_i \mid h_0;(\boldsymbol{w},\boldsymbol{b})) \tag{5-9}$$

式中，l_i 为第 i 个标签类别。在卷积神经网络中，优化目标是最小化损失函数 $L(\boldsymbol{w},\boldsymbol{b})$，在卷积网络中若使用 L_2 范数避免过拟合，则有

$$E(\boldsymbol{w},\boldsymbol{b}) = L(\boldsymbol{w},\boldsymbol{b}) + \frac{\sigma}{2}\boldsymbol{w}^T\boldsymbol{w} \tag{5-10}$$

式中，σ 为调节过拟合作用的强度。当学习率为 η 时，通过梯度下降，卷积神经网络的参数更新为

$$\boldsymbol{w}_i = \boldsymbol{w}_i - \eta \frac{\partial E(\boldsymbol{w},\boldsymbol{b})}{\partial \boldsymbol{w}_i} \tag{5-11}$$

$$\boldsymbol{b}_i = \boldsymbol{b}_i - \eta \frac{\partial E(\boldsymbol{w},\boldsymbol{b})}{\partial \boldsymbol{b}_i} \tag{5-12}$$

5.2.4 轻量级框架

2017 年，Google 在 I/O 大会上首次提出 TensorFlow Lite。TensorFlow Lite 框架专注于在移动设备和嵌入式设备上部署轻量级的深度学习模型。TensorFlow Lite 是专门为移动设备而优化的一种 TensorFlow 版本，能将 TensorFlow 模型转换为压缩的 FlatBuffer 文件，并通过将 32 位浮点数转换为更高效的 8 位整数进行量化，以到达模型快速运算的效果，具有轻量级、跨平台、快速等优点。利用 TensorFlow Lite 框架在移动端进行智能算法，一方面，可以减少数据在本地与服务器间的来回交互，从而减少传输时延；另一方面，用户数据停留在本地，不上传至云计算中心，可以有效保护隐私；同时，在传统的集中式学习中，用电量与带宽消耗巨大，轻量级计算在移动设备中的电量消耗能够显著减小。

Google 所提出的 TensorFlow Lite 框架包括三个模块：

①TensorFlow Model，用于保存预训练的模型。

②TensorFlow Lite Converter，用于将其他格式的预训练模型转换为 TensorFlow Lite 文件格式(.tflite)。

③TensorFlow Lite Model File，用于优化 TensorFlow Lite 文件的速度与大小。

5.3 问题分析

本章的研究内容包括三个研究内容：两种方法和一个边缘智能平台。使用两种方法解决联邦学习的挑战，基于最优化理论、逆幂律、差分进化算法、ADMM 算法等数学工具，提出了在时延和能耗约束下，最大化模型准确率的数学模型，并设计了一种训练轻量个性化神经网络模型的方法。最后，使用边缘智能平台验证所提方法的有效性。三个研究内容的总体技术框架如图 5-4 所示。

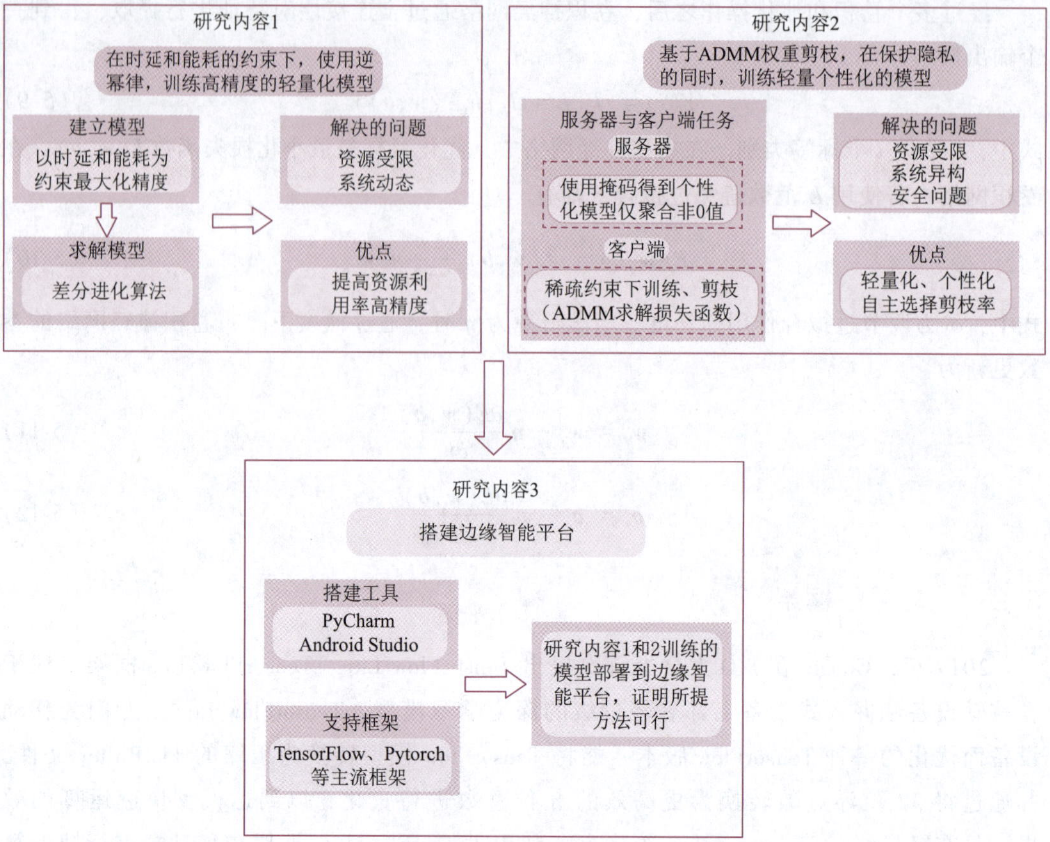

图 5-4 技术框架图

5.3.1 高精度轻量化模型

根据服务器是否参与模型训练，分为客户端-服务器模式(client-server, C-S)和点对点模式(peer-to-peer, P2P)。要求 C-S 模式下的时延和能耗优于 P2P 模式，以此为约束条件，最大化模型精度，在联邦协同训练中得到轻量化模型。在设备中部署的模型具有快响应和低能耗的特点，考虑了联邦训练中系统的计算和通信等的动态变化性，提高了资源的利用率。

客户端-服务器模式包括一个服务器和 W 个客户端。在每轮通信中，客户端把训练后的模型参数上传到服务器中，服务器再对这些参数进行聚合，协调整个联邦训练过程。服务器和客户端之间只需要传输模型参数，不需要传输数据，这样既保护了用户数据的隐私安全，又减小了通信压力。

点对点模式中没有服务器的参与，仅通过设备更新模型参数。在每轮通信中，随机选择一个设备作为聚合节点，每个设备使用本地数据训练模型，再把该模型发送给邻居节点，最终让不同设备中的模型收敛为统一的模型。

客户端-服务器模式和点对点模式训练模型的框架如图 5-5 所示。虽然在 C-S 结构中，服务器的参与增加了能耗，但是提高了收敛速度。我们选择 C-S 结构，希望它的时延和能耗均优于 P2P 结构，以此为约束条件，最大化模型精度，为客户端训练轻量化模型。

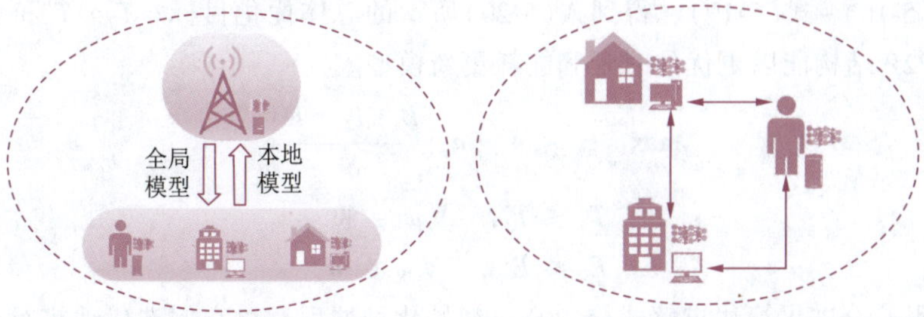

（a）客户端-服务器模式（C-S）　　（b）点对点模式（P2P）

图5-5 客户端-服务器模式（C-S）和点对点模式（P2P）训练模型的框架图

文献[173]证明了模型的精度 ξ_w 与样本数量 D_w 之间服从逆幂律，式(5-13)表示了二者的关系。a_w 和 b_w 是调整参数，与模型的复杂度和数据集分布有关。

$$\xi_w = 1 - a_w D_w^{-b_w} \tag{5-13}$$

样本数量 D_w 由式(5-14)表示。B、R 和 S 分别表示系统带宽(Hz)、传输速率(bit/s)和传输内容的大小(bit)。

$$D_w = \frac{BT_wR}{S} \tag{5-14}$$

根据式(5-13)和式(5-14)，可以得到准确率 ξ_w 和传输时间 T_w 的关系，即

$$\xi_w = 1 - a_w\left(\frac{BT_wR}{S}\right) - b_w \tag{5-15}$$

在C-S结构中，1个服务器和 W 个客户端进行联邦训练所需要的总时间 T_{d} 和总能耗 E_{c} 分别如式(5-16)和式(5-17)所示。其中，N 表示整个联邦训练的通信轮数。

$$T_d = N[\max(T_1^{\mathrm{up}},\cdots,T_W^{\mathrm{up}}) + \max(T_1^{\mathrm{down}},\cdots,T_W^{\mathrm{down}}) + T^{\mathrm{agg}}] \tag{5-16}$$

$$E_c = N\left[\sum_{i=1}^{W}(E_i^{\mathrm{up}} + E_i^{\mathrm{down}} + E_i^{\mathrm{agg}}) + E^{\mathrm{com}}\right] \tag{5-17}$$

在式(5-16)中，T_i^{up} 和 T_i^{down} 分别表示客户端向服务器上传模型参数的时间和服务器向客户端下传模型参数的时间；T^{agg}是服务器聚合本地模型所需要的时间。

在式(5-17)中，E_i^{up} 和 E_i^{down} 分别表示客户端向服务器上传模型参数消耗的能量和服务器向客户端下传模型参数消耗的能量；E_i^{agg} 是客户端在服务器中等待其他客户端聚合所消耗的能量；E^{com}是服务器聚合本地模型时的能耗。

相似地，P2P结构使用 W 个设备训练模型所需要的总时间 T'_d和总能耗 E'_c如式(5-18)和式(5-19)所示。其中，N'是总的迭代次数。

在式(5-18)中，$T_i^{\mathrm{up}'}$ 和 $T_i^{\mathrm{down}'}$ 分别表示设备从邻居节点上传模型的时间和下载模型的时间；T_i^{com} 是设备在本地训练模型的时间。

$$T'_d = N'\left[\mathrm{Max}(T_1^{\mathrm{up}'},\cdots,T_W^{\mathrm{up}'}) + \mathrm{Max}(T_1^{\mathrm{down}'},\cdots,T_W^{\mathrm{down}'}) + \sum_{i=1}^{W}T_i^{\mathrm{com}}\right] \tag{5-18}$$

在式(5-19)中，$E_i^{\mathrm{up}'}$ 和 $E_i^{\mathrm{down}'}$ 分别表示设备向邻居节点上传模型和下载模型消耗的能量；E_i^{com} 是设备训练模型的能耗；E^{wai}是等待其他设备更新模型的能耗。

$$E'_c = N'\left[\sum_{i=1}^{W}(E_i^{\mathrm{up}'} + E_i^{\mathrm{down}'} + E_i^{\mathrm{com}}) + (W-1)E^{\mathrm{wai}}\right] \tag{5-19}$$

结合式(5-16)~式(5-19)，得到式(5-20)所示的总体优化目标。$T_d \leqslant T'_d$和$E_c \leqslant E'_c$代表C-S结构比P2P结构能以更优的时延和能耗更新模型。

$$\max_{w=1,2,\cdots,W} \xi_w = 1 - a_w\left(\frac{B * T_w * R}{S}\right)^{-b_w}$$
$$\text{s. t.} \quad T_d \leqslant T'_d, \quad \forall w \in W$$
$$E_c \leqslant E'_c, \quad \forall w \in W \tag{5-20}$$

我们使用差分进化算法求解式(5-20)，初始化种群后，对它们迭代地进行变异、交叉和选择，逐步逼近最优解[20]。

5.3.2 个性化轻量化模型

基于ADMM的权重剪枝，在稀疏约束下训练模型并剪枝，使模型轻量化，解决了资源受限的困境。使用掩码为客户端构建个性化模型，缓解了联邦学习中数据异构带来的危害。在联邦训练中，客户端与服务器传输全局模型的子网，而非完整的全局模型，即使第三方得到了模型，也很难从中获取用户的隐私信息。不同的剪枝率对应不同的模型规模和精度，用户可根据设备性能和自身需求选择不同的剪枝率。

该算法使用ADMM剪枝训练轻量化模型以应对模型过大的挑战，渐进式的剪枝方式可以提高模型的精度和收敛速度，通过掩码获取个性化模型以应对数据异构的挑战。最终目标是让每个客户端高效率地训练轻量个性化的模型，剪枝后的模型是不再完整，即使第三方得到参数，也很难从中获取信息，因此可以保护用户隐私。

在本联邦学习系统中，共有一个服务器和N个客户端，每轮全局通信选择客户端集$\{C_1, C_2, \cdots, C_n\}$参与训练。轻量个性化模型的训练流程如图5-6所示。我们以客户端i为例来说明训练步骤。

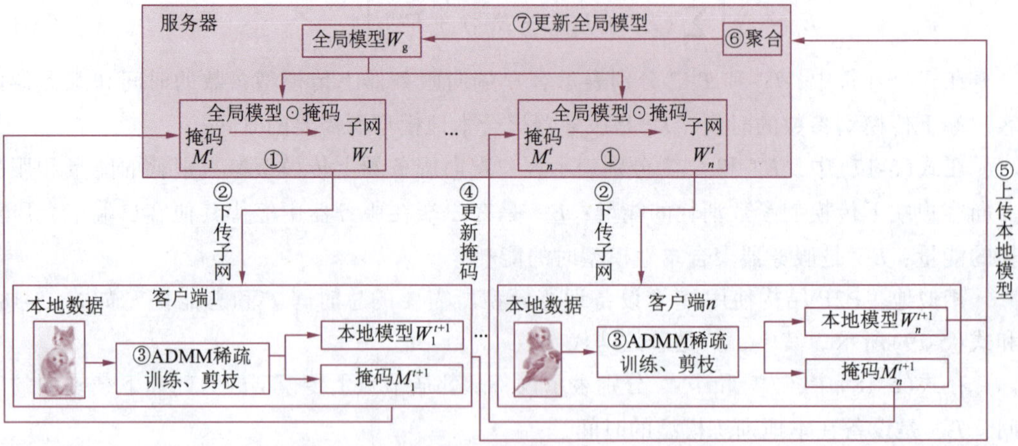

图5-6 轻量个性化模型的训练流程图

①获取子网W_i^t。服务器中存储着客户端的个性化掩码M_i^t，全局模型W_g与掩码M_i^t相与(对应位置相乘)得到子网W_i^t，实现个性化。

②下传子网W_i^t。在每轮全局训练中，服务器向客户端下传的是全局模型的子网，即个性化模型，并非一致的全局模型。

③ADMM 稀疏训练、剪枝。客户端首先在稀疏约束下训练本地模型 W_i^t，让那些不重要的参数等于 0 或者接近 0。再对模型 W_i^t 进行剪枝操作，进而实现模型的轻量化。用掩码记录模型的剪枝情况，若模型中的某一个参数被修剪，则该参数所对应的掩码被设为 0。

④更新掩码和⑤上传本地模型同时进行，客户端把新的掩码和本地模型上传到服务器中，用以下一轮训练。

⑥聚合本地模型。服务器收到各个客户端上传的本地模型后，只聚合非 0 值，保留个性化。

⑦更新全局模型 W_g。至此便完成了一轮通信。

图 5-6 中第③步包括两个步骤：一是 ADMM 稀疏训练；二是剪枝。接下来将详细描述。

式(5-21)是客户端在稀疏约束下的损失函数，全局模型和客户端 i 的掩码相与($W_g \odot M_i$)得到本地模型 W_i。$S_i = \{W_i \mid \text{card}(W_i) \leqslant N_i\}$ 是非凸集合，card(W_i)返回客户端中神经网络的非零元素数量，N_i 是所期望的非零元素数量。S_i 表示模型在客户端经过本轮 ADMM 权重剪枝后，保留的非零元素的数量小于或等于 N_i。

$$\min_{W_i} L_i = f(W_i), \quad \text{s.t.} \quad W_i \in S_i \tag{5-21}$$

式(5-21)是稀疏约束下的非凸优化问题，本章使用 ADMM 对其求解[175]，相当于在原本的损失函数(如交叉熵损失函数)上添加一个稀疏正则化。

首先引入 S_i 的指示函数 $g(W_i)$，如式(5-22)所示。上半段表示：若某参数需要保留，令 $g(W_i)=0$，原本的损失函数(交叉熵函数)加 0，相当于没有任何变化，该参数正常训练；下半段表示：若某参数需要被修剪，则 $g(W_i)$ 无限大，在原本的损失函数中添加一个极大的正则项，该参数得到了大惩罚，进行稀疏训练，训练结束后，该参数的值等于 0 或者逼近 0。

$$g(W_i) = \begin{cases} 0, & \text{card}(W_i) \leqslant N_i \\ \infty, & \text{其他} \end{cases} \tag{5-22}$$

指示函数(5-22)添加到目标损失函数后，得到式(5-23)所示的等式约束。

$$\min_{W_i, Z_i} f(W_i) + g(Z_i), \quad \text{s.t.} \quad W_i = Z_i \tag{5-23}$$

式(5-23)是 ADMM 的标准形式，由等式约束和两个优化变量组成。式(5-23)的增广拉格朗日函数如式(5-24)所示，其中，Y^T 是拉格朗日乘子，ρ 是惩罚参数。

$$L_\rho(W_i, Z_i, Y_i) = f(W_i) + g(Z_i) + Y^T(W_i - Z_i) + \frac{\rho}{2}\|W_i - Z_i\|_2^2 \tag{5-24}$$

然后，W、Z 和 U 迭代交替求解。在每次求解中，只更新一个变量，而固定另外两个变量。

在进行 ADMM 稀疏训练后，模型中低于阈值的参数未完全为 0，此时需要修剪它们，让其等于 0。在进行剪枝之前，需要判断当前精度和剪枝率是否满足要求：当前精度高于精度阈值，并且当前剪枝率未达到目标剪枝率，以防止对模型的精度造成永久性损伤。用户可自行选择剪枝率，修剪后的权重将被冻结，在以后的训练中不再更新，进而减少了计算，使其能够适应小型边缘设备。

5.4 实验结果与分析

本节介绍基于 ADMM 的权重剪枝的参数设置和实验源代码说明。

5.4.1 参数设置

本章实验的参数取值见表 5-1。

表 5-1 实验参数

参 数	取 值
客户端总数 N	200
每轮参与训练的客户端比例 frac	0.05、0.075、0.1
每个客户端的数据种类 n_class	2
每个种类包含的样本数据量 num_samples	30、40、50
迭代剪枝率 p	10%
目标剪枝率 $prune_0$	10% ~ 90%

5.4.2 实验源代码说明

1. 安装配置 Python

选择一个稳定的 Python 版本，需要注意的是有些版本与 Windows 操作系统不兼容，如图 5-7 所示。

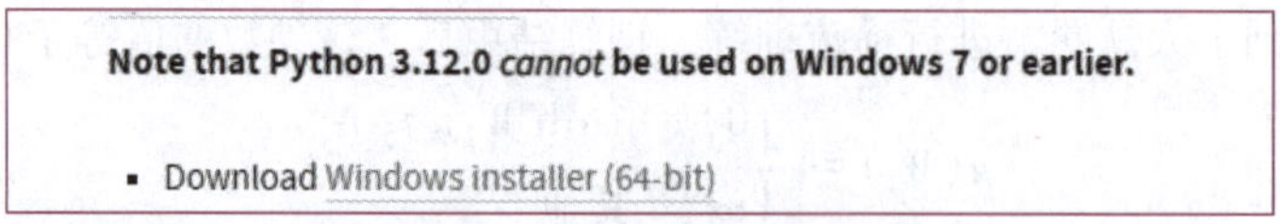

图 5-7 选择 Python 版本

选择合适的版本后，勾选默认选项安装，安装完成后在命令行窗口检查安装是否完成，如图 5-8 所示。

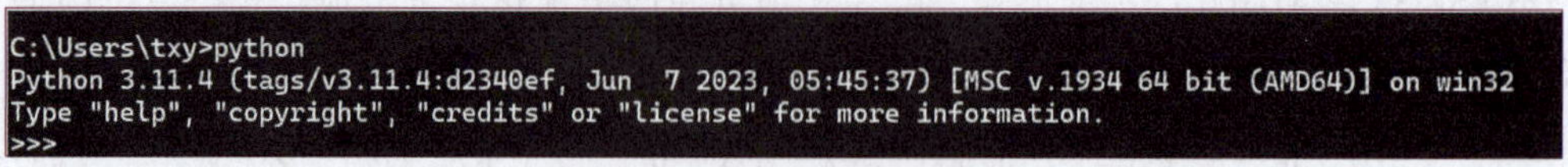

图 5-8 检查安装是否完成

接下来安装 pip 组件(见图 5-9)，命令如下：

```
python -m pip install --upgrade pip
```

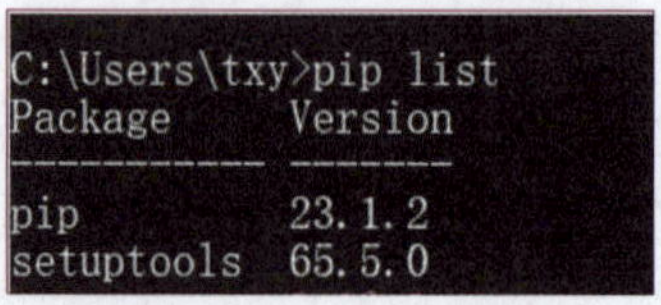

图 5-9 安装 pip 组件

2. 安装配置 pycharm

下载安装 pycharm 社区版(免费)，安装过程略。

3. 安装配置 Anaconda3

首先，配置系统环境变量，添加用户路径变量。

```
D:/pycharm\anaconda\anaconda3
D:/pycharm\anaconda\anaconda3\Scripts
D:/pycharm\anaconda\anaconda3\Library\bin
```

验证命令如图 5-10 所示。

接下来创建虚拟环境，如图 5-11 所示。

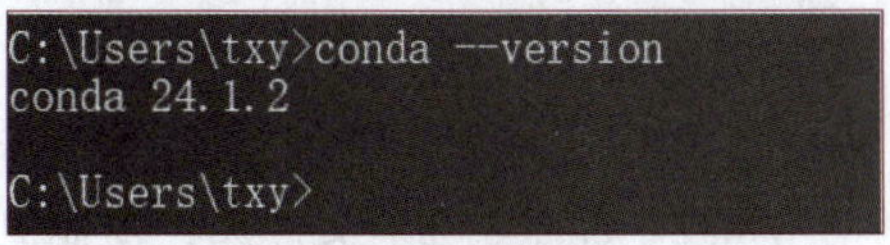

图 5-10　验证命令

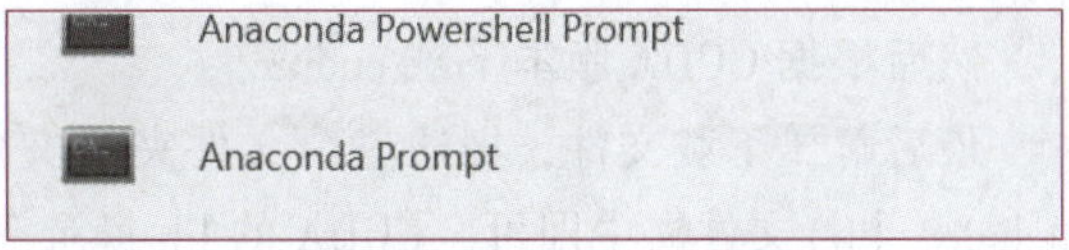

图 5-11　创建虚拟环境

命令形式创建：

```
conda create -n 环境名 python=版本号
conda activate 环境名
```

最后将创建的虚拟环境配置到 pycharm，如图 5-12 所示。

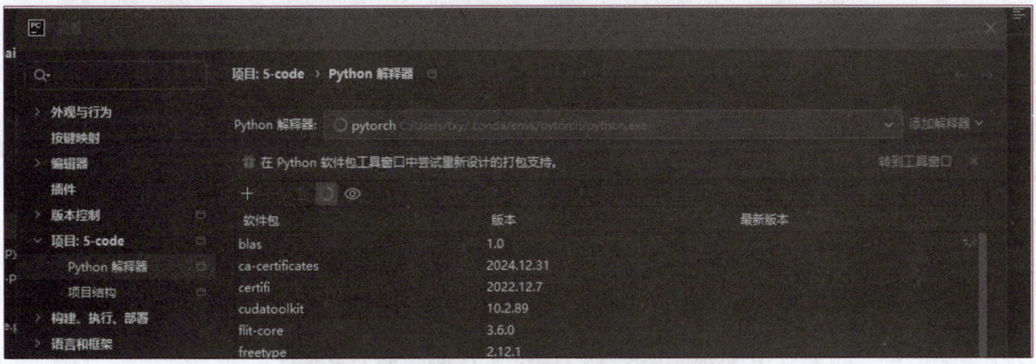

图 5-12　创建的虚拟环境配置到 pycharm

4. 安装 CUDA 和 cudnn

首先确定显卡版本，命令行如图 5-13 所示。

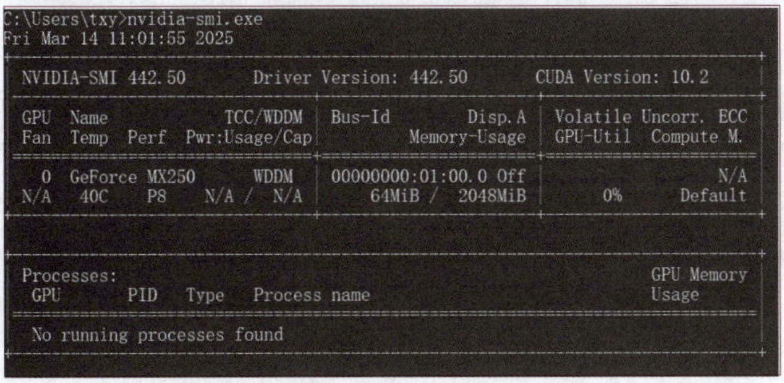

图 5-13　确定显卡版本

接下来根据版本选择 CUDA 安装，检查环境变量。

```
CUDA_PATH        C:\Program Files\NVIDIA GPU Computing Toolkit\CUDA\v10.2
CUDA_PATH_V10_2  C:\Program Files\NVIDIA GPU Computing Toolkit\CUDA\v10.2
```

检查安装是否正确，如图 5-14 所示。

图 5-14　检查安装是否正确

然后根据 CUDA 版本下载 cudnn。

最后解压下载文件，把这三个文件夹的文件分别复制到 CUDA 安装目录对应的(bin、include、lib)文件夹中即可。CUDA 的 lib 目录有 x64 、Win32、cmake 三个文件夹，复制到其中的 x64 这个文件夹中。

5. 安装配置 pytorch

官网安装，根据 Python 版本和安装的 CUDA 版本安装对应的 torch、torchaudio、torchvision，如图 5-15 所示。

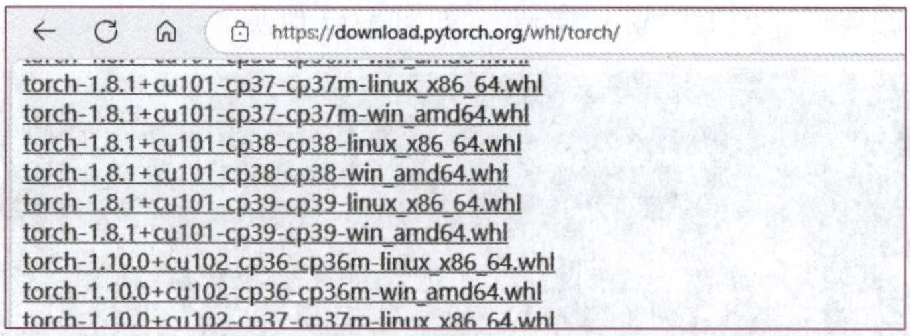

图 5-15　安装对应的 torch、torchaudio、torchvision

检查安装是否正确，如图 5-16 所示。

图 5-16　检查安装是否正确

用 pycharm 打开代码文件，安装项目需要的依赖和包，安装完成后运行主函数代码段。

以 CIFAR-10 数据集为例，共包括 12 个内容：为客户端划分非独立同分布数据、初始化掩码、获取全局模型的子网、训练模型、更新 ADMM 算法中的 X、更新 ADMM 算法中的 Z、更新 ADMM 算法中的 U、ADMM 损失函数、判断是否需要剪枝、剪枝、服务器聚合非 0 值、计算模型准确率和损失值。

1. 为客户端划分非独立同分布数据

```
def cifar_extr_noniid(train_dataset, test_dataset, num_users, n_class, num_
samples, rate_unbalance):
    #把 CIFAR-10 训练集中的 50 000 个数据划分为 num_shards_train 个切片
    num_shards_train, num_imgs_train = int(50000/num_samples), num_samples
    # CIFAR-10 包括 10 种数据
    num_classes =10
    # CIFAR-10 测试集中每个种类包括 1 000 个数据,10 个种类共有 10 000 个数据
    num_imgs_perc_test, num_imgs_test_total = 1000, 10000
    #防止为客户端分配的数据超过总的数据量
    assert(n_class * num_users <= num_shards_train)
    assert(n_class <= num_classes)
    #初始化
    idx_class = [i for i in range(num_classes)]
    idx_shard = [i for i in range(num_shards_train)]
    dict_users_train = {i: np.array([]) for i in range(num_users)}
    dict_users_test = {i: np.array([]) for i in range(num_users)}
    idxs = np.arange(num_shards_train*num_imgs_train)
    labels = np.array(train_dataset.targets)
    idxs_test = np.arange(num_imgs_test_total)
    labels_test = np.array(test_dataset.targets)
    #按照标签为训练集排序
    idxs_labels = np.vstack((idxs, labels))
    idxs_labels = idxs_labels[:, idxs_labels[1, :].argsort()]
    idxs = idxs_labels[0, :]
    labels = idxs_labels[1, :]
    #按照标签为测试集排序
    idxs_labels_test = np.vstack((idxs_test, labels_test))
    idxs_labels_test = idxs_labels_test[:, idxs_labels_test[1, :].argsort()]
    idxs_test = idxs_labels_test[0, :]
    # 为参与训练的 num_users 个客户端分配数据
    for i in range(num_users):
        user_labels = np.array([])
        # 为客户端 i 随机分配 n_class 个切片
        rand_set =set(np.random.choice(idx_shard, n_class, replace=False))
        # 从总切片中减去已经分配过的切片,防止为客户端重复分配数据
        idx_shard =list(set(idx_shard) - rand_set)
        unbalance_flag = 0
        # 在客户端 i 中添加切片所对应的训练集数据
        for rand in rand_set:
            if unbalance_flag == 0:
                dict_users_train[i] = np.concatenate((dict_users_train[i],
                idxs[rand*num_imgs_train:(rand+1)*num_imgs_train]), axis=0)
                user_labels = np.concatenate((user_labels,
                labels[rand*num_imgs_train:(rand+1)*num_imgs_train]), axis=0)
            else:
                dict_users_train[i] = np.concatenate((dict_users_train[i],
                idxs[rand*num_imgs_train:int((rand+rate_unbalance)*num_imgs_
```

```
train)]), axis=0)
                user_labels = np.concatenate((user_labels, labels[randum_imgs_
train:int((rand+rate_unbalance)*num_imgs_train)]), axis=0)
            unbalance_flag =1
        user_labels_set = set(user_labels)
        #在客户端 i 中添加切片所对应的测试集数据
        for label in user_labels_set:
            dict_users_test[i] = np.concatenate((dict_users_test[i],
            idxs_test[int(label)*num_imgs_perc_test:int(label+1)*num_imgs_perc_
test]),axis=0)
    returndict_users_train, dict_users_test
```

2. 初始化掩码

```
def make_mask(model):
    step = 0
    for name, param in model.named_parameters():
        if 'weight'in name:
            step = step + 1
    #掩码的个数与模型参数的个数相同
    mask = [None]* step
    step = 0
    #把掩码初始化为 1
    for name, param in model.named_parameters():
        if 'weight'in name:
            tensor = param.data.cpu().numpy()
            mask[step] = np.ones_like(tensor)
            step = step + 1
    return mask
```

3. 获取全局模型的子网

```
def mask_model(model, mask, initial_state_dict):
    step = 0
    for name, param in model.named_parameters():
        if "weight" in name:
            weight_dev = param.device
             #将掩码与模型参数对应位置相乘,得到全局模型的子网
             param.data = torch.from_numpy(mask[step]*initial_state_dict
[name].cpu().numpy()).to(weight_dev)
             step = step +1
        if "bias" in name:
                param.data = initial_state_dict[name]
```

4. 训练模型

```
def update_weights(self, model, global_round, device):
    EPS = 1e-6
    #把模型切换为训练模式
    model.train()
    epoch_loss = []
    #设置优化器
```

```
    if self.args.optimizer == 'sgd':
        optimizer = SGD(model.named_parameters(), lr=1e-2, momentum=0.5,
                    weight_decay=5e-4)
    elif self.args.optimizer == 'adam':
        optimizer = torch.optim.Adam(model.parameters(), lr=self.args.lr,
                                weight_decay=1e-4)
    #初始化ADMM算法中的Z和U
    Z, U = initialize_Z_and_U(model)
    #在客户端本地训练模型
    for iter in range(self.args.local_ep):
        batch_loss = []
        for batch_idx, (images, labels) in enumerate(self.trainloader):
            images, labels = images.to(self.device), labels.to(self.device)
            #梯度清零
            model.zero_grad()
            #得到模型对数据images的预测结果log_probs
            log_probs = model(images)
            #调用admm_loss()函数来计算损失
            loss = admm_loss(device, model, Z, U, log_probs, labels)
            #反向传播
            loss.backward()
            #冻结已修剪过的权重
            for name, p in model.named_parameters():
                if 'weight'in name:
                    tensor = p.data.cpu().numpy()
                    grad_tensor = p.grad.data.cpu().numpy()
                    grad_tensor = np.where(abs(tensor) < EPS, 0, grad_tensor)
                    p.grad.data = torch.from_numpy(grad_tensor).to(device)
            #更新优化器
            optimizer.step()
            batch_loss.append(loss.item())
        epoch_loss.append(sum(batch_loss)/len(batch_loss))
        #调用update_X,来更新ADMM算法中的X
        X = update_X(model)
        #调用update_Z,来更新ADMM算法中的Z
        Z = update_Z(X, U)
        #调用update_U,更新ADMM算法中的U
        U = update_U(U, X, Z)
    return model.state_dict(), sum(epoch_loss) / len(epoch_loss)
```

5. 更新ADMM算法中的X

```
def update_X(model):
    X = ()
    for name, param in model.named_parameters():
        if name.split('.')[-1] == "weight":
            X += (param.detach().cpu().clone(),)
    return X
```

6. 更新ADMM算法中的Z

```
def update_Z(X, U):
```

```
    new_Z = ()
    idx = 0
    for x, u in zip(X, U):
        z = x + u
        # 计算 Z 的阈值
        pcen = np.percentile(abs(z), 10)
        under_threshold = abs(z) < pcen
        # 若 Z 的值小于阈值,则把 Z 设为 0
        z.data[under_threshold] = 0
        new_Z += (z,)
        idx += 1
    return new_Z
```

7. 更新 ADMM 算法中的 U

```
def update_U(U, X, Z):
    new_U = ()
    for u, x, z in zip(U, X, Z):
        new_u = u + 1e-4*(x - z)
        new_U += (new_u,)
    return new_U
```

8. ADMM 损失函数

```
def admm_loss(device, model, Z, U, output, target):
    idx = 0
    loss = F.nll_loss(output, target)
    for name, param in model.named_parameters():
        if name.split('.')[-1] == "weight":
            u = U[idx].to(device)
            z = Z[idx].to(device)
            # 计算 ADMM 损失
            loss += 1e-4 / 2 * (param - z + u).norm()
            idx +=1
    return loss
```

9. 判断是否需要剪枝

```
# 若当前精度高于精度阈值且当前剪枝率未达到目标剪枝率,则剪枝
if(acc_beforePrune > args.prune_start_acc and pruning_rate[idx] > args.
prune_end_rate):
    # 调用 prune_by_percentile()函数,剪枝
    prune_by_percentile(train_model, masks[idx], args.prune_percent)
    # 计算当前剪枝率
    pruning_rate[idx] = pruning_rate[idx] * (1 - args.prune_percent / 100)
```

10. 剪枝

```
def prune_by_percentile(model, mask, percent, resample = False, reinit =
False,**kwargs):
        step = 0
        for name, param in model.named_parameters():
            if 'weight'in name:
                tensor = param.data.cpu().numpy()
```

```
            # 展开非 0 值
            alive = tensor[np.nonzero(tensor)]
            # 计算模型参数的剪枝阈值
            percentile_value = np.percentile(abs(alive), percent)
            weight_dev = param.device
            # 把小于剪枝阈值的模型参数对应的掩码置为 0
            new_mask = np.where(abs(tensor) < percentile_value, 0, mask[step])
            # 把掩码为 0 对应的参数置为 0
            param.data = torch.from_numpy(tensor * new_mask).to(weight_dev)
            mask[step] = new_mask
            step += 1
```

11. 服务器聚合非0值

```
def average_weights_with_masks(w, masks, device):
    step = 0
    w_avg = copy.deepcopy(w[0])
    for key in w_avg.keys():
        if 'weight'in key:
            mask = masks[0][step]
            for i in range(1, len(w)):
                w_avg[key] += w[i][key]
                # 把该参数所对应的非 0 掩码相加,判断没有对该参数进行剪枝的客户端数量
                mask += masks[i][step]
            # 只聚合未剪枝的参数
             w_avg[key] = torch.from_numpy(np.where(mask<1, 0,w_avg
[key].cpu().numpy()/mask)).to(device)
            step += 1
        else:
            for i in range(1, len(w)):
                w_avg[key] += w[i][key]
            w_avg[key] = torch.div(w_avg[key], len(w))
    return w_avg
```

12. 计算模型准确率和损失值

```
def inference(self, model):
    # 把模型切换为评估模式
    model.eval()
    loss, total, correct = 0.0, 0.0, 0.0
    for batch_idx, (images, labels) in enumerate(self.testloader):
        images, labels = images.to(self.device), labels.to(self.device)
        # 输出模型对图片 images 的预测分数
        outputs = model(images)
        # 计算模型的输出分数 outputs 和图片的真实标签 labels 之间的损失
        batch_loss = F.nll_loss(outputs, labels)
        loss += batch_loss.item()
        # 得到模型的预测标签
        _, pred_labels = torch.max(outputs, 1)
        pred_labels = pred_labels.view(-1)
        # 计算预测正确的次数
        correct += torch.sum(torch.eq(pred_labels, labels)).item()
```

```
        total += len(labels)
    #计算模型准确率
    accuracy = correct/total
    return accuracy, loss
```

5.5.3 实验结果

本章分别使用 CIFAR-10 和 MNIST 来训练模型。对于数据集 CIFAR-10，采用六层神经网络架构进行训练，包括五层隐藏层和一层输出层，五层隐藏层可以分为两层卷积层和三层全连接层。具体如下：首先是两层 5×5 的卷积层，通道数分别是 6 和 16，每个卷积层后面都是 2×2 的最大池化层；接着是三个全连接层，通道数分别是 120、84、10，最后是输出层。对于数据集 MNIST，采用五层神经网络架构进行训练，包括四层隐藏层和一层输出层，四层隐藏层可以分为两层卷积层和两层全连接层，具体如下：首先是两层 5×5 的卷积层，通道数分别是 10 和 20，每个卷积层后面都是 2×2 的最大池化层；接着是两层全连接层，全连接层的通道数分别是 50、10，最后是输出层。

1. 不同目标剪枝率下的精度

迭代剪枝率是指每轮联邦学习中，模型被修剪的参数量与总参数量的比率。目标剪枝率是联邦学习结束后，模型被修剪的参数量与总参数量的比率。第$(t-1)$轮修剪的参数会被冻结，不参与第 t 轮的联邦学习。我们把迭代剪枝率设为 10%，目标剪枝率分别设为 10%、20%、30%、40%、50%、60%、70%、80%和 90%。每轮随机选择 10 个客户机进行训练，客户端本地数据的每个种类包含 50 个数据。为了验证模型精度与目标剪枝率之间的关系，在以下六种神经网络模型中进行消融实验。

①在 5.3.3 节中描述的数据集 CIFAR-10 使用的原始六层模型。

②从数据集 CIFAR-10 使用的原始六层模型中去除通道数为 120 的全连接层，得到的五层模型。

③从数据集 CIFAR-10 使用的原始六层模型中去除通道数为 120 和 84 的全连接层，得到的四层模型。

④在 5.3.3 节中描述的数据集 MNIST 使用的原始五层模型。

⑤从数据集 MNIST 使用的原始五层模型中去除通道数为 50 的全连接层，得到的四层模型。

⑥从数据集 MNIST 使用的原始五层模型中去除通道数是 20 的 5×5 卷积层和通道数是 50 的全连接层，得到的三层模型。

图 5-17 和图 5-18 是两个数据集 CIFAR-10 和 MNIST 在不同模型中精度随着目标剪枝率的变化情况。在图 5-17 中，这两个数据集中使用的模型都是原始的完整六层模型(①)和五层模型(④)。CIFAR-10 的模型精度在 0.84~0.9 之间，MNIST 的精度在 0.99 4~1.0 之间，MNIST 的精度差异相对较小，难以读取。因此，我们放大了 MNIST 的精度。从图 5-17 中可以看出，同一个数据集在原始的完整六层和五层模型中的精度趋势相同。图 5-18 使用的模型是由原始的完整模型去除一层(②和⑤)或两层(③和⑥)得到的，它表明，在精简后的模型中，同一数据集的精度趋势相同。从图 5-17 和图 5-18 中可以看出，无论是完整的原始模型还是精简后的模型，在同一数据集中，模型精度的趋势相同。数据集

CIFAR-10 的精度在目标剪枝率是 30% 时达到最大值，然后下降。而数据集 MNIST 的精度从目标剪枝率 10% 开始一直下降。因此可以推测，在不同目标剪枝率下，模型的精度变化与模型无关。

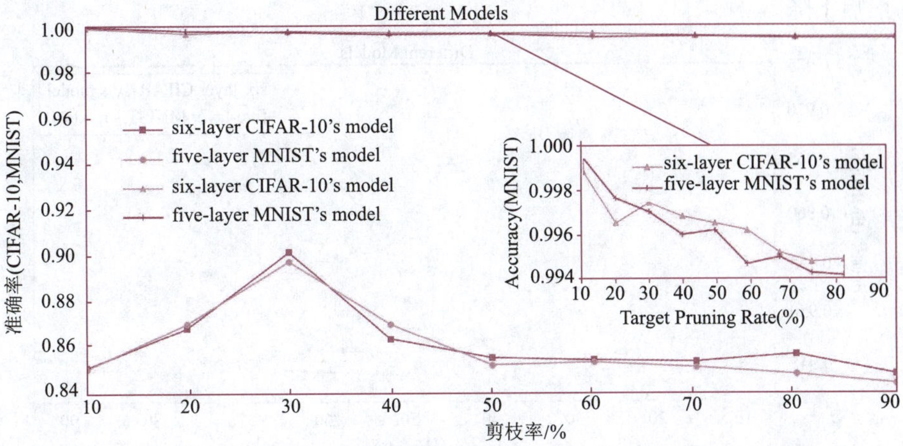

图 5-17 在不同数据集和原始模型中模型精度随着目标剪枝率的变化

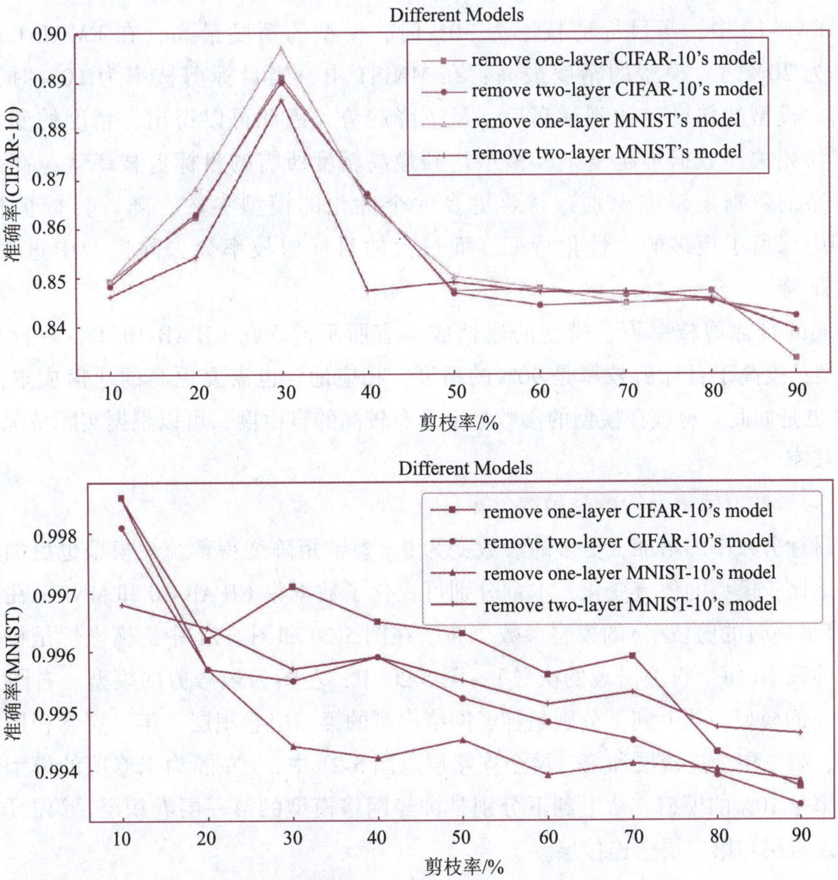

图 5-18 在不同数据集和精简后的模型中，模型精度随着目标剪枝率的变化

（上：CIFAR-10，下：MNIST）

为了进一步验证模型精度与目标剪枝率之间的关系，引入另一个数据集 EMNIST，观察在原始的完整模型中(①和④)，精度随着目标剪枝率的变化情况。数据集 EMNIST 的复杂度高于 MNIST，低于 CIFAR-10。如图 5-19 所示，当目标剪枝率为 20% 时，精度达到最大值，然后下降。

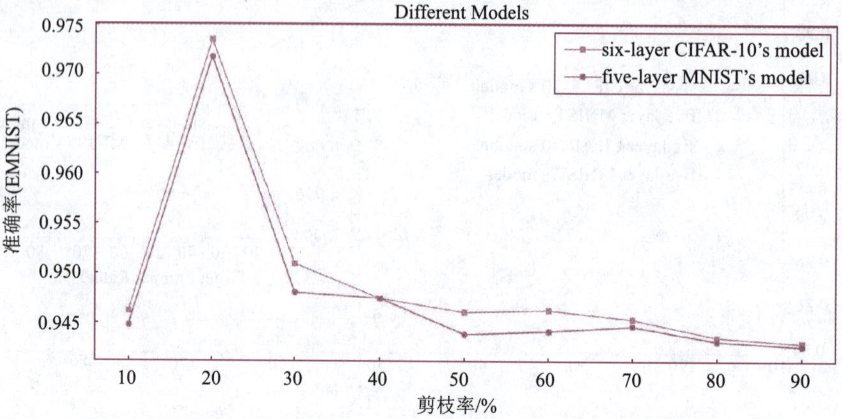

图 5-19　在原始的完整模型中，模型精度随着目标剪枝率的变化

在 CIFAR-10 中，当目标剪枝率为 30% 时，模型的精度最高；在 EMNIST 中，当目标剪枝率为 20% 时，模型的精度最高；在 MNIST 中，当目标剪枝率为 10% 时，模型的精度最高。模型的精度在达到最高后，呈下降趋势。因此可以得出，精度的变化情况与数据集密切相关。数据集越复杂，模型达到最高精度所需的目标剪枝率就越高。这是因为，越复杂的数据集越难识别，需要更多的个性化的模型参数，随着目标剪枝率的增大，模型中保留了更多的个性化特征，而过大的目标剪枝率会去除模型中重要的部分，导致精度下降。

在不同的目标剪枝率下，模型的通信成本有所不同。在 CIFAR-10 中，目标剪枝率是 30% 的模型精度高于目标剪枝率是 90% 的精度，相应地，也需要更高的通信成本；EMNIST 和 MNIST 也是如此。剪枝在模型的参数量上具有较高的自由度，可以根据实际情况选择不同的目标剪枝率。

2. 不同目标剪枝率下的模型参数分布

随着目标剪枝率的增加，更多的参数变为 0，参数矩阵变得稀疏，模型也更加稀疏。为了更直观地比较模型的稀疏变化，本章分别可视化了数据集 CIFAR-10 和 MNIST 在未剪枝和剪枝(精度最高时的剪枝率)的模型参数分布。在图 5-20 和图 5-21 中，横坐标是权重，纵坐标是权重的频率(每个权重出现的次数)。图 5-20 中，左图为未修剪的模型。右图为目标剪枝率是 30% 的模型。从上到下分别是神经网络模型的第一层卷积层、第二层卷积层、第一层全连接层、第二层全连接层和第三层全连接层。图 5-21 中，(左图为未修剪的模型。右图为目标剪枝率是 10% 的模型。从上到下分别是神经网络模型的第一层卷积层、第二层卷积层、第一层全连接层和第二层全连接层。

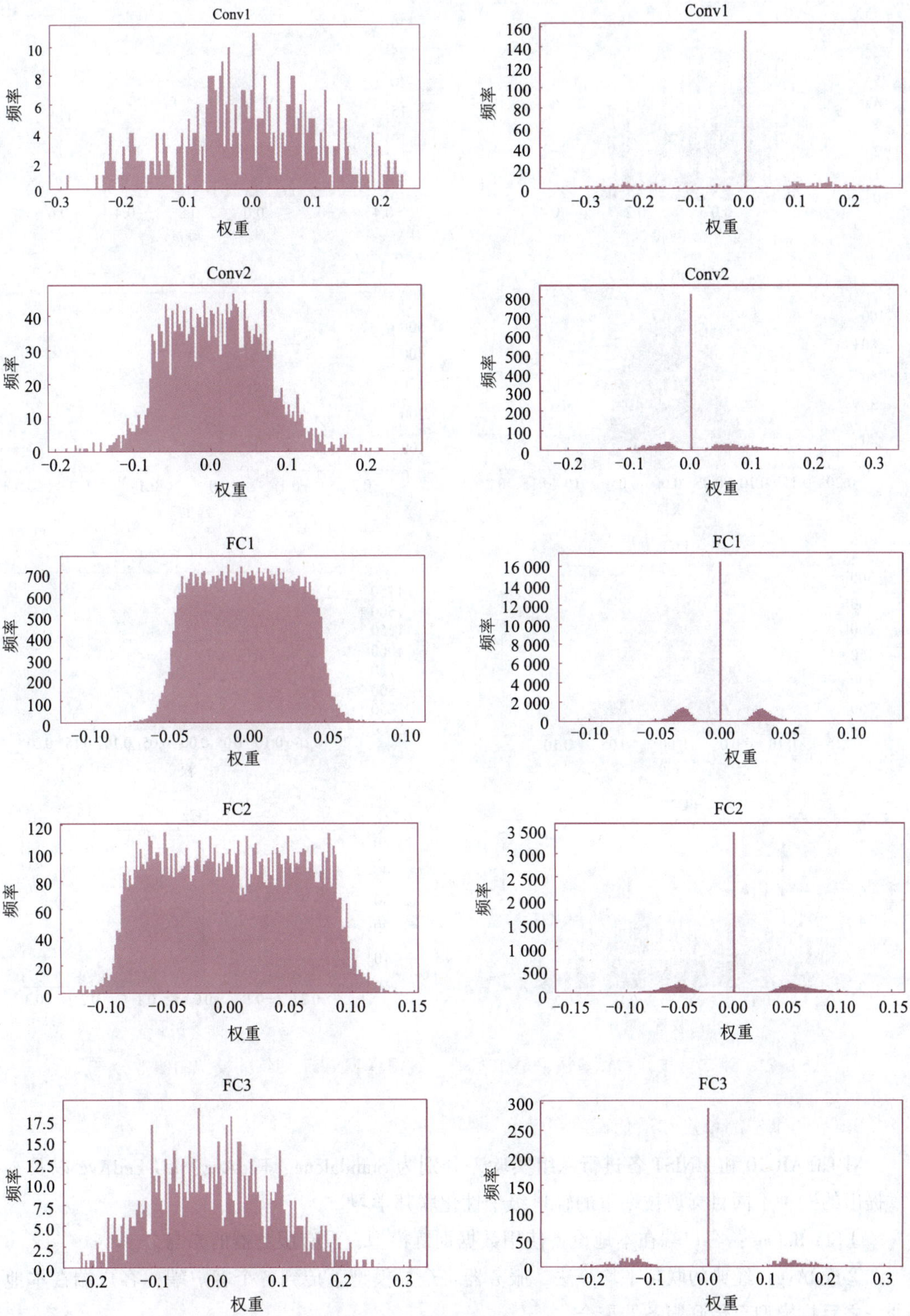

图 5-20　当未剪枝和目标剪枝率是 30%时，数据集 CIFAR-10 训练的模型的参数分布

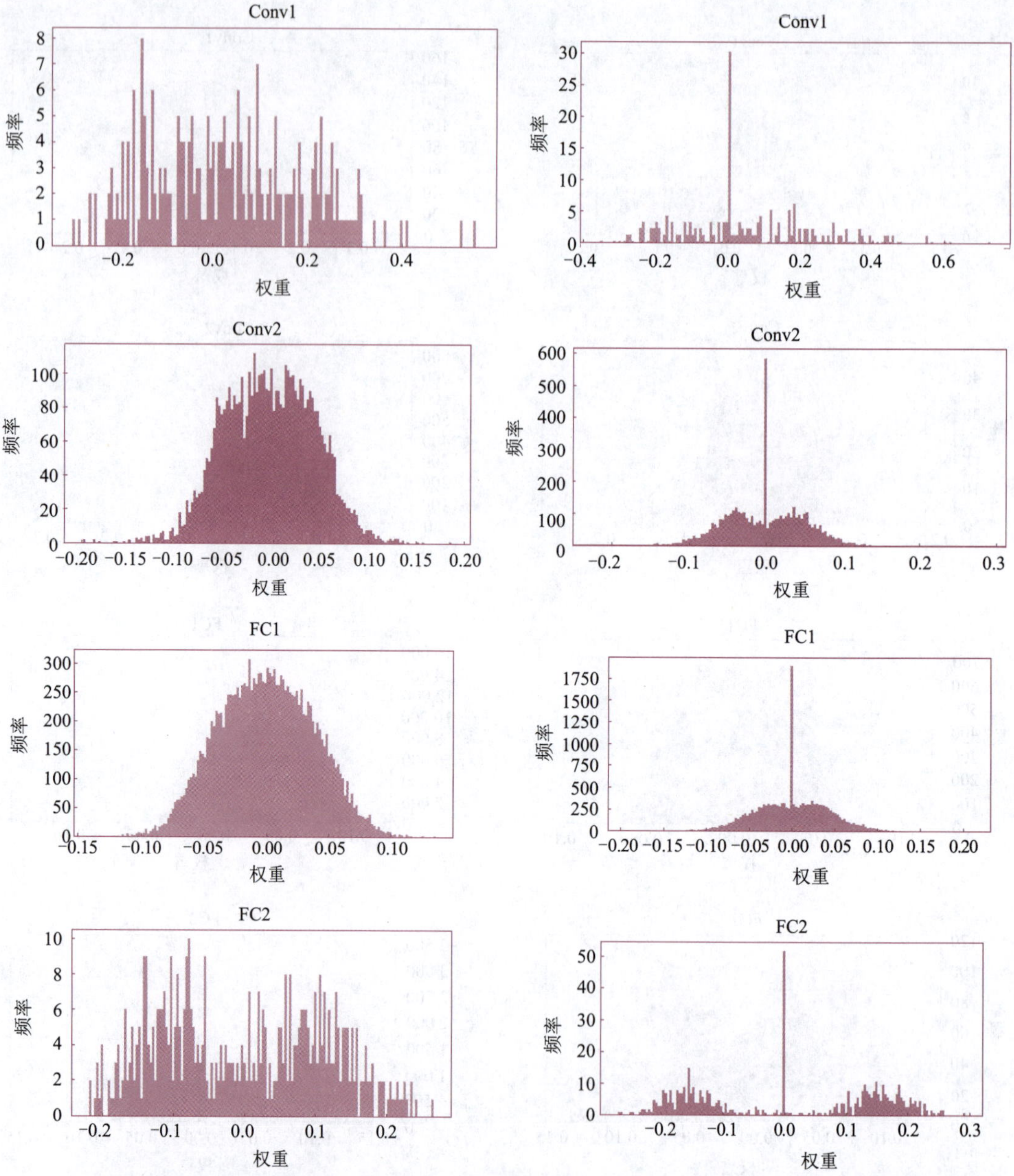

图 5-21　当未剪枝和目标剪枝率是 10%时，数据集 MNIST 训练的模型的参数分布

3. 不同算法的精度和通信成本

对 CIFAR-10 和 MNIST 各进行六组实验，分别为 Standalone、FedAvg、LG-FedAvg 以及本章提出的三种不同目标剪枝率下的轻量级个性化联邦学习。

①Standalone：客户端在本地设备使用数据训练模型，没有服务器的参与。

②FedAvg：经典的联邦平均算法。服务器将全局模型下传到各个客户端，客户端在本地训练之后将模型上传到服务器聚合。

③LG-FedAvg：在每个客户端的本地数据中学习有用的高维表示，全局模型作用在这个高维表示中，从而减少通信量，使模型轻量化。

④本章的轻量级个性化联邦学习：在客户端中按照不同的目标剪枝率进行 ADMM 权重剪枝。根据图 5-8 的实验结果，将 CIFAR-10 的目标剪枝率分别设为 30%、50% 和 70%，MNIST 分别设为 10%、50% 和 90%。数据集 CIFAR-10 和 MNIST 的六种实验精度如图 5-22 所示。

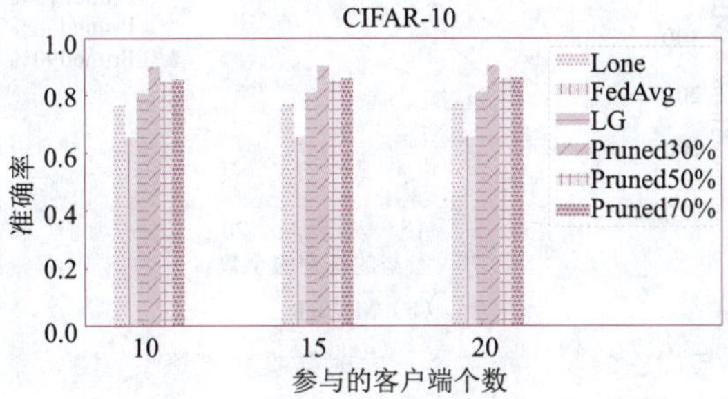

（a）CIFAR-10

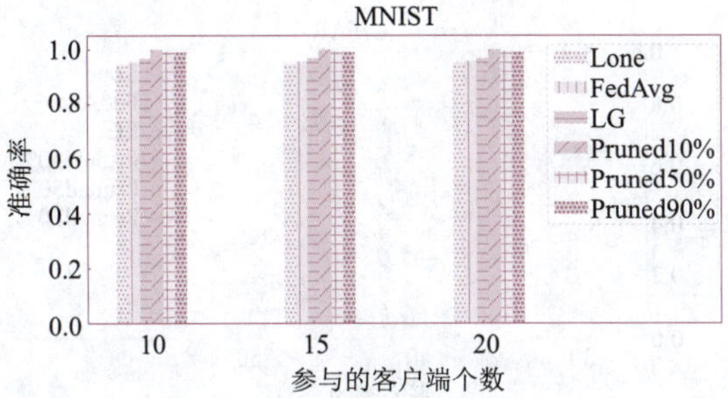

（b）MNIST

图 5-22 当每轮参与训练的客户端数量不同时 CIFAR-10 和 MNIST 训练的模型精度变化

接下来分别探讨每轮参与训练的客户端数量和每类的数据量对模型性能的影响。

为了分析参与训练的客户端数量对模型性能的影响，每轮分别随机选择 10、15 和 20 个客户端参与训练，每个客户端的每类数据包含 50 张图片。为了研究当每个种类有不同的数据量时模型精度的变化情况，在每轮联邦通信中随机选择 10 个客户端参与训练，客户端的每类数据分别包含 30、40 和 50 张图片。实验结果表明，本章训练的模型在精度和通信成本方面均优于 Standalone、FedAvg 和 LG-FedAvg。

图 5-23 和图 5-24 是当客户端中每类的数据量不同时模型的精度和通信成本。算法 Standalone 只使用客户端训练模型，而没有服务器的参与，所以没有通信成本。

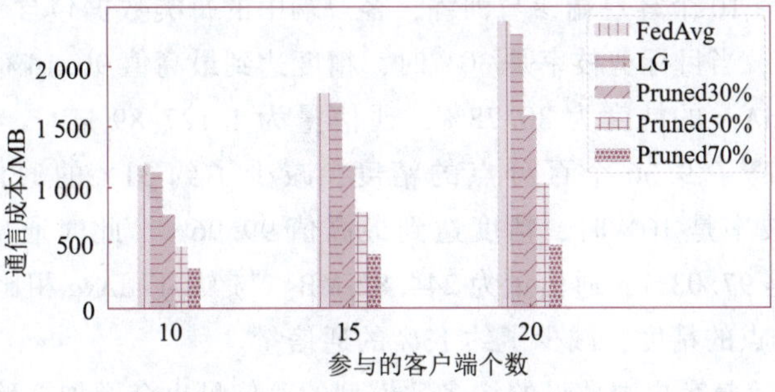

（a）CIFAR-10

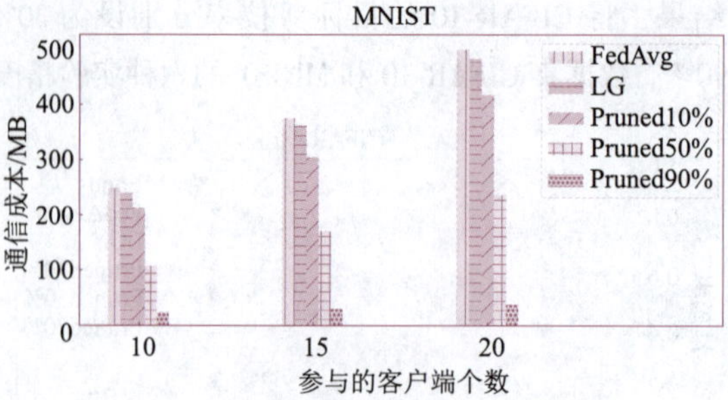

（b）MNIST

图 5-23 当每轮参与训练的客户端数量不同时数据集 CIFAR-10 和 MNIST 的通信成本

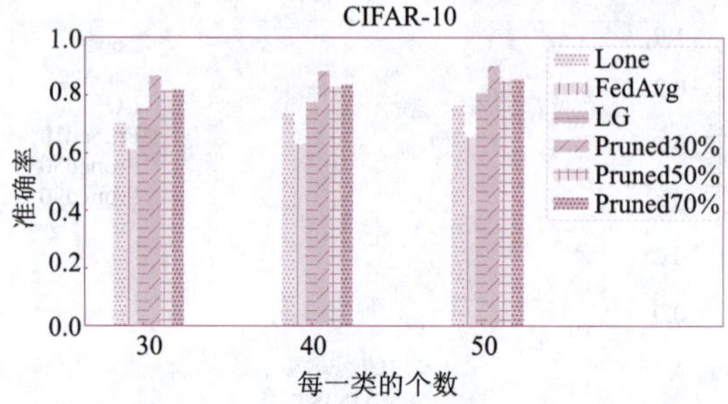

（a）CIFAR-10

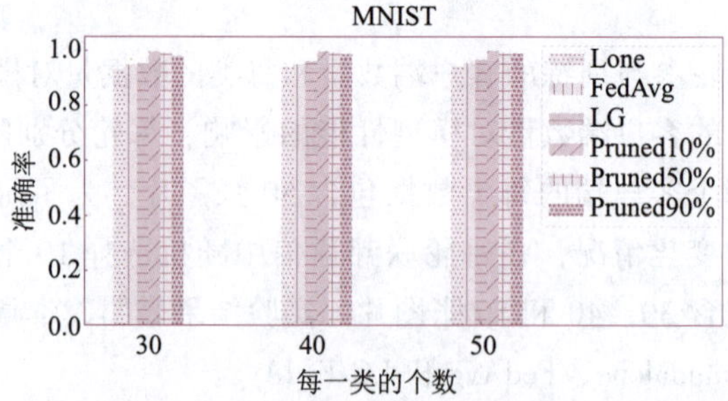

（b）MNIST

图 5-24 当客户端每类的数据量不同时 CIFAR-10 和 MNIST 训练的模型精度变化

以每轮随机选择 10 个客户端参与训练，客户端中的每类数据包含 50 张图片为例。对于数据集 CIFAR-10，当目标剪枝率是 30% 时，精度达到最高值 90.14%，此时的通信量是 775.95 MB；LG-FedAvg 的精度为 80.78%，通信量为 1 127.89 MB。与 LG-FedAvg 相比，本章训练的模型提高了 9.36 个百分点的精度，减少了约 31% 的通信量。对于数据集 MNIST，当目标剪枝率是 10% 时，精度达到最高值 99.96%，此时通信量是 212.45 MB；LG-FedAvg 的精度是 97.03%，通信量为 244.82 MB。与 LG-FedAvg 相比，本章训练的模型提高了 2.93 个百分点的精度，减少了约 13% 的通信量。

在图 5-25 中，随着客户端数量的增多，模型的通信量也会增加。然而，在图 5-25 中，随着客户端包含的数据量的增多，模型的通信量却降低了。这是因为，当每轮选择的客户端数量增多时，与服务器通信的模型数量也会增加。然而，增加客户端包含的数据量，不仅加快了客户端模型的收敛速度，而且去掉了模型中不重要的权重。

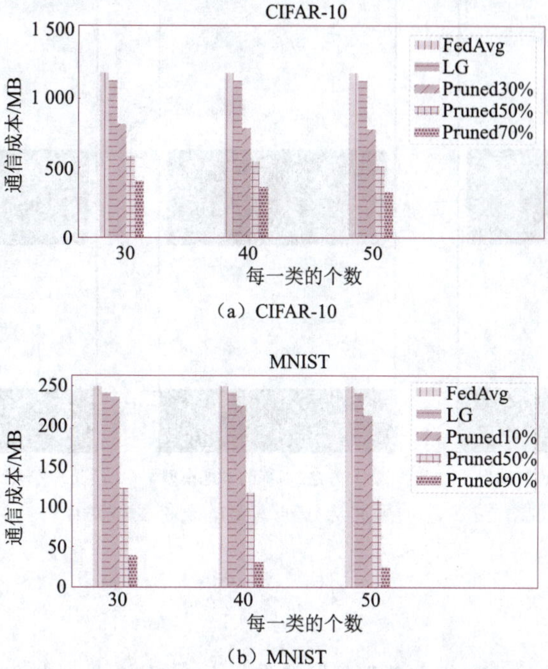

图 5-25 当客户端每类的数据量不同时数据集 CIFAR-10 和 MNIST 的通信成本

5.5 实验平台搭建与性能验证

5.5.1 搭建边缘智能平台

为了验证所提算法的有效性，搭建一个边缘智能平台。训练好的模型部署到边缘设备后，无须与云端或服务器等通信，可以直接离线调用本地设备中的模型。在该平台中，首先，把 PyCharm 训练的模型转化成 Android Studio 支持的模型格式，其次在 Android Studio 中添加相应的依赖项，就可以把模型部署到 Android Studio 中进行推断。

5.5.2 性能验证

使用方法 1 和方法 2 得到三个模型，包括方法 1 的轻量化模型、方法 2 的客户端轻量个性化模型和服务器全局模型。把同一张图片输入到这三个模型中，得到图 5-26 所示的结果。

（a）方法1训练的模型　（b）方法2训练的本地模型　（c）方法2训练的全局模型

图 5-26　两种方法训练出的三种模型对比

小　结

边缘智能是实现未来“万物智联”的很有潜力的一项技术，本章描述了它被提出的技术背景。引出并列举了联邦学习当前面临的挑战以及国内外研究的做法，提出了对于这些挑战所使用的两个解决方法和一个边缘智能平台。第一种方法考虑了设备的时延和能耗，充分利用了设备中的可用资源，为用户提供智能应用。第二种方法为用户训练轻量个性化的模型，并保护了隐私不被泄露。在边缘智能平台上的结果验证了这两个方法的可行性。

习　题

1. 描述边缘智能的来源和优势。
2. 使用本章示例训练出高精度轻量化模型和个性化轻量化模型。
3. 使用其他算法设计高精度轻量化模型和个性化轻量化模型。

第 6 章
边缘系统容量

边缘节点协作可以有效减小用户终端请求内容时的传输距离，提升系统性能。本章研究了边缘节点协作对于移动边缘缓存系统容量的影响。首先，构建系统模型，在协作代价约束的前提下将容量最大化问题转化为传输距离最小问题；其次，使用拉格朗日乘数法计算出内容最优备份数，以确保传输距离最小、容量最大，并根据最优备份数设计出一种基于节点区域的缓存方案；最后，基于 MATLAB 对所提模型及方案进行仿真，分析各个参数对于备份数和容量的影响。此外，将提出的方案与经典的容量计算方案进行对比，仿真结果验证了提出方案的有效性。

考虑到移动边缘计算中边缘节点的缓存空间和覆盖范围有限[176-179]，即每一个小基站能够缓存的内容数量有限。若一个用户向邻近的一个 SBS 发送一个内容请求，该 SBS 仅有很小的概率缓存此内容，从而造成大部分用户在邻近的 SBS 中很难请求到自己需要的内容，内容请求将转发给基站。因此 MEC 靠近用户的特点将会失去意义。

研究表明，协作可以提升系统性能[180]，目前容量的相关研究[181-183]很少关注协作对系统容量的影响。当 SBS 无法满足用户需求（即 SBS 没有存储用户请求的内容）时，可以将请求转发给其他邻近的 SBS，而不是直接转发给 BS。SBS 之间的协作将内容传输问题从用户-SBS-BS 模式转换为用户-SBS-SBS 模式。如图 6-1 所示，用户 Tom 发出一个内容请求，并且所请求的 SBS 中没有缓存此内容。如果 SBS 之间不可以相互协作，那么传输距离将是 L_a；反之，传输距离是 L_b，其中 $L_a \geq L_b$。SBS 之间的协作，不仅减小传输距离，更是将多个较小的存储空间虚拟成一个较大的存储空间。鉴于此，本章研究了边缘节点（SBS）协作对移动边缘缓存系统容量的影响。

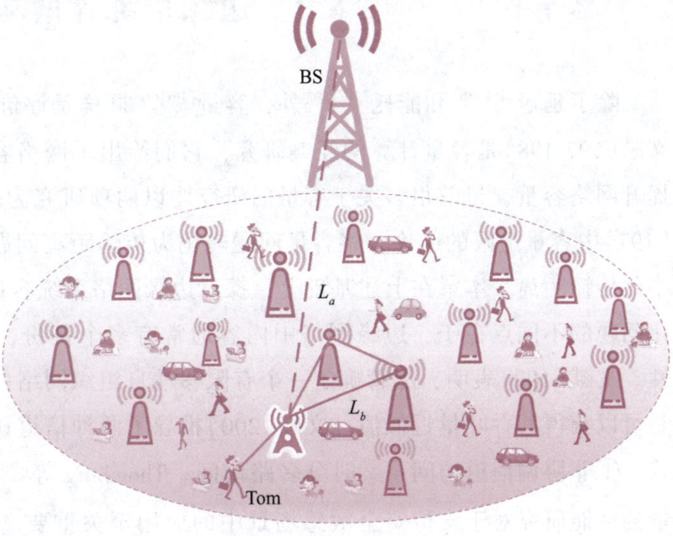

图 6-1　SBS 的协作

本章知识导图

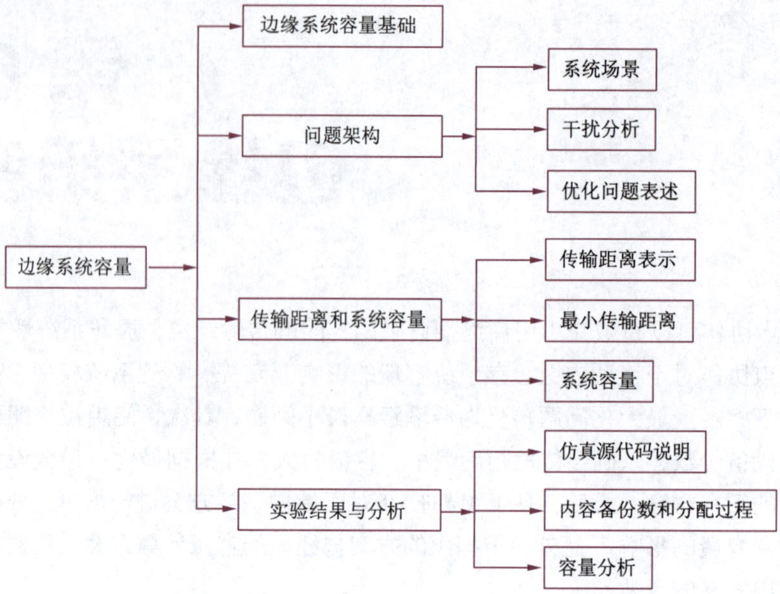

学习目标

1. 了解边缘系统容量的基本概念。
2. 深入理解边缘容量系统架构和内容分配过程。
3. 熟悉增广拉格朗日函数求解的具体步骤。
4. 通过学习本章的研究内容，掌握数学建模过程中原理，分析应用其他解题过程。

6.1 边缘系统容量基础

除了延迟[184-186]和能耗[187-190]外，容量[191-194]同样是评价无线网络性能的重要指标之一。文献[197-198]是容量计算的经典研究，它们给出了网络容量的上限并提出节点移动可以提升网络容量，目前很多关于容量的研究均以两项研究为基础。文献[195,196]利用文献[197]中容量上限的结论，将容量问题转化为传输距离问题，然后寻找最优缓存策略以最小化传输距离。本章在上述基础上，探讨边缘网络系统容量优化问题。本章与传统容量优化问题的不同点在于，边缘网络中内容通常有多个备份，使得边缘网络系统更具有挑战性。文献[199]表明，尽管确定一个有限移动自组织网络的准确吞吐量表达非常困难，但是可以获得其吞吐量近似值。文献[200]推导了两种信道访问假设下集群容量的解析表达式：①非协调信道访问；②时分多路访问。Thomburg 等[201]证明了无线自组织网络中吞吐量的性能研究对于支持安全敏感场景中的应用至关重要。Fan 等[203]提出了一个分析 D2D 通信与蜂窝链路共享信道资源时网络容量模型。结果表明，该体系结构大幅度提高了网络容量。Liu 等[192]研究了以内容为中心的混合无线网络容量扩展律。文献[204]设计并优化了两种简单而有效的基站激活策略，结果表明，优化后的 BS 激活策略可以改善网络容量扩展律。文献[205]研究了正交多址对于 5G 网络容量的影响。文献[206]假设发送端通过单跳直接传输或通过移动中继的双跳传输将数据包发送到接收端，分析了三维随机部署收发机对网络吞吐量的影响。

现阶段对于容量的研究忽略了节点协作对于移动边缘缓存系统容量的影响。节点协作意味着一个节点不能满足用户需求时，可以请求其他节点的帮助。另外，现有研究多数情况下假设网络状态是稳定的。事实上网络状态是随时间变化而变化的。例如，用户终端随着时间移动、新内容的存储、网络中原有内容的删除以及内容流行度会随时间推移发生变化等。本章基于这些现象对移动边缘缓存系统的容量进行研究。

6.2　问题架构

6.2.1　系统场景

图 6-2 所示的系统架构包括一个 BS 和 n 个 SBS，其位置分布遵循强度为 λ 的泊松点过程(poisson point process, PPP)，其中 $n \sim \text{Poisson}(\lambda(100\times100))$，并且 SBS 之间可以相互协作。如果 SBS 无法满足用户的请求，则该 SBS 可以从其他 SBS 而不是 BS 请求内容。假设系统中的 BS 可以访问存有 m 个内容的文件库。可变大小的文件可以分为多个单元段，每个单元段都可以视为一个单独的内容，并且可以彼此独立地进行缓存。假设每个内容都有固定的长度 B，并且每个内容属于缓存视频、音频或图片的一部分[207]。每个 SBS 可以缓存 s 个段/内容，每一个内容在每一个 SBS 中只有一个备份。令 x_i^j 表示放置在第 j 个 SBS 中的第 i 个内容的数量。因为每个内容在 SBS 中最多可以有一个副本，所以 x_i^j 也可以表示指示第 i 个内容是否位于第 j 个 SBS 中。因此，令 C_i 表示放置在边缘系统的所有 SBS 中第 i 个内容的备份数，即缓存有第 i 个内容的 SBS 的数量，其中 $C_i = \sum_{j=1}^{n} x_i^j$。

内容流行度对于缓存系统性能的评估至关重要。如果 SBS 可以存储更多受欢迎的内容，那么更多来自用户的请求将在更近的边缘得到满足。内容受欢迎程度是计算传输距离、最优备份数和容量的关键部分。本章假设内容流行度遵循 Zipf 分布[208]。第 i 个内容的流行度与 $1/i^\gamma$ 成正比，其中 γ 是 Zipf 指数，它确定内容的相对流行度并控制分布的峰值，γ 越大表示不同内容的流行程度差异越大。因为假定的网络模型具有 m 个独立内容，所以可以将流行度表示为

$$p_i = \frac{1}{i^\gamma H_{m,\gamma}} = \frac{1}{i^\gamma \sum_{j=1}^{m} \frac{1}{j^\gamma}} \tag{6-1}$$

式中，$H_{m,\gamma}$ 为广义谐波数；$0 \leqslant p_i < 1$，$\sum_{i=1}^{m} p_i = 1$。

6.2.2 干扰分析

由于网络信道的干扰和噪声，系统中内容的传输需要满足一定条件。假设所有 SBS 使用相同的发射功率 P，$V(t)$ 表示在 t 时刻同时发射的一组 SBS。如果满足以下条件，则将内容从 $i \in V(t)$ 发送到 $j \in V(t)$ 时，传输速率可以达到每秒 W 位：

$$\frac{\dfrac{P}{d_{i,j}^{E}}}{N_0 + \displaystyle\sum_{\tau \in V(t),\tau \neq i} \dfrac{P}{d_{i,j}^{E}}} \geqslant \sigma \tag{6-2}$$

式中，σ 为成功接收的最小信号与干扰加噪声比（signal to interference plus noise ratio, SINR）；$d_{i,j}^{\varepsilon}$ 为 i 与 j 之间的距离；N_0 为白噪声；ε 为大于 2 的参数，它描述了信号强度如何随距离变化。

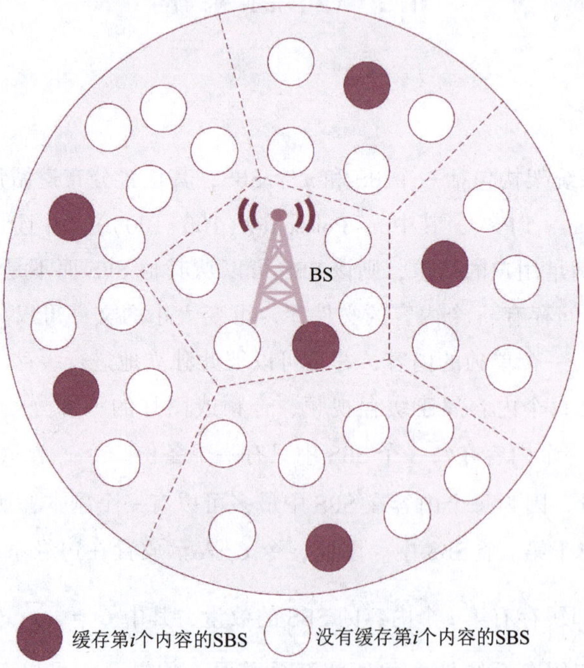

图 6-2 系统架构

6.2.3 优化问题表述

SBS 之间的协作使用户可以从邻近的边缘服务器获取内容，而不必从远端云请求内容，从而提高了用户的体验质量。但是，协作是一把双刃剑，它会增加 SBS 之间的通信代价，即需要诸如 SBS 之间的请求和答复之类的控制分组。通信时间越长，功耗[209-210]、电荷[211]和延迟[212-213]就越多。换言之，协作成本与通信次数密切相关。例如，假设有三个节点，分别称为节点 1、节点 2 和节点 3。如果节点 1 向节点 2 和节点 3 发送请求，则能耗分别为 E_{12} 和 E_{13}。节点 2 和节点 3 也需要回复节点 1。因此，总能耗可以近似表示为 $2(E_{12}+E_{13})$。本章将协作代价作为约束条件，即在接受协作代价的前提下实现最大容量。用

$E_{(S\leftrightarrow S)}$ 表示协作 SBS 之间的通信成本，c 是传输一个单位内容的代价（c 可以是功耗、费用等），E 是传输成本的预算。从以上讨论可得，当一个 SBS 向其他 SBS 请求内容时，平均请求最多 $\left(\frac{n}{C_i}-1\right)$ 个其他 SBS，并且其他 SBS 还需要响应该 SBS。不管内容是否被存储，请求和响应的过程将执行大约 $2\left(\frac{n}{C_i}-1\right)$ 个通信。因此，总协作成本可以表示为

$$E_{(S\leftrightarrow S)} = 2\left(\frac{n}{C_i} - 1\right)c \tag{6-3}$$

本章主要目的是在接受协作代价和有限存储空间的前提下最大化网络的容量。容量[8]表示每个节点每秒用来满足内容请求所使用的位数，包括它从其他节点接收的内容的量以及本地缓存中提供给用户的内容的量。由文献［196-197］可知，容量与距离之间的关系为 $C=\frac{W}{L\sqrt{n}}$，那么优化问题可以表示为

$$\max\left(C(L(C_i)) = \frac{W}{L(C_i)\sqrt{n}}\right) \tag{6-4}$$

$$\text{s.t.}\begin{cases} E_{(s\leftrightarrow s)} = 2\left(\frac{n}{C_i} - 1\right)c \leqslant E \\ C_i \leqslant n \\ \sum\limits_{i=1}^{m} C_i \leqslant ns \end{cases} \tag{6-5}$$

三个约束分别表示协作成本的最大值不能超过 E，SBS 中每个内容的备份数不能超过 SBS 的数量（每个独立内容在每个 SBS 中只能有一个备份），以及所有内容的备份数不能超过所有 SBS 的缓存空间大小的总和。另外，$L(C_i)$ 是包含 C_i 的表达式。在 6.4 节中将通过计算最优备份数来解决最小传输距离的问题。

6.3　传输距离和系统容量

由式(6-4)可以看出，容量最大化问题可以转化为传输距离最小问题。本节中需要解决的主要问题是传输距离的表示。

当一个用户向 SBS 发出内容请求时，如果 SBS 存储了该内容，则它直接向用户提供服务；否则，内容请求将被转发到协作的 SBS。因此，传输距离应包括从用户到 SBS 的距离以及从接收用户内容请求的 SBS 到其他 SBS 的距离。另外，边缘计算系统包含 m 个独立的内容，而每个 SBS 可以存储 s 个不同的内容。如果用户从邻近 SBS 请求内容，则该内容存储在 SBS 中的概率为 s/m，没有存储在 SBS 的概率为 $(m-s)/m$。通常，用户到邻近 SBS 的传输距离很小，在此省略。所以用户请求内容的传输距离可以表示为

$$L(C_i) = \sum_{i=1}^{m} L_i(C_i) = \frac{m-s}{m}\sum_{i=1}^{m}\overline{L_i(C_i)p_i} + 0(s/m) = \frac{m-s}{m}\overline{L(C_i)} \tag{6-6}$$

下一步计算从接收到用户请求的 SBS 到其他 SBS 之间的传输距离。

6.3.1 传输距离表示

令$\{X_i^1,X_i^2,\cdots,X_i^{n-1}\}$表示SBS和其他SBS之间的有序距离，即$X_i^y$表示从接收到关于第$i$个内容请求的SBS到第$y$个SBS的距离。另外，令$\overline{L_i(C_i)}$表示从没有存储用户请求的第$i$个内容的SBS到其他SBS的平均传输距离。

引理6-1 基于SBS相互协作的系统架构，从没有存储用户请求的第i个内容的SBS到其他SBS的平均传输距离可以表示为

$$E(\overline{L_i(C_i)}) = \left(\frac{s\sum_{y=1}^{n-1} X_i^y}{(m-s)C_i}\right) \tag{6-7}$$

证明 当一个用户从临近SBS请求第i个内容时，仅当SBS存储该内容，SBS才会直接向该用户提供服务；否则，SBS将把请求转发给其他SBS，即请求的内容不是SBS中缓存的s个内容之一，而是其余$m-s$个内容之一。由于每个SBS中存储s个内容，因此当SBS向其他协作的SBS发送内容请求时，在其他每个SBS中请求到该内容的概率为$s/(m-s)$。另外，由于X_i^y代表接收到第i个内容请求的SBS与第y个SBS之间的传输距离，所以请求第i个内容的传输距离可以表示为

$$E(\overline{L_i(C_i)}) = \frac{s}{m-s}X_i^1 + \frac{s}{m-s}X_i^2 + \cdots + \frac{s}{m-s}X_i^{n-1} = \frac{s\sum_{y=1}^{n-1} X_i^y}{m-s} \tag{6-8}$$

考虑到每个内容在SBS缓存中都有C_i个备份，因此SBS平均对多请求的SBS数量将变为原始数量的$1/C_i$，传输距离也将变为原始数量的$1/C_i$。例如，在本章中，有n个SBS。如果每个内容只有一个备份，则在最坏的情况下，最多可能请求$n-1$个SBS。如果每个内容都有C_i个备份，则平均最多请求$(n-1)/C_i$个SBS，用户的请求就能得到响应。所以，可以将请求第i个内容的平均传输距离重新表示为

$$E(\overline{L_i(C_i)}) = \frac{s\sum_{y=1}^{n-1} X_i^y}{(m-s)C_i} \tag{6-9}$$

定理6-1 基于SBS相互协作的系统架构，从没有存储用户请求的内容的SBS到其他SBS的传输距离可以计算为

$$E(\overline{L_i(C_i)}) = \left(\frac{s\sum_{y=1}^{n-1}\frac{1}{2\sqrt{\lambda}}}{(m-s)C_i}\right) = \frac{s(n-1)}{2\sqrt{\lambda}\,C_i(m-s)} \tag{6-10}$$

证明 由式(6-7)可知，若证式(6-10)成立，只需要计算X_i^y的值即可。对于按照泊松点过程分布的SBS，一个SBS到最近邻居SBS的平均传输距离的概率密度函数[68]可以表示为

$$f(x) = 2\pi\lambda x \cdot e^{-\lambda\pi x^2},\quad \lambda > 0 \tag{6-11}$$

在推导过程中，使用了以下相关知识：

$$\begin{cases}\Gamma(\alpha) = \int_0^{+\infty} x^{\alpha-1}e^{-x}dx \\ \Gamma(\alpha+1) = \alpha\Gamma(\alpha) \\ \Gamma\left(\frac{1}{2}\right) = \sqrt{\pi}\end{cases} \tag{6-12}$$

现需要解决$\int_0^{\infty} x^2 \cdot e^{-\lambda\pi x^2} dx$。令$t=x$，可得

$$\begin{aligned}\int_0^{\infty} x^2 \cdot e^{-\lambda\pi x^2} dx &= \int_0^{\infty} t \cdot e^{-\lambda\pi t} \frac{1}{2\sqrt{t}} dt \\ &= \frac{1}{2\lambda\pi\sqrt{\lambda\pi}} \int_0^{\infty} (\lambda\pi t)^{\frac{1}{2}} \cdot e^{-\lambda\pi t} d\lambda\pi t \\ &= \frac{1}{2\lambda\pi\sqrt{\lambda\pi}} \Gamma\left(\frac{3}{2}\right) = \frac{1}{2\lambda\pi\sqrt{\lambda\pi}} \frac{1}{2} \Gamma\left(\frac{1}{2}\right) \\ &= \frac{1}{2\lambda\pi\sqrt{\lambda\pi}} \frac{\sqrt{\pi}}{2} \end{aligned} \tag{6-13}$$

因此

$$E(X_i^y) = \int_0^{\infty} x f(x) dx = 2\pi\lambda \int_0^{\infty} x^2 \cdot e^{-\lambda\pi x^2} dx = \frac{1}{2\sqrt{\lambda}} \tag{6-14}$$

最后，将式(6-14)与引理6-1相结合可得定理6-1。

6.3.2　最小传输距离

上一小节计算了$\overline{L_i(C_i)}$的期望值，于是从一个没有存储用户请求内容的SBS到其他SBS(包括所有m个内容)的平均距离为

$$\overline{L(C_i)} = \sum_{i=1}^{m} L_i(C_i) p_i = \sum_{i=1}^{m} \frac{s(n-1)}{2\sqrt{\lambda}C_i(m-s)} p_i \tag{6-15}$$

由式(6-15)可知，除p_i和C_i外的所有参数均是常数。p_i遵循Zipf分布(已知)，为了使传输距离最小，每个内容应具有最优备份数C_i，并且每个副本应在SBS中进行合理分配。

1. 最优备份数

通过式(6-15)可以将优化目标表示为

$$\min\left(\sum_{i=1}^{m} \frac{s(n-1)}{2\sqrt{\lambda}C_i(m-s)} p_i\right) \tag{6-16}$$

$$\text{s.t.} \begin{cases} C_{(s\leftrightarrow s)} = 2\left(\dfrac{n}{C_i} - 1\right)c \leqslant E \\ C_i \leqslant n \\ \sum\limits_{i=1}^{m} C_i \leqslant ns \end{cases} \tag{6-17}$$

至此，已将最大容量问题转化为最小传输距离的问题。由于这两个问题均受缓存空间大小和协作代价的约束，因此，协作代价的最大值不能超过E，SBS中每个内容的备份数不能超过SBS的数量，并且所有内容的副本数不能超过SBS总缓存空间的大小。简而言之，两个方程中的约束保持不变。

内容备份数是计算平均传输距离的关键因素。一般而言，如果一个流行内容在缓存系统中具有更多备份，则请求该内容的用户将获得快速响应。因此，流行的内容应该获得更多缓存机会，以便大多数用户可以在较近的距离请求到内容。

定理 6-2 基于 SBS 相互协作的系统架构，最优备份数可以计算为

$$C_i = \begin{cases} 0, & p_i \leqslant 0 \\ \sqrt{\dfrac{s(n-1)p_i}{2\beta\sqrt{\lambda}(m-s)}}, & 0 < p_i < \dfrac{2\beta\sqrt{\lambda}(m-s)}{s(n-1)} \\ n, & p_i \geqslant \dfrac{2\beta\sqrt{\lambda}(m-s)}{s(n-1)} \end{cases} \tag{6-18}$$

证明 根据广义拉格朗日函数的标准形式，可以将式(6-16)与式(6-17)描述为无约束的单目标问题，即

$$\sum_{i=1}^{m} \frac{s(n-1)}{2\sqrt{\lambda}C_i(m-s)}p_i + \sum_{i=1}^{m}\alpha_i(C_i - n) + \beta\left(\sum_{i=1}^{m}C_i - ns\right) + \sum_{i=1}^{m}\kappa_i\left(2\left(\frac{n}{C_i}-1\right)c - C\right) \tag{6-19}$$

式中，α_i、β 和 κ_i 表示拉格朗日乘子。

Karush-Kuhn-Tucker(KKT)条件如下：

$$\begin{cases} \sum\limits_{i=1}^{m}\alpha_i(C_i - n) = 0, & \alpha_i \geqslant 0 \\ \beta\left(\sum\limits_{i=1}^{m}C_i - ns\right) = 0, & \beta \geqslant 0 \\ \sum\limits_{i=1}^{m}\left[\kappa_i 2\left(\dfrac{n}{C_i}-1\right)c - C\right] = 0, \kappa_i \geqslant 0 \end{cases} \tag{6-20}$$

对 C_i 求偏导可得

$$\frac{\partial \bar{L}}{\partial C_i} = \frac{-s(n-1)p_i}{2\sqrt{\lambda}C_i^2(m-s)} + \alpha_i + \beta - 2k_i nc\frac{1}{C_i^2} \tag{6-21}$$

令式(6-21)等于 0，可得

$$C_i = \sqrt{\frac{4k_i nc\sqrt{\lambda}(m-s) + s(n-1)p_i}{2(\alpha_i+\beta)\sqrt{\lambda}(m-s)}} \tag{6-22}$$

由于分配的内容数不能为负，即 $C_i \geqslant 0$，因此，结合 KKT 条件，α_i 的值为 0。假设 C_i 的值为 0，可得

$$\sqrt{\frac{4k_i nc\sqrt{\lambda}(m-s) + s(n-1)p_i}{2(\alpha_i+\beta)\sqrt{\lambda}(m-s)}} = 0 \Rightarrow p_i = 0 \tag{6-23}$$

每个内容的备份数受边缘系统中 SBS 数量的限制。当 C_i 的值为 n 且 k_i 的值为 0 时，可以获得份数的上限。结合 KKT 条件可得

$$\sqrt{\frac{4k_i nc\sqrt{\lambda}(m-s) + s(n-1)p_i}{2(\alpha_i+\beta)\sqrt{\lambda}(m-s)}} > n$$
$$\Rightarrow p_i > \frac{2\beta n\sqrt{\lambda}(m-s)}{s(n-1)} \tag{6-24}$$

且 $\alpha_i = \dfrac{s(n-1)p_i}{2n\sqrt{\lambda}(m-s)} - \beta$。

由定理(6-2)中的最优备份数可知，网络中每个独立内容的最优备份数随着流行度的变化而变化。当流行度为 0 时(即第 i 个内容从未被请求过)，该内容将不会存储在网络中。在此情况下，当用户向 SBS 请求此内容时，在每一个 SBS 中都不能检索到该内容。当内容流行度超过$\frac{2\beta n\sqrt{\lambda}(m-s)}{s(n-1)}$时，该内容在 SBS 中存储 n 个备份，这意味着网络中的每个 SBS 都存储该内容。若有用户请求此内容，则每一个 SBS 都可以响应该请求，而无须从其他 SBS 请求内容，因此传输距离为 0。当流行度取中间值时，每个内容在 SBS 中至少具有一个备份，备份数随着流行度而变化。

综上，当内容的备份数满足定理 6-2 中的条件时，用户最容易检索到需要的内容，并且传输距离最短。

2. 内容分配

完成备份数的计算后，需要根据备份数将内容存储在 SBS 中。对于第 i 个内容，它具有 C_i 个备份，因此，应在 n 个 SBS 中选择合适的 C_i 个 SBS 来存储内容，这意味着至少存在 $C_n^{C_i}$ 个分配方案。所以，很难确定哪些 SBS 存储哪些内容，即很难确定内容和 SBS 之间的映射。

基于以上考虑，本章提出一种基于节点区域的缓存方案。首先，将所有 SBS 划分为 C_i 个子区域；其次，在每个子区域中随机选择 1 个 SBS 存储第 i 个内容。由于 SBS 可以相互协作，因此，每个 SBS 平均可以服务其他(n/C_i-1)个 SBS。如果不能将 n/C_i 整除，则每个子区域中的 SBS 数量可能是$\left\lfloor\frac{n}{C_i}\right\rfloor$或$\left\lceil\frac{n}{C_i}\right\rceil$。如果 SBS 收到内容请求，但没有缓存该内容，则 SBS 将与其他(n/C_i-1)个 SBS 协作。通常，平均最多请求(n/C_i-1)个 SBS 会找到所需的内容。在算法 6-1 中，num 表示每个子区域中 SBS 的数量；r 表示 n/C_i 的余数。因此，随机选择 r 个子区域，每个子区域的 SBS 数量为$\left\lceil\frac{n}{C_i}\right\rceil$(第 05 行)，剩余的 C_i-r 个子区域分别分配了$\left\lfloor\frac{n}{C_i}\right\rfloor$(第 06 行)个 SBS。

算法 6-1　内容分配

```
n 个 SBS 服从强度为 λ 的 PPP
for i=1 to m do
    所有的 SBS 被划分为 C_i 个子区域
    r=n% C_i
    随机选择 r 个子区域，每一个子区域的 SBS 数量均为 num=ceil(n/C_i)
    剩下 C_i-r 个子区域，每一个子区域中 SBS 的数量是 num=floor(n/C_i)
     for t=1 to C_i do
         j=rand((t-1) * num, t * num)
         while SBS_j 的缓存空间 s_j=0 do
             j=rand((t-1) * num, t * num)
         end while
         SBS_j←i
         s_j←s_j-1
     end for
end for
```

6.3.3 系统容量

6.4.2 节计算了传输距离，本小节主要计算容量。

定理 6-3 基于 SBS 相互协作的系统架构，系统容量可以计算为

$$C(L(C_i)) = \frac{2W\sqrt{\lambda}m}{s(n-1)\sqrt{n}\sum_{i=1}^{m}\frac{p_i}{C_i}} \tag{6-25}$$

式中

$$C_i = \begin{cases} 0, & p_i \leqslant 0 \\ \sqrt{\frac{s(n-1)p_i}{2\beta\sqrt{\lambda}(m-s)}}, & 0 < p_i < \frac{2\beta\sqrt{\lambda}(m-s)}{s(n-1)} \\ n, & p_i \geqslant \frac{2\beta\sqrt{\lambda}(m-s)}{s(n-1)} \end{cases} \tag{6-26}$$

证明 将式(6-6)与式(6-15)结合可得

$$\begin{aligned} L(C_i) &= \sum_{i=1}^{m} L_i(C_i) = \frac{m-s}{m}\sum_{i=1}^{m}\overline{L_i(C_i)p_i} + 0(s/m) \\ &= \frac{m-s}{m}\overline{L(C_i)} = \frac{m-s}{m}\sum_{i=1}^{m}\frac{s(n-1)}{2\sqrt{\lambda}C_i(m-s)} \\ &= \frac{s(n-1)}{2\sqrt{\lambda}m}\sum_{i=1}^{m}\frac{p_i}{C_i} \end{aligned} \tag{6-27}$$

将式(6-27)代入式(6-4)可得

$$C(L(C_i)) = \frac{2W\sqrt{\lambda}m}{s(n-1)\sqrt{n}\sum_{i=1}^{m}\frac{p_i}{C_i}} \tag{6-28}$$

综上，确保内容在 SBS 中有最优备份数，并将内容合理地存储在 SBS 可以保证传输距离最小、容量最大。

6.4 实验结果与分析

本节使用 MATLAB 进行仿真实验。

6.4.1 仿真源代码说明

系统仿真实验包含三部分：①系统参数对内容备份影响；②不同备份分配基站过程；③统参数对容量的影响。分别对应 Number_Ci. m、Distribute. m、Ci_para. m 三个文件。

1. Number_Ci. m 文件

注：以下仅为系统参数基站缓存大小 s 对内容备份的影响。将 Number_Ci. m 文件内容系统自变量改为 γ 和 n 并进行遍历，即可获得对应的内容备份数量。

```
clear
Clc
%系统参数设置
Lambda = 100;                          % Lambda:poisson(Lambda)
w=1;
rr=2;
m=100;
beta=0.000001;
N = 100;
%自变量1(缓存大小)设置
s = 5;
for j = 1:m;
    jj(j) = 1 / (j^rr);
end
k = 1:1:m;
%代入通过增广拉格朗日方法所求的内容备份解
for i = 1:m
      pp(i) = 1 / (i^rr * sum(jj));
      if pp(i) == 0
          Ci(i) = 0;
      elseif pp(i) >= ((2 * beta * N * N * sqrt(Lambda) * (m - s)) / (s * (N - 1)))
          Ci(i) = N;
      else
          Ci(i) = round(sqrt((s* (N - 1) * pp(i)) / (2 * beta * sqrt(Lambda) *
(m - s))));
      end
end
figure;
markSpacing=7;
    k_marker=k(1:markSpacing:101);
    Ci_marker=Ci(1:markSpacing:101);
q1=plot(k_marker,Ci_marker,'-ob','LineWidth',2.5,'MarkerSiz',10);
%q1=plot(k,Ci,'-ob','LineWidth',2.5,'MarkerSiz',10);
hold on;
%自变量2(缓存大小)设置
s = 10;
for j = 1:m;
    jj(j) = 1 / (j^rr);
end
k1 = 1:1:m;
for i = 1:m
      pp(i) = 1 / (i^rr * sum(jj));
      if pp(i) == 0
          Ci(i) = 0;
      elseif pp(i) >= ((2 * beta * N * N * sqrt(Lambda) * (m - s)) / (s * (N - 1)))
          Ci(i) = N;
      else
          Ci(i) = round(sqrt((s * (N - 1) * pp(i)) / (2 * beta * sqrt(Lambda) *
```

```
(m - s))));
            end
      end
      markSpacing=7;
         k1_marker=k1(1:markSpacing:101);
         Ci_marker=Ci(1:markSpacing:101);
      q2=plot(k1_marker,Ci_marker,'-sr','LineWidth',2.5,'MarkerSiz',10);
      hold on;
      %自变量3(缓存大小)设置
      s = 15;
      for j = 1:m
          jj(j) = 1 / (j^rr);
      end
      k2 = 1:1:m;
      for i = 1:m
            pp(i) = 1 / (i^rr * sum(jj));
            if pp(i) == 0
               Ci(i) = 0;
            elseif pp(i) >= ((2 * beta * N * N * sqrt(Lambda) * (m - s)) / (s * (N - 1)))
               Ci(i) = N;
            else
               Ci(i) = round(sqrt((s * (N - 1) * pp(i)) / (2 * beta * sqrt(Lambda) *
(m - s))));
            end
      end
      markSpacing=7;
         k2_marker=k2(1:markSpacing:101);
         Ci_marker=Ci(1:markSpacing:101);
      q3=plot(k2_marker,Ci_marker,'-dy','LineWidth',2.5,'MarkerSiz',10);
      holdon;
      gridon;
      axis([0 100 0 110]);
      xlabel('m','FontSize',15,'FontWeight','bold','Fontname', 'Times New Roman
','FontAngle','italic');
      ylabel('C_i','FontSize',15,'FontWeight','bold','Fontname', 'Times New
Roman','FontAngle','italic');
      l=legend([q1,q2,q3],'s=5','s=10','s=15');
      set(l,'Fontname', 'Times New Roman','FontSize',15,'LineWidth',2);
      set(gca,'Fontname', 'Times New Roman','FontSize',15,'FontWeight','bold',
'LineWidth',2);
```

2. Dstribute. m 文件

```
clc;
clear;
%-PPP 作图
Lambda = 100;                          % Lambda:poisson(Lambda)
LambdaL = 100;
i=40;
r=2;
m=200;                                 %200 个网络独立内容
s=5;
```

```
beta=0.000001;
Banjing = 15;
v = exp(-Lambda);
u = unifrnd(0,1);
N = 0;                                %基站初始数量
while u >= v
    u = u*unifrnd(0,1);
    N=N+1;
end
fprintf('基站数量%d',N);
vv = exp(-LambdaL);
uu = unifrnd(0,1);
NN = 0;                               %用户初始数量
while uu >= vv
    uu = uu*unifrnd(0,1);
    NN=NN+1;
end
fprintf('用户数量%d',NN);
a = 0;c = 0;b = 100;d =100;
M = N;
while N > 0
    N = N-1;
    u1 = unifrnd(0,1);
    A(M-N) = (b-a)*u1;
    u2 = unifrnd(0,1);
    B(M-N) = (d-c)*u2;
    figure(1)
    plot(A(M-N),B(M-N),'rs');
    hold on;
end
MM = NN;                              % 用户数
while NN > 0
    NN = NN-1;
    uu1 = unifrnd(0,1);
    AA(MM-NN) = (b-a)*uu1;
    uu2 = unifrnd(0,1);
    BB(MM-NN) = (d-c)*uu2;
    figure(2)
    plot(AA(MM-NN),BB(MM-NN),'k.','markersize',5);
    holdon;
end
% 根据流行度计算分区数 Ci
%步骤一网络服务的流行度以及请求概率,m 个网络独立内容,r 为 zip 分布指数
for j = 1:m
    jj(j) = 1 / (j^r);
end
pp = 1 / (i^r * sum(jj));
```

```
if pp <= 0
    Ci = 0;
elseif pp >= ((2 * beta  *M * M* sqrt(Lambda) * (m - s)) / (s * (M - 1)))
    Ci = M;
else
    Ci = round(sqrt((s * (M - 1) * pp) / (2 * beta * sqrt(Lambda) * (m - s))));
end
yushu =rem(M, Ci);
aaa = 1:Ci;
bbb = aaa(randperm(Ci,yushu));
for CiIndex = 1:Ci
    PointNumber(CiIndex) = floor(M / Ci);
end
for yu = 1:yushu
    ccc = bbb(yu);
    PointNumber(ccc) = PointNumber(ccc) + 1;
end
juli1 = sqrt(A.*A + B.*B);         %计算所有点到原点的距离
index = 0;
for p1 = 1:Ci
    minjuli = min(juli1);          %获取离原点最近的点的距离
    indexminjuli = find(juli1 == minjuli);     %获取最近点的下标
    xindex = A(indexminjuli);  %获取最近点的 x 坐标
    yindex = B(indexminjuli);  %获取最近点的 y 坐标
    juli2 = sqrt((A - xindex) .* (A - xindex) + (B - yindex) .* (B - yindex));
                                   %计算所有点与当前最近点的距离
    for p4 = 1:index               %如果节点已经被选中,则将其对应的距离改为 inf
        index2 = pointindex2(p4);
        juli2(index2) = inf;
    end
    for p2 = 1:PointNumber(p1) %每一备份需要的基站节点数量
        pointjuli = min(juli2);
        pointindex = find(juli2 == pointjuli);
        pointx = A(pointindex);
        pointy = B(pointindex);
        area(p1).pointx(p2) = pointx;
        area(p1).pointy(p2) = pointy;
        area(p1).pointindex(p2) = pointindex;
        area(p1).juli(p2) = juli2(pointindex);
        index = index + 1;
        pointindex2(index) = pointindex;         %在 juli2 中变成 inf 的下标序列
        juli2(pointindex) = inf;
        juli1(pointindex) = inf;
    end
    %画蓝色小基站分区连线
    figure(2)
    dt1 = area(p1).pointx(:);  %每一备份的区域内节点(如 14 个节点)横坐标
```

```
    dt2 = area(p1).pointy(:);  %每一备份的区域内节点纵坐标
    r(p1) = ceil(rand * PointNumber(p1));  %随机选取 p1 每一备份区域内一个节点索引
    dt3 = dt1(r(p1));              %取 p1 备份区域内一个节点索引横坐标
    dt4 = dt2(r(p1));              %取 p1 备份区域内一个节点索引纵坐标
    if PointNumber(p1) >= 3
       dt = delaunayTriangulation(dt1,dt2);
       k = convexHull(dt);
       plot(dt1,dt2,'ro', 'markersize',6);
       hold on;
       plot(dt3,dt4,'bh','markersize',10);
       hold on;
      plot(dt1(k), dt2(k),'k');
       hold on;
    elseif PointNumber(p1) == 2
       plot(dt1,dt2,'ro', 'markersize',6);
       hold on;
       plot([dt1(1),dt1(2)],[dt2(1),dt2(2)]);
       hold on;
       plot(dt3,dt4,'bh','markersize',10);
       hold on;
    else
       plot(dt3,dt4,'bh','markersize',10);
       hold on;
    end
end
%用户请求服务
YonghuIndex =ceil(rand*length(AA));              % 获取随机选择用户下标
YonghuX = AA(YonghuIndex);      % 获取随机选择用户 x 坐标
YonghuY = BB(YonghuIndex);      % 获取随机选择用户 y 坐标
q3(1)=plot(YonghuX,YonghuY,'g.','markersize',15,'LineWidth',6);
                                %将选中的用户标成绿点
juli3 = sqrt((A - YonghuX) .* (A - YonghuX) + (B - YonghuY) .* (B - YonghuY));
                                % 计算所有基站到该用户的距离
minjuli3 = min(juli3);          % 获取离用户最近的基站的距离
if minjuli3 <= Banjing
    JizhanIndex = find(juli3 == minjuli3);     % 获取最近点的下标
    JizhanX = A(JizhanIndex);
    JizhanY = B(JizhanIndex);
    XPoint = [YonghuX, JizhanX];
    YPoint = [YonghuY, JizhanY];
    plot(XPoint, YPoint);
    hold on;
else
    fprintf('该用户不在基站覆盖范围内');
   end
% 找到当前基站的区域下标,该区域蓝基站下标和坐标以及当前基站的下标和坐标
for p3 = 1:Ci
```

```
        for p5 = 1:PointNumber(p3)
            if JizhanIndex == area(p3).pointindex(p5)
                QuyuIndex = p3;                    % 所分区域下标
                QuyuLanJizhanIndex = r(p3);        % 蓝基站的区域下标
                LanJizhanX = area(p3).pointx(QuyuLanJizhanIndex);   % 蓝基站的 x
                LanJizhanY = area(p3).pointy(QuyuLanJizhanIndex);   % 蓝基站的 y

                QuyuCurrentJizhanIndex = p5;       % 当前基站的区域下标
                CurrentJizhanX = JizhanX;          % 当前基站的 x
                CurrentJizhanY = JizhanY;          % 当前基站的 y
            end
        end
    end
    index3 = 0;
    Xian = 0;
    while QuyuCurrentJizhanIndex ~ = QuyuLanJizhanIndex
        %计算所有点到该基站距离
        juli4 = sqrt((area(QuyuIndex).pointx - CurrentJizhanX) .* (area(QuyuIn-
dex).pointx - CurrentJizhanX) + (area(QuyuIndex).pointy - CurrentJizhanY) .*
(area(QuyuIndex).pointy - CurrentJizhanY));
        juli4(find(juli4 == 0)) = inf;             % 排除该基站本身
        for p6 = 1:index3   %如果一个点已经被选中,则将其对应的距离改为 inf
            index4 = YiyongJizhan(p6);
            juli4(index4) = inf;
        end
        NextJizhanIndex = find(juli4 == min(juli4)); %获取下一跳基站的下标,即距离
当前基站最近的基站下标
        Fanwei = 0;
        for p7 = 1:length(juli4)
            if juli4(p7) <= Banjing
                Fanwei = Fanwei +1;
                FanweiNeiIndex(Fanwei) = p7;       % 获得范围内基站的区域下标
                FanweiNeiX(Fanwei) = area(QuyuIndex).pointx(p7);
                FanweiNeiY(Fanwei) = area(QuyuIndex).pointy(p7);
            end
        end
        if Fanwei == 0
            fprintf('没有基站在当前基站范围内');
            break;
        end
        %计算范围内基站到蓝基站的距离
        juli5 = sqrt((FanweiNeiX - LanJizhanX) .* (FanweiNeiX - LanJizhanX) +
(FanweiNeiY - LanJizhanY) .* (FanweiNeiY - LanJizhanY));
        minjuli5 = min(juli5);      %范围内基站离蓝基站最近的距离
        FanweiIndex = find(juli5 == minjuli5);     %范围内离蓝基站最近的基站下标
        NextJizhanIndex = FanweiNeiIndex(FanweiIndex);  %下一跳基站的区域下标
        NextJizhanX = area(QuyuIndex).pointx(NextJizhanIndex); %下一跳基站的 x
```

```
    NextJizhanY = area(QuyuIndex).pointy(NextJizhanIndex); %下一跳基站的 y
    XPoint = [CurrentJizhanX, NextJizhanX];
    YPoint = [CurrentJizhanY, NextJizhanY];
    plot(XPoint, YPoint);
    holdon;
    Xian = Xian + 1;
    index3 = index3 + 1;
    YiyongJizhan(index3)=QuyuCurrentJizhanIndex;%该基站已经连线过,记录下下标
    QuyuCurrentJizhanIndex = NextJizhanIndex;   %将下一跳基站下标作为当前基站下标
    CurrentJizhanX = NextJizhanX;               %将下一跳基站 x 作为当前基站 y
    CurrentJizhanY = NextJizhanY;               %将下一跳基站 y 作为当前基站 y
End
```

3. Ci_para. m 文件

注：以下仅为系统参数 m 个网络独立内容对容量的影响。将 Ci_para. m 文件内容系统自变量改为 λ、*s* 和 Zipf index 并进行遍历，即可获得对应的系统容量。

```
clear
clc
w=100;
Lambda = 100;
s = 5;
rr=1;

MaxIndependent=4;
for independent=1:1:MaxIndependent;
    i = 0;
    for m = 200:5:300                                          %200 个服务
        i = i + 1;
        x1(i) = m;
        Lm(i) = ValueFunctionRandom(50);                       %欧几里得距离
        ccc1(i)=log2(w/(sqrt(100)*Lm(i)));
    end
    ccc1Independent(independent,:)=ccc1;

    i = 0;
    for m = 200:5:300
        i = i + 1;
        x2(i) = m;
          Lm(i) = ValueFunctionUniformDen(m,s,Lambda,rr); %欧几里得距离
        ccc2(i)=log2(w/(sqrt(100)*Lm(i)));
    end
    ccc2Independent(independent,:)=ccc2;
    i = 0;
    for m = 200:5:300
        i = i + 1;
        x3(i) = m;
        Lm(i) = ValueFunctionUniformOne(m,s,Lambda,rr);   %欧几里得距离
```

```
        ccc3(i)=log2(w/(sqrt(100)*Lm(i)));
    end
    ccc3Independent(independent,:)=ccc3;
end
ccc1mean=mean(ccc1Independent,1);
ccc2mean=mean(ccc2Independent,1);
ccc3mean=mean(ccc3Independent,1);
box on;
grid on;
hold on;
q1(1)=plot(x1,ccc1mean,'-or','LineWidth',2);
q2(1)=plot(x2,ccc2mean,'-sb','LineWidth',2);
q3(1)=plot(x3,ccc3mean,'-dy','LineWidth',2);
xlabel('m','FontSize',20,'FontWeight','bold','Fontname', 'Times New Roman',
'FontAngle','italic');
ylabel('log_2C(L)','FontSize',20,'FontWeight','bold','Fontname', 'Times
New Roman','FontAngle','italic');
l=legend([q1(1),q2(1),q3(1)],'Proposed method','Qiu-Cao(2017)','Qiu-Cao
(2016)');
set(l,'Fontname', 'Times New Roman','FontSize',15,'LineWidth',2);
set(gca,'Fontname', 'Times New Roman','FontSize',15,'FontWeight','bold',
'LineWidth',2);
```

6.4.2 内容备份数和分配过程

由于内容服从 Zipf 分布，因此内容流行度从第一个到最后一个越来越低。各个参数对内容备份数的影响如图 6-3 所示，备份数从第一个内容到最后一个内容逐渐减少。不难发现，仅前几个内容具有较多备份数，其余内容具有相对较少的备份数。这反映了一个事实，即大多数用户请求的内容集中在少数流行内容上。而剩余的内容被可能只被少部分用户请求或不是经常被请求。

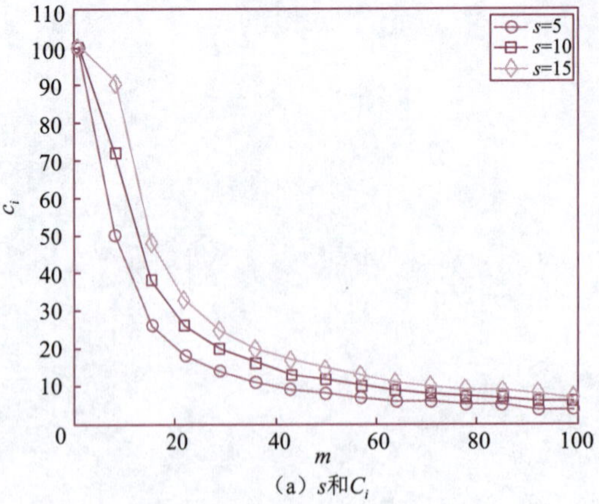

(a) s和C_i

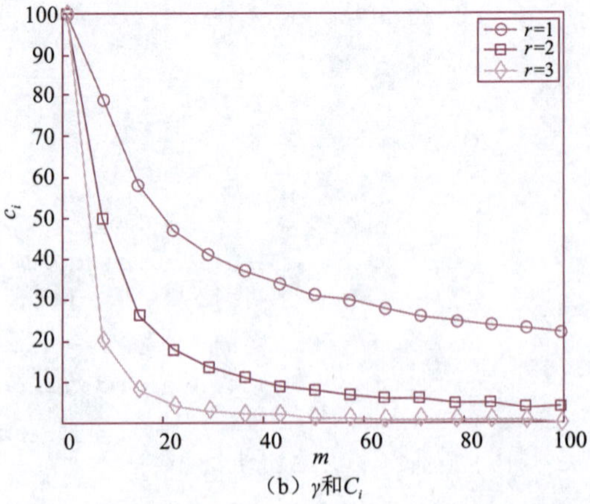

(b) γ和C_i

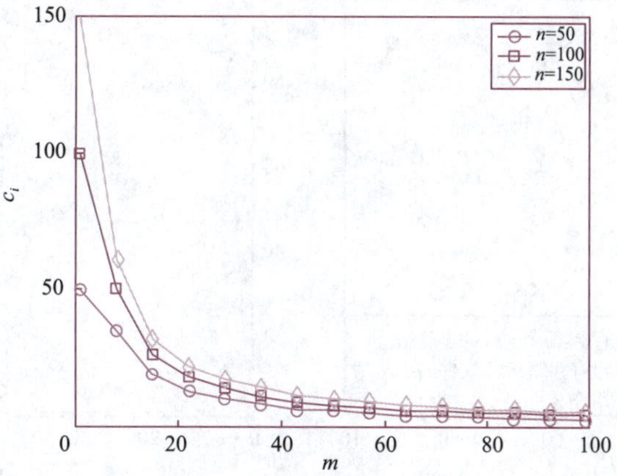

（c）n和C_i

图 6-3　各个参数对备份数的影响

图 6-3(a)展示了 SBS 缓存空间大小对备份数的影响，其中 $m=100$，$n=100$。从中可以看出，SBS 的缓存空间越大，备份数越多。这主要是因为随着缓存空间的增大，SBS 可以存储更多不同的内容。图 6-3(b)分析了 Zipf 指数对备份数的影响，其反映了内容流行度之间的偏度。Zipf 指数越大，峰值越大，最流行的内容与最不流行内容之间的差值越大。由于备份数由流行度决定，因此当 Zipf 指数较小时(如 $\gamma=1$)，受欢迎的内容和不受欢迎的内容之间的备份数差异很小，反之亦然。另外，备份数与 SBS 的数量呈正相关。由于更多的 SBS 可以存储内容，所以从图 6-3(c)中可以看出内容副本量随着 SBS 数量的增加而增加。SBS 增多，意味着将会有更多 SBS 缓存内容，必然会引起内容备份数的增多。

图 6-4 表示第 i 个内容的分布，其中 $m=200$，$\alpha=3$，$N_0=2$。在模拟环境中，所有 SBS 和用户都在 100×100 的区域内遵循 PPP，用户选择最近的 SBS 请求内容。如果所请求的 SBS 没有缓存该内容，则将请求转发给区域内协作的 SBS。当 SINR 大于阈值时，内容可以成功传输。通过本章的理论分析，将所有 SBS 划分为 C_i 个子区域，并在每个子区域中选择一个 SBS 来存储第 i 个内容，保证每一个子区域内都有一个 SBS 缓存第 i 个内容。

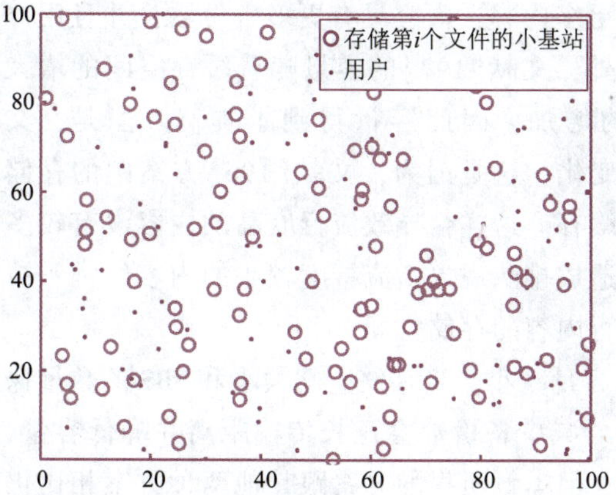

（a）i=1

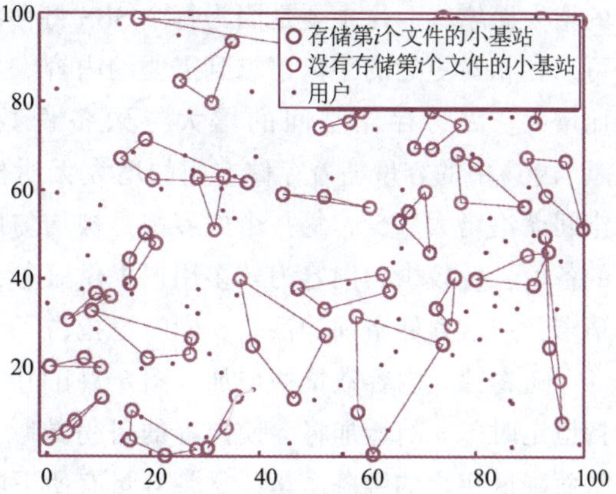

（b）i=10

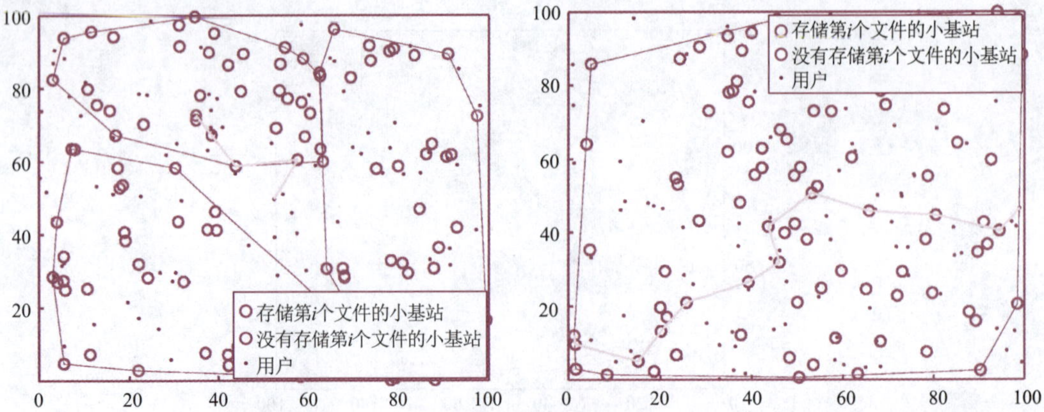

（c）i=100　　（d）i=200

图 6-4　第 i 个内容的分布

以 200 个内容中的 4 个为例来说明内容在 SBS 中的分配情况。内容分配的具体过程如下。当 i =1 时，如图 6-4(a)所示，内容的副本数为 100(SBS 的数量)，即所有 SBS 都存储该内容。如果用户请求该内容，随便请求一个邻近的 SBS 都缓存了该内容。当 i=10 时，备份数为 29，表示整个仿真区域可以分为 29 个子区域，每个子区域具有 3 个或 4 个 SBS。对于第 100 个内容，其流行度相对较小，该内容的备份数为 3。在最坏的情况下，该请求将转发到 33 或 34(100/3)个 SBS 才能检索到需要的内容。由于最后一个内容的流行度较低，所有的 SBS 中只有一个备份。在这种情况下，传输距离很大。这表明，随着内容流行度的降低，备份数越来越少，传输距离将越来越大。然而，由于不流行的内容仅被少量的用户请求，甚至不被请求，大部分用户请求的是流行度较高的内容，因此，提出的方案总体性能良好，用户体验质量较高。

6.4.3　容量分析

图 6-5 展示了各个参数对系统容量的影响，其中容量是取 4 次运行结果的平均值的对数。图 6-5(a)显示了 SBS 存储空间大小对容量的影响，从中可以看出，容量随着存储空间的增大而增大，这主要是因为每个 SBS 将存储更多内容，内容具有更多备份数，并且用户可以在相对更近的距离请求到需要的内容。另外，文献[197]的容量随着缓存空间的增大而增大。因为存储空间的增大导致备份数的增加，因此容量得到了提高。但是，文献[196]中的容量随着存储空间的增大无明显变化。这是因为，文献[196]方案中的存储空间无论增大多少，每一个内容都是被均匀地缓存。这样会导致流行度高的内容没有较多的备份，使较少的内容为较多用户提供服务，造成排队现象；流行度较小的内容经常不被请求，造成存储空间的浪费，同时也抢占了流行内容的存储空间。

随着独立内容数量的增加，图 6-5(b)中的容量减小。当存储空间大小和 SBS 的数量保持恒定时，m 的增加将会使内容的备份数减少。减少备份数会延长传输距离并降低容量，从而降低用户的服务质量。尽管容量有所下降，但本章所提的方案跟其他两种方案相比仍具有明显的优势。

图 6-5(c)显示了 Zipf 指数对容量的影响。本章提出方案的容量和文献[197]中的容量

都随着 Zipf 指数的增加而增加。因为所有的内容都被均匀缓存，故文献[196]中的容量不受 Zipf 指数的影响。

图 6-5(d)分析了容量随 PPP 强度的变化情况。由于 SBS 遵循 PPP 分布，因此 n 的值与 λ 的值直接相关，即从 n 和 λ 两个方面分析容量的值。首先，在 SBS 遵循 PPP 分布的前提下，从 SBS 到其最近 SBS 的平均距离为 $1/(2\sqrt{\lambda})$。λ 的增加意味着传输距离减小和容量增加。其次，n 的增加表示用户可能需要请求更多 SBS 才能请求到内容，从而导致容量减少，两者表现出相反的性能。其他两个方案中的节点不遵循 PPP，因此系统容量不受影响。

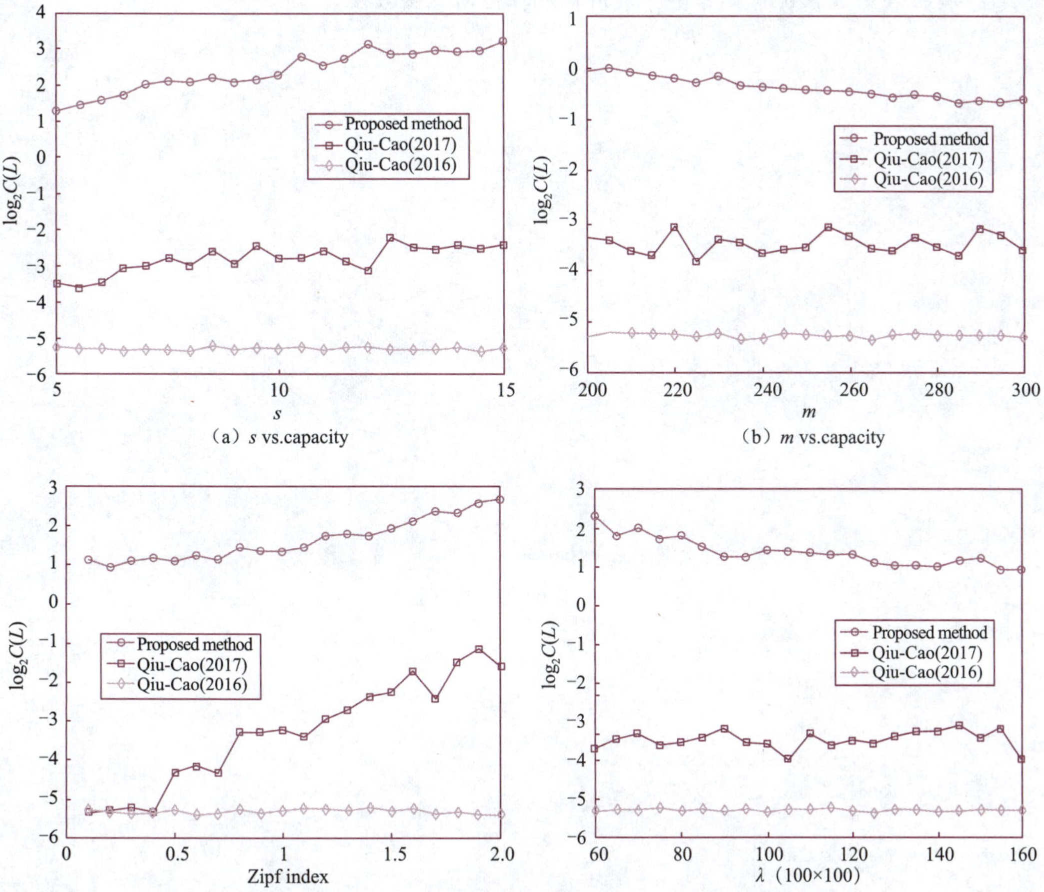

（a）s vs.capacity　（b）m vs.capacity

（c）Zipf index vs.capacity　（d）λ vs.capacity

图 6-5　容量的对比

综上，与其他经典方案相比，本章提出的方案表现出明显的优越性。

小　结

本章假设 SBS 服从 PPP 分布，针对缓存问题计算出移动边缘缓存系统的容量，将容量问题转化为传输距离问题，通过使用拉格朗日乘数法和 KKT 条件计算出内容最优备份数；然后，根据最优备份数，提出一种分区的缓存方案，以保证用户可以在相对较近的距离请求到需要的内容，结合内容最优备份数以及提出的缓存方案，计算出移动边缘缓存系统的容量；最后使用 MATLB 工具进行仿真实验，分析了拷贝数、内容在 SBS 中的分布以及容量的变化。仿真结果表明本章提出的方案可以明显提升移动边缘缓存系统的容量，具有一定的实用性。

习题

1. 描述系统架构中的容量概念。
2. 模拟在云边系统求解容量，采用标准拉格朗日函数法。

第 7 章 云边系统部署与配置

随着物联网和边缘计算技术的发展，云计算的中心化模式已经逐渐不能满足日益增长的数据处理需求。 各种行业对于实时性、带宽消耗和数据隐私的要求推动了边缘计算的兴起，特别是在工业自动化、智能城市、无人驾驶等领域。在此背景下，KubeEdge 作为一个开源的云边协同系统，以其先进的架构和强大的功能，确保了云端和边缘端之间的协同工作。本章在介绍 KubeEdge 基本概念和工作原理的基础上，详细阐述了 KubeEdge 系统的环境安装过程，并进行了必要的配置以实现高效的云边协同。此外，本章也进行了实际应用示例的演示，展示了 KubeEdge 云边系统的运作过程。

本章知识导图

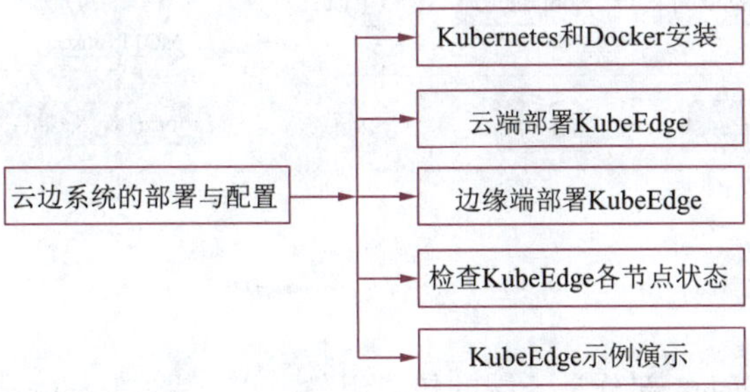

学习目标

1. 了解 KubeEdge 云边系统的基本概念。

2. 深入理解 KubeEdge 的系统架构和工作原理，包括其主要组件以及组件之间的关系。

3. 掌握 KubeEdge 系统的部署与基础配置，包括环境部署，安装必要的组件、服务部署和管理，并能够在实践中灵活解决部署过程中遇到的实际问题。

4. 通过学习本章提供的示例演示，学会分析 KubeEdge 云边系统在实际应用中的工作原理，能够从示例中获取部署实际应用的相关实践经验。

7.1 Kubernetes 和 Docker 安装

KubeEdge 是一个开源的云边系统，它能够将本地容器化的业务流程和设备管理扩展到边缘节点上。该系统基于 Kubernetes 构建，为网络应用程序提供基础架构，并支持 MQTT 协议。开发人员可以使用自定义逻辑实现在边缘节点上受限资源设备之间的通信。KubeEdge 通过云边协同、边缘侧的自治能力，使得更多的应用能够受益于边缘计算的优势，其系统架构如图 7-1 所示。

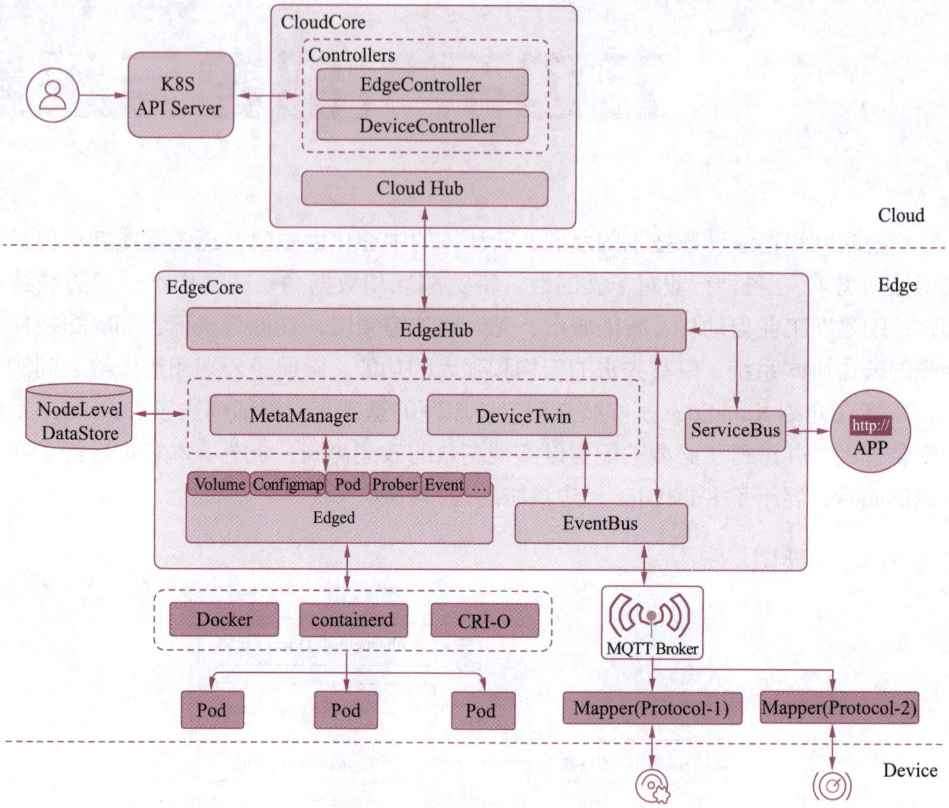

图 7-1 KubeEdge 系统架构

KubeEdge 的 Cloudcore 部分是云端的核心组件，以下是 CloudCore 的主要模块。

- EdgeController：使用 Kubernetes 扩展控制器来管理边缘节点和 pod 元数据。
- DeviceController：在云端对设备进行管理，包括设备注册、元数据同步以及设备状态更新等。
- CloudHub：作为 Controller 和 Edge 端之间的中介，负责下行分发消息，同时也负责接收并发送边缘节点上行消息。

KubeEdge 的 EdgeCore 部分是边缘端的核心组件，以下是 EdgeCore 的主要模块。

- Edged：在边缘节点上运行并管理容器化应用程序。该模块通过精简 kubelet 不必要的部分，使其更适合在边缘环境中运行。
- EdgeHub：在边缘节点之间进行通信。其从 CloudHub 接收消息，然后通过 WebSocket/QUIC 将缓存的数据发送给边缘节点。
- MetaManager：存储和管理边缘节点的元数据信息。
- DeviceTwin：管理和同步边缘节点上的设备状态信息。

• EventBus：在边缘节点之间传递事件消息。

• ServiceBus：负责在边缘节点之间提供网络通信服务。

本章将介绍如何在 CentOS 7.9 系统上搭建 Kubernetes 和 KubeEdge 环境，以实现云边系统的部署和配置。部署过程中需要的环境配置和环境依赖见表 7-1 和表 7-2。

表 7-1 云边系统环境配置参数

角　色	系统版本	IP
master	CentOS 7.9	192.168.43.131
edgenode1	CentOS 7.9	192.168.43.132
edgenode2	CentOS 7.9	192.168.43.133

表 7-2 云边系统相关环境依赖

环境依赖	版本号
Kubernetes	1.21.3
Docker	20.10.21
Kubeedge	1.12.1
Golang	1.17.0

下面介绍如何在云端安装 Kubernetes 集群，并在云端和边缘端安装 Docker 容器。在云端节点和边缘节点中执行以下安装过程。

1. 检查操作系统的版本和更改 yum 源

(1) 备份 yum 配置文件：

```
# mv /etc/yum.repos.d/CentOS-Base.repo  /etc/yum.repos.d/CentOS-Base.repo.backup
```

(2) 下载阿里云 yum 源配置文件：

```
# sudo wget -O /etc/yum.repos.d/CentOS-Base.repo http://mirrors.aliyun.com/repo/Centos-7.repo
```

(3) 清理 yum 缓存：

```
# yum clean all
# yum makecache
```

2. 主机名解析

为了方便集群节点间的直接调用，需要配置主机名解析。

(1) 主机名更改：

```
hostnamectl set-hostname master
hostnamectl set-hostname edgenode1
hostnamectl set-hostname edgenode2
```

(2) 主机名解析：编辑三台服务器的/etc/hosts 文件，添加下面内容。

```
192.168.43.131 master
192.168.43.132 edgenode1
192.168.43.133 edgenode2
```

3. 时间同步

Kubernetes 要求集群中的节点时间必须精确，这里使用 chronyd 服务网络同步时间。

```
#启动chronyd服务
[root@ master ~]# systemctl start chronyd
[root@ master ~]# systemctl enable chronyd
[root@ master ~]# date
```

4. 禁用 firewalld 和 iptables 服务

Kubernetes 和 Docker 在运行中会产生大量的 iptables 规则，为了不让系统规则跟它们混淆，直接关闭系统 iptables 规则。

(1)关闭 firewalld 服务：

```
[root@ master ~]# systemctl stop firewalld
[root@ master ~]# systemctl disable firewalld
```

(2)关闭 iptables 服务：

```
[root@ master ~]# systemctl stop iptables
[root@ master ~]# systemctl disable iptables
```

5. 禁用 selinux

selinux 是 linux 系统下的一个安全服务，如果不关闭它，在安装集群中会产生各种各样的问题。

```
[root@ master ~]# sed -i 's/enforcing/disabled/' /etc/selinux/config
```

6. 禁用 swap 分区

swap 分区是 Linux 系统中用于虚拟内存的分区，当物理内存不足时，系统会将一部分不常用的数据存储到 swap 分区中，从而释放物理内存。然而，由于 swap 分区使用的是磁盘存储，其读写速度远低于物理内存，因此启用 swap 设备会对系统性能产生负面影响。

Kubernetes 要求每个节点都要禁用 swap 设备，以确保集群的稳定性和性能。如果因为某些原因确实不能关闭 swap 分区，就需要在集群安装过程中通过明确的参数进行配置说明。

编辑分区配置文件/etc/fstab，注释掉 swap 分区一行

```
vim /etc/fstab
```

注释掉 /dev/mapper/centos-swap swap：

7. 修改 linux 的内核参数

修改 linux 的内核采纳数，添加网桥过滤和地址转发功能。

(1)编辑/etc/sysctl.d/kubernetes.conf 文件，添加如下配置：

```
net.bridge.bridge-nf-call-ip6tables = 1
net.bridge.bridge-nf-call-iptables = 1
net.ipv4.ip_forward = 1
```

(2)重新加载配置：

```
[root@ master ~]# sysctl -p
```

(3)加载网桥过滤模块：

```
[root@ master ~]# modprobe br_netfilter
```

(4)查看网桥过滤模块是否加载成功：

```
[root@ master ~]# lsmod |grep br_netfilter
```

8. 配置 ipvs 功能(可选)

在 Kubernetes 中，Service 有两种网络模型：基于 iptables 和基于 ipvs。如果比较两者的性能，ipvs 明显要优于 iptables，因为它提供了更高的性能和可扩展性。然而，如果要使用 ipvs，需要手动加载 ipvs 模块。

(1)安装 ipset 和 ipvsadm：

```
[root@ master ~]# yum install ipset ipvsadm -y
```

(2)添加需要加载的模块写入脚本文件：

```
[root@ master ~]# cat <<EOF> /etc/sysconfig/modules/ipvs.modules
#! /bin/bash
modprobe -- ip_vs
modprobe -- ip_vs_rr
modprobe -- ip_vs_wrr
modprobe -- ip_vs_sh
modprobe -- nf_conntrack_ipv4
EOF
```

(3)为脚本添加执行权限：

```
[root@ master ~]# chmod +x /etc/sysconfig/modules/ipvs.modules
```

(4)执行脚本文件：

```
[root@ master ~]# /bin/bash /etc/sysconfig/modules/ipvs.modules
```

(5)查看对应的模块是否加载成功：

```
[root@ master ~]# lsmod |grep -e ip_vs -e nf_conntrack_ipv4
```

ipvs 配置成功状态图 7-2 所示。

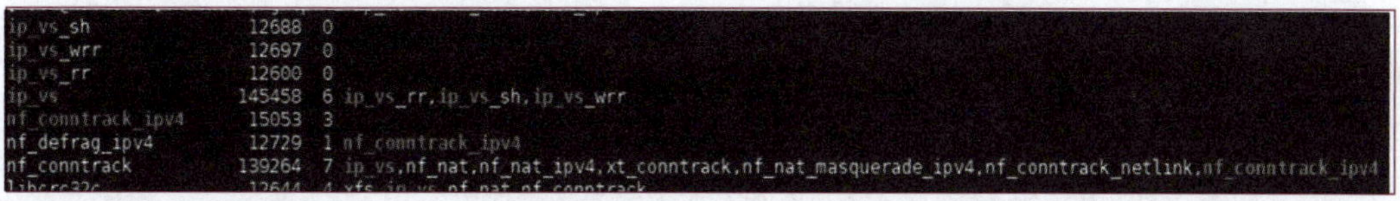

图 7-2　ipvs 配置成功状态

9. 安装 Docker

(1)切换镜像源、安装需要配置文件：

```
[root@ master ~]# yum -y install gcc-c++
[root@ master ~]# yum install -y yum-utils
[root@ master ~]# yum -y update
[root@ master ~]# yum-config-manager --add-repo http://mirrors.aliyun.com/
docker-ce/linux/centos/docker-ce.repo
[root@ master ~]# yum makecache fast
```

(2)查看当前镜像源中支持的 Docker 版本：

```
[root@ master ~]# yum list docker-ce -showduplicates
```

(3)安装特定版本的 docker-ce：

```
#必须制定--setopt=obsoletes=0,否则 yum 会自动安装更高版本
[root@ master ~]# yum -y install docker-ce-20.10.21
```

(4)添加一个配置文件：

```
[root@ master ~]# mkdir /etc/docker
[root@ master ~]# cat <<EOF> /etc/docker/daemon.json
{
     "exec-opts": ["native.cgroupdriver=systemd"],
     "registry-mirrors": ["https://kn0t2bca.mirror.aliyuncs.com"]
}
EOF
```

(5)启动 docker：

```
[root@ master ~]# systemctl restart docker
[root@ master ~]# systemctl enable docker
```

10. 安装 Kubernetes 组件(仅在 master 节点)

(1)由于 Kubernetes 的镜像在国外，速度比较慢，因此需要切换成国内的镜像源：

```
[root@ master ~]# cat > /etc/yum.repos.d/kubernetes.repo << EOF
[kubernetes]
name=Kubernetes
baseurl=https://mirrors.aliyun.com/kubernetes/yum/repos/kubernetes-el7-x86_64
enabled=1
gpgcheck=0
repo_gpgcheck=0
gpgkey = https://mirrors. aliyun. com/kubernetes/yum/doc/yum-key. gpg https://mirrors.aliyun.com/kubernetes/yum/doc/rpm-package-key.gpg
EOF
```

(2)安装 kubeadm、kubelet 和 kubectl：

```
[root@ master ~]# yum -y install kubelet-1.21.3 kubeadm-1.21.3 kubectl-1.21.3
```

(3)配置 kubelet 的 cgroup：

```
#编辑/etc/sysconfig/kubelet，添加下面的配置
KUBELET_CGROUP_ARGS="--cgroup-driver=systemd"
KUBE_PROXY_MODE="ipvs"
```

(4)设置 kubelet 开机自启：

```
[root@ master ~]# systemctl enable kubelet
```

11. 准备集群镜像(网络情况不好情况下可提前准备)

(1)在安装 Kubernetes 集群之前，必须要提前准备好集群需要的镜像，所需镜像通过下面命令查看，查看版本。

```
[root@ master ~]# kubeadm config images list
```

(2)此镜像 Kubernetes 的仓库中，如果因为网络原因，无法连接，下面提供了一种替换方案。

```
images=(
       kube-apiserver:v1.21.3
```

```
        kube-controller-manager:v1.21.3
        kube-scheduler:v1.21.3
        kube-proxy:v1.21.3
        pause:3.4.1
        etcd:3.4.13-0
        coredns:1.8.0
    )
    for imageName in ${images[@]};do
        docker pull registry.cn-hangzhou.aliyuncs.com/google_containers/
$imageName
        docker tag registry.cn-hangzhou.aliyuncs.com/google_containers/
$imageName k8s.gcr.io/$imageName
        docker rmi registry.cn-hangzhou.aliyuncs.com/google_containers/
$imageName
    done
```

12. 集群初始化(仅 mater 节点)

(1)创建集群：

```
[root@ master ~]# kubeadm init \
      --apiserver-advertise-address=192.168.43.131 \  #这里是 IP 地址
      --image-repository registry.aliyuncs.com/google_containers \
      --kubernetes-version=v1.21.3 \
      --service-cidr=10.96.0.0/12 \
      --pod-network-cidr=10.244.0.0/16 \
```

(2)创建必要文件：

```
[root@ master ~]# mkdir -p $HOME/.kube
[root@ master ~]# sudo cp -i /etc/kubernetes/admin.conf $HOME/.kube/config
[root@ master ~]# sudo chown $(id -u):$(id -g) $HOME/.kube/config
[root@ master ~]# kubectl get nodes
```

由于此时还没有安装网络插件，所以节点状态是 NotReady，如图 7-3 所示。

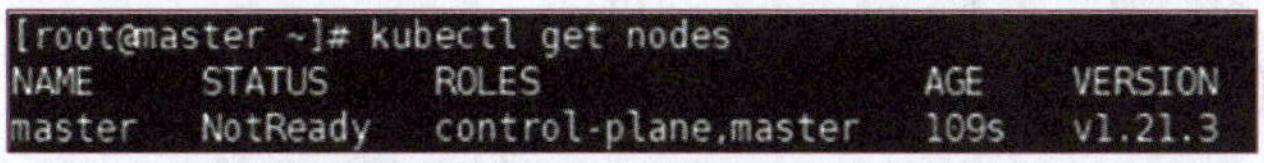

```
[root@master ~]# kubectl get nodes
NAME     STATUS     ROLES                  AGE    VERSION
master   NotReady   control-plane,master   109s   v1.21.3
```

图 7-3　Master 节点 NotReady 状态

13. 安装网络插件(仅 master 节点)

(1)下载配置文件(网络不好情况下，可提前下载好)

```
[root@ master ~]# curl https://docs.projectcalico.org/manifests/calico.yaml -O
```

(2)安装网络插件

```
[root@ master ~]# kubectl apply -f calico.yaml
```

配置网络插件后节点状态如图 7-4 所示。

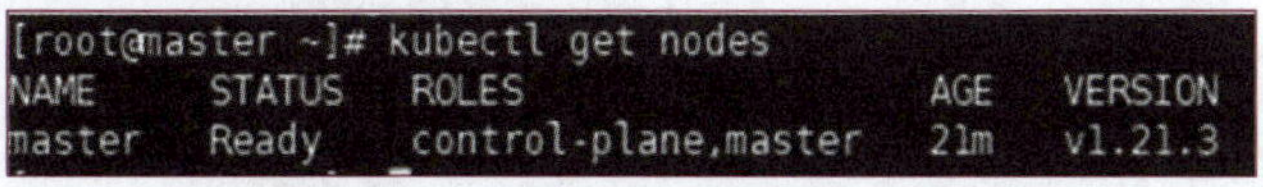

```
[root@master ~]# kubectl get nodes
NAME     STATUS   ROLES                  AGE   VERSION
master   Ready    control-plane,master   21m   v1.21.3
```

图 7-4　Master 节点 Ready 状态

7.2 云端部署 KubeEdge(master)

在 KubeEdge 中，云节点负责管理和控制整个边缘计算系统。它的主要职责包括管理和配置边缘节点以及集中式资源管理。通过与边缘节点进行通信，云节点能够监控和管理整个边缘计算系统中的资源。它可以向边缘节点下发指令，以部署应用程序、更新配置等。此外，云节点还可以根据需求进行资源调度和分配，以优化整个系统的性能和可靠性。

1. 安装 Golang

KubeEdge 项目本身使用 Go 语言进行开发。Go 语言具有方便的依赖管理工具，并且是一种高性能编程语言。其并发模型和轻量化线程的支持使得它非常适合构建高性能分布式系统。

(1)下载文件解压 Go 包

```
[root@ master ~]# wget https://golang.google.cn/dl/go1.17.linux-amd64.tar.gz
[root@ master ~]# tar -zxf go1.17.linux-amd64.tar.gz -C /usr/local
```

(2)配置环境变量

```
[root@ master ~]# vim /etc/profile
# golang config
export GOROOT=/usr/local/go
export GOPATH=/data/gopath
export PATH=$PATH:$GOROOT/bin:$GOPATH/bin
```

(3)将变量配置生效

```
[root@ master ~]# source /etc/profile
```

(4)检查是否安装成功

```
[root@ master ~]# go version
```

2. 安装 Keadm 工具

Keadm 是一个命令行工具，用于在 Kubernetes 集群上安装和管理 KubeEdge。通过 Keadm 工具，可以轻松地部署 KubeEdge 云端组件。

(1)下载安装包

```
[root@ master ~]# wget https://github.com/kubeedge/kubeedge/releases/download/
v1.12.1/keadm-v1.12.1-linux-amd64.tar.gz
```

(2)解压 keadm 的 tar. gz 的包

```
[root@ master ~]# tar -zxvf keadm-v1.12.1-linux-amd64.tar.gz
[root@ master ~]# cd keadm-v1.12.1-linux-amd64/keadm/
```

(3)将其配置进入环境变量，方便使用

```
[root@ master ~]# cp keadm /usr/sbin/
```

3. 安装 cloudcore

去除污点(由于云上节点只有一个，pod 会调度失败出现 pending)，若不去除污点，则云端节点无法进行部署。

```
[root@ master ~]# kubectl taint node master node-role.kubernetes.io/master-
[root@ master ~]# ./keadm-v1.12.1-linux-amd64/keadm/keadm init --advertise-
address="192.168.43.131" --kubeedge-version=1.12.1
```

keadm 初始化成功，如图 7-5 所示。

图 7-5　cloudcore 启动成功

4. 云端获取 token

此处获得边缘节点加入云节点所建立的集群时的密钥，有效期一般为 30 天。

```
[root@ master ~]# keadm gettoken
```

5. 查看云端配置状态

(1)查看 cloudcore 启动情况

```
[root@ master ~]# ps aux |grep cloudcore
# 输出如下表示启动:
root   23498  0.1  0.3 1012544 48640 ?   Ssl  May12  13:11 /usr/local/bin/cloudcore
```

(2)查看端口 10000 10002 端口是否运行

```
[root@ master ~]# netstat -tpnl
```

查看端口状态，如图 7-6 所示。

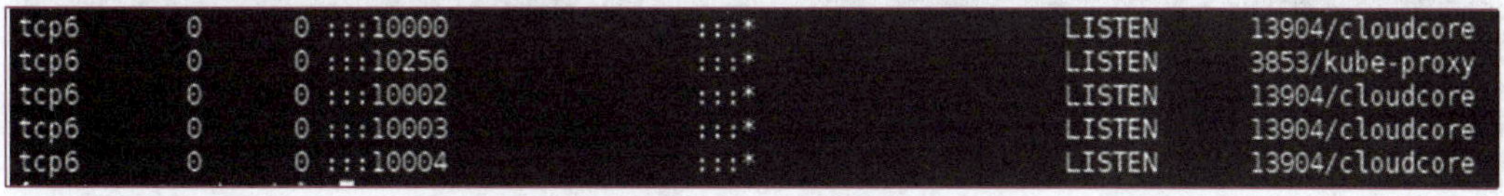

图 7-6　端口状态

7.3　边缘端部署 KubeEdge(edgenode1,edgenode2)

在云端配置好 KubeEdge 环境后，使用 keadm 工具将边缘节点加入云端节点。若有更多边缘节点可利用 xshell 远程工具进行同步操作。

1. 安装 Golang

```
[root@ edgenode1 ~]# wget https://golang.google.cn/dl/go1.17.linux-amd64.tar.gz [root@ edgenode1 ~]# tar -zxf go1.17.linux-amd64.tar.gz -C /usr/local
[root@ edgenode1 ~]# vim /etc/profile
# golang config
export GOROOT=/usr/local/go
export GOPATH=/data/gopath
export PATH=$PATH:$GOROOT/bin:$GOPATH/bin
[root@ edgenode1 ~]# source /etc/profile
[root@ edgenode1 ~]# go version
```

2. 安装 Keadm 工具

```
[root@ edgenode1 ~]# wget https://github.com/kubeedge/kubeedge/releases/
```

```
download/v1.12.1/keadm-v1.12.1-linux-amd64.tar.gz
[root@ edgenode1 ~]# tar -zxvf keadm-v1.12.1-linux-amd64.tar.gz
[root@ edgenode1 ~]# cd keadm-v1.12.1-linux-amd64/keadm/
[root@ edgenode1 ~]# cp keadm /usr/sbin/
```

3. 边缘节点加入集群

通过使用 keadm 中 join 命令，根据给定参数直接将节点加入集群中，不需要用户在云端手动执行。

```
[root@ edgenode1 ~]# ./keadm join --cloudcore-ipport=192.168.43.131:10000 --edgenode-name=edgenode1 --kubeedge-version=1.12.1 --token=<keadm gettoken 返回内容>
# 如有更多边缘节点可执行下面指令
[root@ edgenode1 ~]# ./keadm join --cloudcore-ipport=192.168.43.131:10000 --edgenode-name=$(hostname) --kubeedge-version=1.12.1 --token=<keadm gettoken 返回内容>
```

7.4 检查 KubeEdge 各节点状态

```
[root@ master ~]# kubectl get nodes
```

通过在 Master 节点中查询各节点状态，如图 7-7 所示。

```
[root@master keadm]# kubectl get nodes
NAME         STATUS   ROLES                   AGE     VERSION
edgenode     Ready    agent,edge              9m26s   v1.22.6-kubeedge-v1.12.1
edgenode2    Ready    agent,edge              6s      v1.22.6-kubeedge-v1.12.1
master       Ready    control-plane,master    11h     v1.21.3
[root@master keadm]#
```

图 7-7　KubeEdge 节点状态

7.5 计数器示例演示

本示例是基于 KubeEdge 平台的一个简单项目——计数器演示，计数器是一个伪设备，因此用户无须额外的物理设备即可进行演示。该计数器运行在边缘端，用户可以从云端通过 Web 界面进行控制，也可以从云端获取边缘端中计数器的值。

1. 安装 Git

(1)安装 Git

```
[root@ master ~]# yum install git
```

(2)查看 Git 是否安装成功

```
[root@ master ~]# git version
git version 1.8.3.1
```

(3)项目源码下载到本地

```
[root@ master ~]# git clone https://github.com/kubeedge/examples.git $GOPATH/src/github.com/kubeedge/examples
```

2. 创建 Devicemodel、DeviceInstance

在 KubeEdge 中，DeviceModel 和 DeviceInstance 是用于设备抽象和管理的两个核心概念。DeviceModel 是一个描述设备属性和访问方式的设备模板，例如，它可能会定义一个“温度”或“压力”属性，并规定如何访问这些属性。相对的，DeviceInstance 则是设备的具体实例，它关联了设备的实际信息，如名称、型号、位置等，还包含了该设备在实际部署中的边缘节点信息以及真实的访问协议。

```
[root@ master ~]# cd $GOPATH/src/github.com/kubeedge/examples/kubeedge-counter-demo
```

(1)替换边缘节点名称

```
[root@ master ~]# sed -i "edgenode1" crds/kubeedge-counter-instance.yaml
```

(2)创建 devicemodel，deviceinstance

```
[root@ master ~]# kubectl create -f crds/kubeedge-counter-model.yaml
[root@ master ~]# kubectl create -f crds/kubeedge-counter-instance.yaml
```

3. 运行应用

(1)配置云端应用

```
[root@ master ~]# cd $GOPATH/src/github.com/kubeedge/examples/kubeedge-counter-demo/web-controller-app
```

①修改配置文件。

```
# 此处修改为 beego.Run(":8089")
[root@ master ~]#vim main.go
```

②创建云端应用镜像。

```
[root@ master ~]# make all
[root@ master ~]# make docker
```

③部署云端应用。

```
[root@ master ~]# cd $GOPATH/src/github.com/kubeedge/examples/kubeedge-counter-demo/crds
[root@ master ~]# kubectl apply -f kubeedge-web-controller-app.yaml
```

(2)配置边缘应用

```
[root@ master ~]# cd $GOPATH/src/github.com/kubeedge/examples/kubeedge-counter-demo/counter-mapper
```

①创建边缘端应用镜像。

```
[root@ master ~]# make all
[root@ master ~]# make docker
```

②创建计数器 App。

```
[root@ master ~]# cd $GOPATH/src/github.com/kubeedge/examples/kubeedge-counter-demo/crds
```

③部署边缘端应用。

```
[root@ master ~]# kubectl create -f kubeedge-pi-counter-app.yaml
```

#为了避免在 ContainerCreating 阶段卡住 Pod 的部署，直接将镜像发布到边缘端。由于边缘端缺少镜像，需要手动将计数器应用镜像传输到边缘端。

④传输边缘端应用镜像。

```
[root@ master ~]# scp kubeedge-pi-counter.tar root@ edgenode1:/data/
```

⑤加载镜像。

```
[root@ edgenode1 ~]# docker load -i kubeedge-pi-counter.tar
```

4. 查看运行效果

在 master 节点可通过 Web 端查看计数器运行状态，如图 7-8 所示。

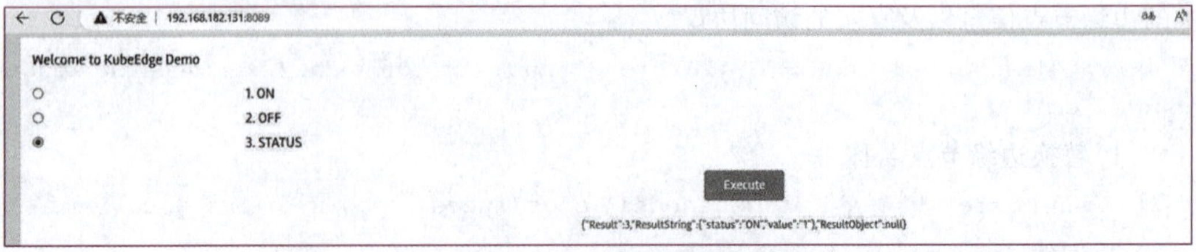

图 7-8　计数器运行状态

7.6　交通标志检测系统示例演示

在上一节基础上，本节进一步设计并实现基于 KubeEdge 的交通标志检测系统。该系统在 KubeEdge 的基础上扩展并建立了私有镜像仓库，用于管理和分发应用镜像。同时，集成 Prometheus 实现对边缘节点资源进行实时监控，确保系统运行的稳定性和高效性。此外，基于提出的 GCA-YOLO 交通标志检测算法[214]，结合 TensorRT 技术在边缘节点上实现实时推理。最后，设计并制作边缘端服务应用镜像和云端管理平台镜像，提升系统的部署和运维效率。

小提示：为了降低复现难度，也可以不采用文献[214]中提出的交通标志检测算法，使用 YOLOv8n 和 YOLOv11n 算法，能够得到类似的结果

7.6.1　系统总体设计

本系统结合 Docker 容器技术和 Kubernetes 容器编排技术，通过内部各组件的协同工作，实现了云边数据协同，资源监控管理和私有镜像仓库的主要功能，并制定了应用部署策略。该架构主要由云端、边缘端和终端组成，如图 7-9 所示。

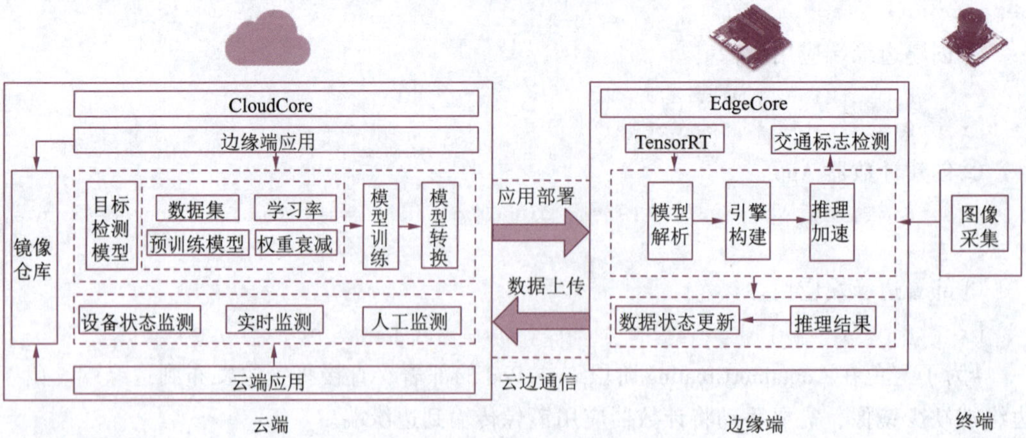

图 7-9　系统总体架构

在云端，为了满足目标检测模型训练和大量数据存储的需求，选用高性能处理器的服务器作为云端节点。云端扮演着系统“大脑”的角色，其主要职责包括对应用程序和配置的验证与下发，确保只有经过验证的内容被传送到边缘端。考虑到边缘设备通常在硬件和系统架构方面存在差异，云端通过部署 Master 控制节点和 KubeEdge 框架的 CloudCore 组件提供统一的管理支持，实现对各边缘节点的集中控制和高效管理。在应用层面上，首先，云端对边缘端所需的交通标志检测模型进行训练，并在训练完成后对模型进行转换，使其适应边缘设备的运行环境，从而实现容器化部署。其次，通过在云端部署 Web 应用，对边缘节点上传的检测结果进行汇总、分析和可视化处理。最后，通过对边缘节点进行设备状态监控，为整个系统提供数据支持和决策依据。

在边缘端，为了满足交通标志检测任务对计算能力的要求，选用嵌入式 AI 计算设备作为边缘节点。通过部署 KubeEdge 框架的 EdgeCore 组件，将边缘端交通标志检测应用以容器化方式部署到边缘设备，实现高效的数据处理与实时推理。在应用层面上，边缘端主要接收终端设备采集的图像，并利用云端下发的边缘端应用，结合 TensorRT 技术加速推理交通标志检测模型，从而在本地完成检测任务，并将检测结果实时反馈到云端。

终端设备是负责图像采集的摄像头，负责获取交通环境的图像数据或视频流。作为系统的数据源，终端设备与边缘节点通过有线或无线连接，将采集到的数据传输至边缘端进行推理分析。

1. 云边数据协同

云边数据协同主要包括终端设备采集数据到边缘端推理的消息传递功能，以及云端与边缘端之间的云边通信功能。

消息传递的主要目的是将终端设备采集的数据上传到边缘端，并在边缘端完成推理任务，如图 7-10 所示。首先，通过 Kubernetes 中的自定义资源定义（custom resource definition，CRD）配置设备模型和设备实例。然后，利用 KubeEdge 中的 Mapper 组件对终端设备采集的数据进行交通标志检测推理任务。Mapper 组件通过 MQTT 协议将推理结果数据发送到 MQTT Broker，并通过 EdgeCore 中的 EventBus 与 MQTT Broker 进行交互，从而实现使用 MQTT 协议进行消息传递。最后，EventBus 用于不断更新边缘端应用的推理数据，并将其上报给 DeviceTwin。

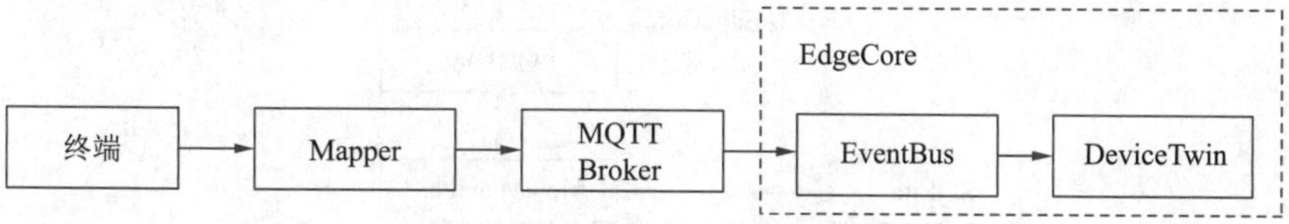

图 7-10　消息传递流程

云边通信需要云端的 CloudHub 模块与边缘端的 EdgeHub 模块协作，它们之间通过 WebSocket 协议建立全双工实时通信通道，实现双向数据交互，从而确保稳定的云边通信。云边通信内容主要包括业务数据和配置数据。

业务数据由边缘端交通标志检测应用的推理结果构成，其通信流程如图 7-11 所示。业务数据由边缘端的 DeviceTwin 模块上报到 EdgeHub，同时保存到 SQLite 数据库中。当云边节点发生断连后，待网络恢复时能够及时将推理结果同步至云端。随后将数据状态信息上传到 CloudHub。在 CloudCore 中，DeviceController 组件通过 CloudHub 监听并处理上报的数据更新，同时将设备状态同步至 kube-apiserver，从而实现对业务数据的进一步处理。

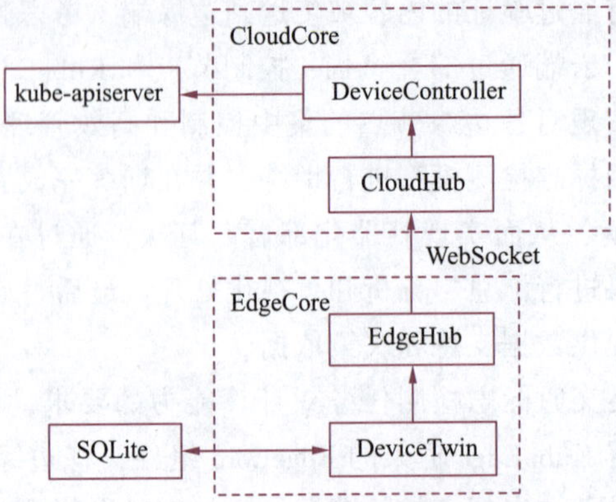

图 7-11 业务数据通信流程

配置数据包括边缘端交通标志检测应用的状态元数据和更新配置数据，其通信流程如图 7-12 所示。系统通过 EdgeController 将相应的配置信息传输至 CloudHub，再由 CloudHub 传递至 EdgeHub。一旦边缘端应用以 Pod 形式在边缘端成功部署运行，边缘端需要实时向云端更新 Pod 的运行状态以及相关日志信息。在 EdgeCore 中，MetaManager 接收来自云端的配置数据，并将其写入边缘端的 SQLite 数据库。此外，边缘节点通常部署在网络边缘，可能会面临不稳定的网络连接问题，边缘节点和云端节点之间的网络会发生断开的现象，作为轻量化 kubelet 组件的 Edged 充当边缘节点上应用负载的整个生命周期的管理者。它能够利用 MetaManager 存储在 SQLite 数据库中的配置数据，确保边缘节点上的应用负载能够正常运行。这种方式可以保障应用负载的稳定性和可靠性。

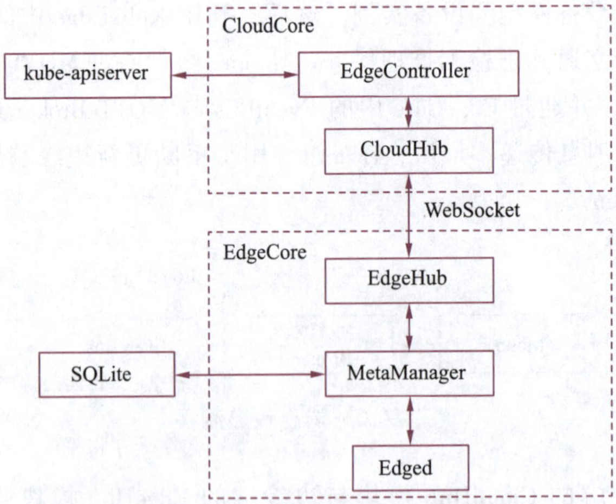

图 7-12 配置数据通信流程

2. 资源监控管理

在基于 KubeEdge 的交通标志检测系统中，由于边缘节点受限于计算能力和存储空间，在面对突发负载下容易出现服务中断或故障的风险。此外，边缘节点通常分布在不同的地理位置，需要统一监控视图以快速定位故障节点并动态调整资源分配策略。同时，由于边缘节点所处网络状况复杂，相比于云端节点更容易受到环境因素的影响。因此，本系统基于 Prometheus 实现了交通标志检测系统资源监控管理方案，其整体架构如图 7-13 所示。Prometheus 具备高效的存储能力、支持多维度数据和可视化展示等优势，并且能够适配 KubeEdge 边缘计算架构。

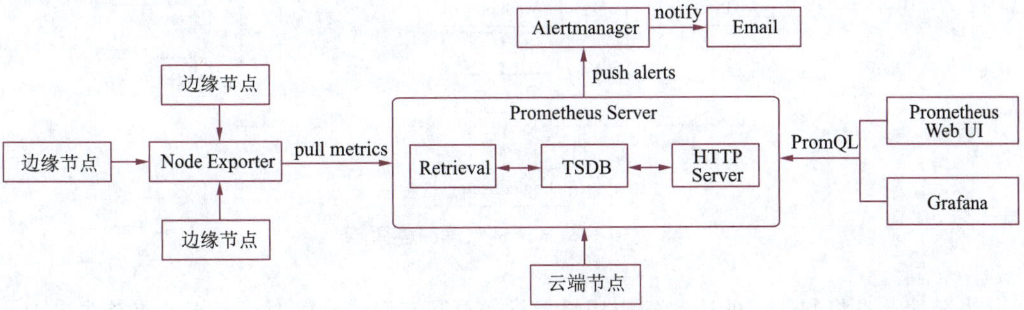

图 7-13　资源监控管理架构

Prometheus 框架集成了监控和告警功能。首先，Node Exporter 作为监控数据的采集组件，被部署到边缘节点，负责收集其系统运行指标，并通过 HTTP 服务对外暴露指标数据。Prometheus Server 作为系统的核心，通过 Retrieval 模块定期拉取 Node Exporter 提供的监控数据，并将其存储在内部的时间序列数据库中，以支持历史数据查询和分析。同时，Prometheus 内置 HTTP Server，允许用户通过 PromQL 查询语言访问存储的数据，并可将查询结果展示在 Prometheus Web UI 和 Grafana 仪表盘中，实现数据可视化。

在告警机制方面，Prometheus 具备灵活的规则配置功能，可以根据设定的阈值或条件实时监测异常情况。当触发告警时，系统会将告警信息推送到 Alertmanager 进行进一步处理，并最终通过邮件方式通知用户，确保问题能够及时响应和解决。该架构设计适用于大规模分布式监控，特别是在边缘计算场景下，结合 Grafana 实现直观的数据展示，提升系统运维的管理效率。

3. 私有镜像仓库

边缘计算场景中边缘节点通常分布在不同的地理位置，因此需要对容器化应用进行统一管理和部署。然而，传统的本地镜像存储方式存在诸多问题，如缺乏备份机制、管理混乱和安全性不足等问题，难以满足分布式边缘环境下的持续更新和快速响应需求。虽然 Docker Hub 作为公共镜像仓库可用于存储和分发镜像，但其访问速度受限于网络状况，可能导致镜像拉取延迟，从而影响边缘端应用的部署效率。

本系统基于 Harbor 私有镜像仓库构建了 KubeEdge 交通标志检测系统的专属镜像仓库，能够高效地管理和分发容器器镜像。它具备更高的安全性、访问控制能力和镜像管理功能，其整体架构如图 7-14 所示。Proxy 组件负责接收用户请求并将其转发到相应的后端服务。Registry 组件不仅存储 Docker 镜像并处理拉取和推送请求，还通过与 Token 服务配合，强制每次请求携带合法令牌并通过公钥验证，从而实现用户访问控制。作为私有镜像仓库的核心功能，Core Services 不仅提供用户界面 UI 用于镜像管理与授权，还通过 Webhook 实时监控镜像状态变化，并且 Token 服务根据用户权限为 Docker 客户端操作签发权限令牌。此外，Database 为 Core Services 提供数据存储支持。Log collector 负责集中收集各组件的日志。

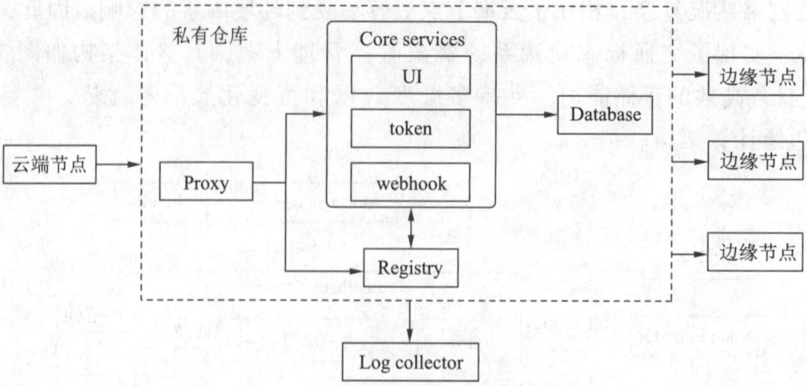

图 7-14　私有镜像仓库整体架构

当云端节点将制作好的边缘端应用镜像推送至私有镜像仓库时，云端节点首先向 Registry 组件请求获取 Token 服务的 URL，并通过与 UI 和 Token 服务交互获取推送镜像所需的令牌。在 Token 服务验证用户权限后，生成并签发令牌并将其返回。云端节点携带该令牌发送边缘端应用镜像推送请求，Registry 组件通过公钥验证令牌的合法性，验证成功后启动镜像传输流程。

当边缘节点从私有镜像仓库拉取边缘端应用镜像时，边缘节点需要先向其发送登录请求，认证成功后会生成并返回一个令牌。随后，用户执行拉取命令时，边缘节点会向 Registry 组件发送请求，并附带之前获取的令牌。Registry 组件会从数据存储中读取镜像数据，并将其返回给边缘节点。最后，边缘节点接收镜像数据，并将其存储在本地。

4. 应用部署策略

在本系统中，应用部署策略由云端控制节点实现部署云端和边缘端应用。系统通过云端控制节点，利用声明式 API 创建 Deployment 管理 Pod 的部署，并根据配置文件选取对应的节点进行部署。边缘端交通标志检测应用的 Deployment 配置文件部分代码如图 7-15 所示，其中指定了容器镜像的名称版本和节点标签，以确保应用能够部署到指定的节点。

```
apiVersion: apps/v1
kind: Deployment
metadata:
  labels:
    k8s-app: yolocloud
  name: yolocloud
  namespace: default
spec:
  selector:
    matchLabels:
      k8s-app: yolocloud
  template:
    metadata:
      labels:
        k8s-app: yolocloud
    spec:
      nodeSelector:
        node-role.kubernetes.io/edge: ""
      hostNetwork: true
      containers:
      - name: yolocloud
        image: kubeedge/yolocloud:v1.0.0
```

图 7-15　边缘端应用 Deployment 配置文件

在本系统中，各个组件通过任务调度协同工作，实现边缘端应用的部署，其部署流程如图 7-16 所示。首先，CloudCore 会监听 Pod 的创建，当用户通过 kubectl 命令在云端创建 Deployment 对象时，Kubernetes 会自动生成 ReplicaSet 来管理 Pod 的副本。此请求被发送到 kube-apiserver，并上报事件给 Controller 以执行资源管理和调度任务。然后，控制器根据收到的事件将 Pod 创建事件上报至 kube scheduler。kube scheduler 负责根据资源需求和边缘设备的可用性，将 Pod 绑定到合适的边缘节点并上报给 kube-apiserver。最后，kube-apiserver 更新 Pod 的状态信息，并将其传递到边缘端的 EdgeController。Etcd 在整个过程中用于存储集群不断更新的状态信息。

在边缘端部署执行阶段，EdgeController 接收到 Pod 创建信息后，向 CloudHub 上报事件，后者将 Pod 部署指令发送至指定的边缘节点。边缘节点上的 MetaManager 管理 Pod 的元数据，确保边缘端和云端的数据同步。最后，Edged 负责接收消息并在边缘设备上执行 Pod 的创建任务。

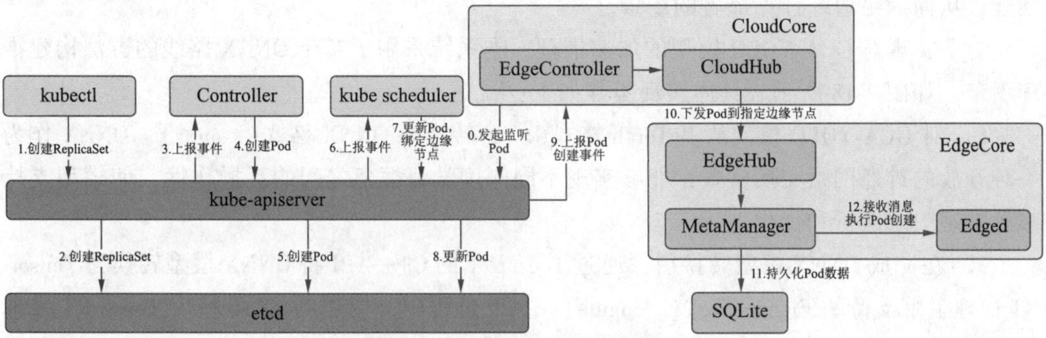

图 7-16　边缘端应用部署流程

云端应用的部署流程与边缘端类似。云端管理平台应用的 Deployment 配置文件部分代码如图 7-17 所示。用户通过 kubectl 提交请求到 kube-apiserver，kube-apiserver 处理后将 Pod 配置存储到 etcd 中，kube-scheduler 负责将其调度到云端节点，kubelet 在云端节点上启动容器并运行应用，同时保持 Pod 的状态监控和管理。

```
apiVersion: apps/v1
kind: Deployment
metadata:
  labels:
    k8s-app: kubeedge-yolocloud-app
  name: kubeedge-yolocloud-app
  namespace: default
spec:
  selector:
    matchLabels:
      k8s-app: kubeedge-yolocloud-app
  template:
    metadata:
      labels:
        k8s-app: kubeedge-yolocloud-app
    spec:
      hostNetwork: true
      nodeSelector:
        node-role.kubernetes.io/master: ""
      containers:
      - name: kubeedge-yolocloud-app
        image: kubeedge/cloudtest-yolocloud-app:v1.0.0
        imagePullPolicy: IfNotPresent
```

图 7-17　云端应用 Deployment 配置文件

7.6.2 边缘端服务应用设计与实现

在边缘端服务应用的设计流程中，本系统采用TensorRT技术对GCA-YOLO模型进行优化，以提升推理速度，确保在Jetson Orin NX边缘设备上实现实时推理。优化后的模型部署在边缘设备，并制作成执行推理任务的应用镜像。

1. TensorRT推理加速

针对边缘端交通标志检测模型的优化，本系统采用TensorRT技术用于优化交通标志检测模型，并在NVIDIA GPU上实现高性能推理。TensorRT是NVIDIA推出的高性能深度学习推理优化平台，通过多种优化手段，如图优化、层融合、内核调优和动态内存管理等方法，提升模型在NVIDIA GPU上的运行效率。它支持FP32、FP16和INT8多种数据精度，能够在保持模型精度的同时降低延迟和资源消耗。TensorRT不仅能够解析ONNX、Caffe和UFF等主流模型格式，还提供C++和Python API，并支持自定义插件，方便扩展特殊计算功能，从而满足边缘计算部署的场景。

为了实现对GCA-YOLO模型的加速推理，本系统采用了基于ONNX路线的方法构建推理引擎，如图7-18所示。具体实现步骤如下：

(1)对GCA-YOLO模型从PyTorch格式(.pt)转换为ONNX格式(.onnx)。ONNX作为一种开放的神经网络交换格式，能够实现不同深度学习框架之间的互操作性，使模型支持多种推理引擎解析和优化。

(2)在完成ONNX模型转换后，通过TensorRT的C++ API将ONNX模型转换为TensorRT推理引擎支持的Engine格式(.engine)。在此过程中，构建的FP16精度TensorRT推理引擎相比于FP32精度能够在提高推理速度的同时减少计算资源的占用，从而实现更高效的推理性能。

(3)为了准备进行正式推理，需要执行引擎的预热操作，以初始化引擎并加载所需资源。在正式推理阶段，通过循环将输入图像数据传递至引擎执行推理，并获取推理结果。然后，对推理输出进行后处理操作，包括使用cv::rectangle()函数绘制目标的边界框，并借助cv::putText()函数添加类别标签和置信度分数，最终将处理后的图像检测结果输出。

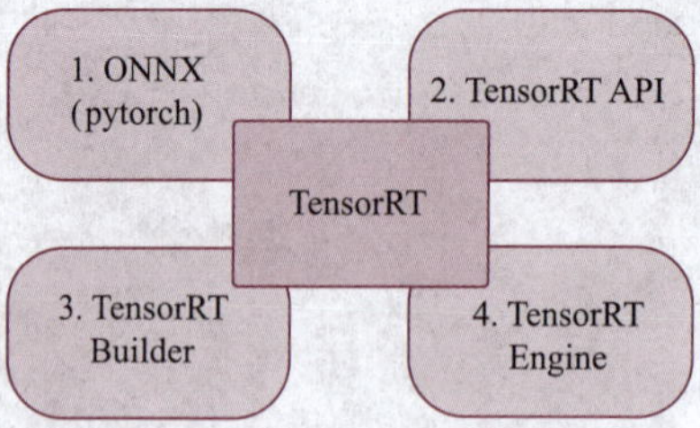

图7-18 基于ONNX路线流程图

2. 应用镜像制作

在本系统中，采用Docker容器化技术制作基于GCA-YOLO的交通标志检测的边缘端服务应用，通过将应用程序及其依赖项打包成可移植的镜像，解决了边缘设备硬件配置多样、环境复杂带来的兼容性问题。相比传统部署方式，Docker镜像降低了资源占用，提升了部署效率，同时简化了应用更新流程，这种部署方案不仅确保了应用在不同边缘环境中的一致性运行，还通过容器隔离机制增强了系统安全性。

针对基于 GCA-YOLO 的交通标志检测的边缘端服务应用，通过编写 Dockerfile 文件来定义 Docker 镜像的构建过程，通过该文件，能够自动化地构建出一个包含所有必要依赖和配置的可运行容器镜像，从而简化应用的部署过程。边缘端服务应用的 Dockerfile 文件如图 7-19 所示，具体指令如下：

(1) FROM 指令：指定了镜像的基础镜像，采用 NVIDIA 提供的 JetPack 镜像版本 r35. 3. 1。JetPack 是 NVIDIA 为 Jetson 边缘设备提供的开发环境。

(2) COPY 指令：用于将交通标志检测应用所需的所有文件，包括使用 TensorRT 技术进行推理加速的模型，复制到镜像中的指定路径。

(3) ENV 指令：用于设置环境变量，将交通标志检测应用运行时所需的库路径添加到 LD_ LIBRARY_ PATH 环境变量中，确保程序在运行时能够正确找到所需的动态链接库文件，避免因库文件缺失而导致的运行错误。

(4) WORKDIR 指令：用于设置工作目录。当容器启动时，后续的命令都会在此目录下执行。如果目录不存在，会自动创建。

(5) RUN 指令：用于在镜像构建过程中执行命令。通过 chmod +x 命令为模型推理时所需的可执行文件添加执行权限。

(6) CMD 指令：指定容器启动时执行的命令。在所有前面的命令执行完成后，容器将启动并运行交通标志检测服务应用。

```
FROM nvcr.io/nvidia/l4t-jetpack:r35.3.1

COPY . /home/

ENV LD_LIBRARY_PATH=/home/env:$LD_LIBRARY_PATH
ENV LD_LIBRARY_PATH=/usr/lib/aarch64-linux-gnu/tegra:$LD_LIBRARY_PATH

WORKDIR /home/tensorRT_traffic/workspace

RUN chmod +x /home/tensorRT_traffic/workspace/pro

CMD ["./yolomapper"]
```

图 7-19　边缘端应用 Dockerfile 文件

7. 6. 3　云端管理平台设计与实现

在云端系统管理平台设计中，本系统采用了 Beego 框架进行 Web 应用开发，并通过 Dockerfile 配置文件构建 Docker 镜像。云端系统管理平台 Dockerfile 文件如图 7-20 所示。具体指令如下：

(1) FROM 指令：基础镜像采用 CentOS 7. 6. 1810 操作系统。

(2) COPY 指令：用于将云端管理平台应用所需的所有文件复制到指定目录，包括配置文件、静态文件、视图模板文件和应用的可执行文件。

(3) RUN 指令：创建目录用于 Beego 框架的会话管理，并修改 CentOS 的镜像源配置。

(4) CMD 指令：用于启动并运行云端管理平台应用。

```
FROM centos:7.6.1810

COPY kubeedge-yolocloud-controller /kubeedge-yolocloud-controller
COPY static /static
COPY views /views
COPY conf /conf

RUN mkdir -p /tmp/beego_sessions && chmod 777 /tmp/beego_sessions

RUN sed -e 's|^mirrorlist=|#mirrorlist=|g' \
        -e 's|^#baseurl=http://mirror.centos.org|baseurl=https://mirrors.aliyun.com|g' \
        -i.bak \
        /etc/yum.repos.d/CentOS-*.repo

CMD ["./kubeedge-yolocloud-controller"]
```

图 7-20　云端应用 Dockerfile 文件

云端管理平台通过处理和展示来自边缘端的检测数据，并实现对边缘节点的远程监控与管理。系统主要实现了三个功能模块：人工监测、设备状态监测和实时监测。具体设计如下：

(1)人工监测

人工监测模块的主要功能是接收并处理从边缘端上传至云端的交通标志检测结果。用户可以查看和修改交通标志检测结果，以便根据这些数据进一步训练交通标志检测模型并更新边缘端应用镜像。为了实现此功能，使用 beego. Router( )方法配置路由地址，以便指定要调用的处理对象。同时，创建一个空的映射，用于跟踪 WebSocket 连接状态。在通信层面，通过调用 KubeConfig( )函数来创建与 kube-apiserver 进行通信所需的配置信息，并生成相应的客户端，以获取所需的 CRD 信息。通过这种方式，可以访问和管理设备的状态信息，进一步获取从边缘设备上传到云端的检测数据进行分析和可视化展示。

(2)设备状态监测

设备状态监测模块通过 Prometheus 和 Grafana 对边缘节点的资源进行实时监控，将 Prometheus 采集到的资源数据通过 Grafana 展示在 Web 页面上形成监控仪表盘。同时，该模块集成了 Alertmanager 的报警功能，当边缘节点断开连接时，系统会向预设邮箱发送报警邮件，确保管理员能及时进行修复，从而提高系统的可靠性和维护效率。

(3)实时监测

实时监测模块通过将终端采集到的监控检测画面进行实时直播展示，实现了云端平台对边缘设备运行状态和现场画面的实时监控。首先，在云端节点安装 Nginx 服务并配置 HTTP-FLV 功能，边缘节点的视频流检测数据通过 RTMP 流传输，并在云端通过 Nginx 将其封装为 HTTP-FLV 流进行分发，最后通过 HTTP-FLV 直播地址将视频流嵌入到 Web 页面中进行实时查看。

7.6.4　系统测试与分析

1. 测试环境搭建

基于 KubeEdge 的交通标志检测系统的测试环境包括一个云端节点和三个边缘节点。在云端节点的配置方面，选用 8 核 32 GB 云服务器作为集群管理节点，主要负责资源管理、任务调度和数据存储等功能。边缘节点采用异构架构，包含一个 Jetson Orin NX 边缘设备和两台 Centos 虚拟机。其中，Jetson Orin NX 基于 NVIDIA Ampere 架构，配备 8 GB 显存和 1 024 个 CUDA 核心，可提供 70 TOPS 的 AI 算力，在保证低功耗的同时实现了高性能边缘计算能力，如图 7-21 所示。虚拟机则用于模拟常规边缘设备。系统集群的相关环境配置见表 7-1，其中 kubeedgecloud 代表云端节点、edgenodenx 代表 Jetson Orin NX 边缘设备、edgeb 和 edgec 代表虚拟机。

图 7-21　Jetson Orin NX 实物图

表 7-1　云边节点环境配置

节点主机名	节点架构	操作系统	IP 地址
kubeedgecloud	Amd64	Centos7. 9	192. 168. 1. 155
edgenodenx	Arm64	Ubuntu20. 04	192. 168. 1. 166
edgec	Amd64	Centos7. 9	192. 168. 1. 177
edgeb	Amd64	Centos7. 9	192. 168. 1. 188

本系统采用 keadm 工具来部署 KubeEdge 的各个主要组件和配置文件，借助 Docker 容器技术实现了 KubeEdge 的云端核心组件 CloudCore 和边缘核心组件 EdgeCore 的运行。系统架构由云端节点和边缘节点组成。在搭建过程中，需要先在云端节点和边缘节点上完成基础环境配置，包括时间同步、关闭 swap 分区和关闭防火墙等操作，并安装 Docker、Golang 环境和 keadm 工具。在云端节点和边缘节点上的配置参考 7. 2 ~ 7. 4 节内容，在此不再赘述。

2. 私有镜像仓库功能测试

本章针对搭建的交通标志检测系统的私有镜像仓库进行功能测试，包括镜像推送、镜像拉取和镜像仓库的管理。

在云端节点完成交通标志检测模型的训练后，将应用打包为镜像并添加标签。云端节点使用 docker push 命令将镜像推送至 Harbor 私有镜像仓库，以便在边缘节点进行拉取，如图 7-22 所示。

```
[root@kubeedgecloud cloudtest]# docker push 192.168.1.155:80/trafficsign/edgeyolo:v1.1
The push refers to repository [192.168.1.155:80/trafficsign/edgeyolo]
89169d87dbe2: Layer already exists
v1.1: digest: sha256:747b2de199b6197a26eb1a24d69740d25483995842b2d2f75824095e9d1d19eb size: 529
```

图 7-22　镜像推送

当边缘节点从镜像仓库拉取最新的边缘端应用镜像时，需使用 docker login 命令登录到镜像仓库，以验证身份并获取访问权限，如图 7-23 所示。当边缘节点与镜像仓库成功建立连接后，通过 docker pull 命令将指定的交通标志检测应用镜像从仓库拉取到本地，如图 7-24 所示。此时，边缘节点可以拉取到指定版本的交通标志检测应用镜像，并准备好在本地环境中进行部署和运行。

```
root@edgenodenx:/home/jetson# docker login -u admin -p Harbor12345 192.168.1.155:80
WARNING! Using --password via the CLI is insecure. Use --password-stdin.
WARNING! Your password will be stored unencrypted in /root/.docker/config.json.
Configure a credential helper to remove this warning. See
https://docs.docker.com/engine/reference/commandline/login/#credentials-store

Login Succeeded
```

图 7-23　边缘节点连接镜像仓库

```
jetson@edgenodenx:~$ docker pull 192.168.1.155:80/trafficsign/edgeyolo:v1.1
v1.1: Pulling from trafficsign/edgeyolo
ac9208207ada: Pull complete
Digest: sha256:747b2de199b6197a26eb1a24d69740d25483995842b2d2f75824095e9d1d19eb
Status: Downloaded newer image for 192.168.1.155:80/trafficsign/edgeyolo:v1.1
192.168.1.155:80/trafficsign/edgeyolo:v1.1
```

图 7-24　镜像拉取

本系统的私有镜像仓库通过 Web 界面提供镜像管理功能，包括项目管理、用户权限管理、安全扫描和审计日志等，其主界面如图 7-25 所示。管理员通过创建 trafficsign 私有项目，确保授权的边缘节点可以访问该项目。在 trafficsign 项目管理界面，管理员能够查看镜像详细信息并进行相关操作，例如获取镜像的拉取命令、设置用户权限和查看日志等，如图 7-26 所示。

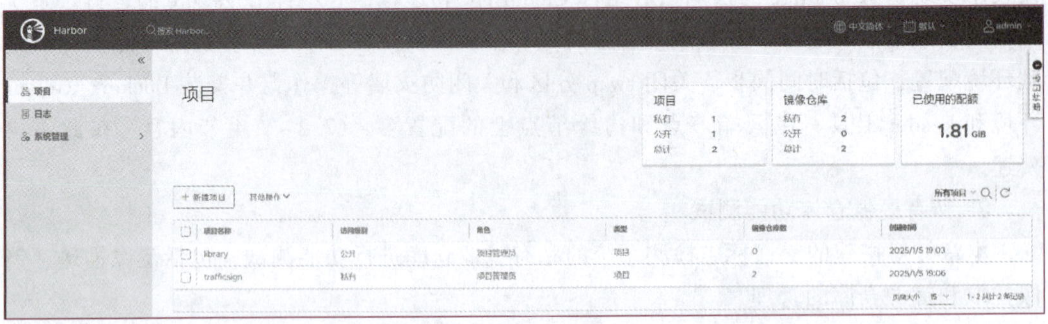

图 7-25　镜像仓库主界面

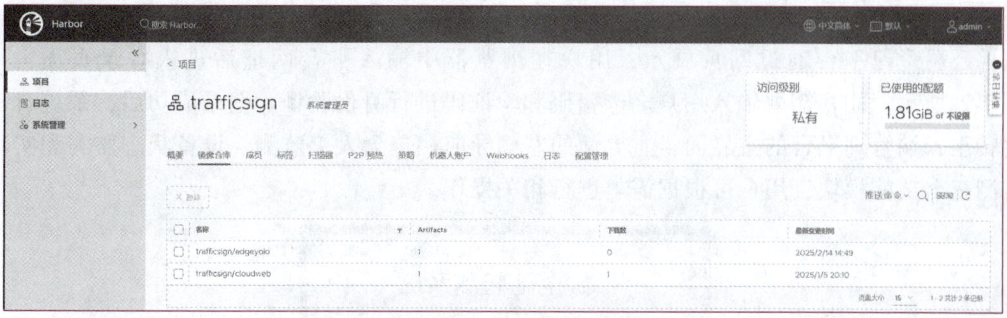

图 7-26　项目镜像仓库界面

3. 边缘端服务应用测试

为了验证边缘端服务应用的检测性能，对基于 TensorRT 技术加速的 GCA-YOLO 交通标志检测模型在 Jetson Orin NX 边缘设备上的运行性能和检测效果进行测试。

本实验选用第 3 章训练的 GCA-YOLO 模型，在 Jetson Orin NX 边缘设备上对 TT100K 数据集的测试集中随机抽取的 200 张图像进行测试。实验通过对比在 Jetson Orin NX 上使用 Pytorch 进行 FP32 精度推理与使用 TensorRT 分别进行 FP32 和 FP16 精度推理的推理时间和每秒帧数(Frames Per Second，FPS)。实验结果见表 7-2。

表 7-2　TensorRT 推理加速前后对比

推 理 平 台	精　　度	推理时间/ms	FPS
Orin NX(Pytorch)	FP32	38.46	26
Orin NX(TensorRT)	FP32	28.57	35
Orin NX(TensorRT)	FP16	20.41	49

根据表 7-2 可知，在 Jetson Orin NX 边缘设备上，使用 TensorRT 进行推理相较于直接采用 Pytorch 推理，推理时间更短，且 FPS 均超过 30，满足实时检测的需求。当使用 TensorRT 进行 FP16 精度推理时，推理时间减少至 20.41 ms，FPS 提升至 49。从图 7-27 对于两种精度下的检测效果对比可以看出，虽然 FP16 精度下检测精度略有下降，但仍然能准确识别交通标志类别。所以系统选择 FP16 精度的交通标志检测模型进行部署和检测。

FP32精度

FP16精度

图 7-27　FP32 精度和 FP16 精度检测效果

4. 云端管理平台测试

云端管理平台通过网页展示，用户在浏览器中输入平台网址后进入登录页面，如图 7-28所示。用户需要输入用户名、密码和验证码进行身份验证。登录成功后，系统自动跳转至云端管理平台的主界面，主界面的左侧导航栏包含人工监测、设备状态监测和实时监测三个功能模块，用户可根据需求进行相关操作。

图 7-28　登录界面

人工监测模块通过展示边缘端上传的交通标志检测类别数据，如图 7-29 所示。当用户发现检测数据存在错误时，可以手动对数据进行修改，如图 7-30所示。经过修改的数据可以在后期添加到新的数据集中，从而提高数据集的质量。通过对实际检测的图像数据进行重新训练模型，能够进一步优化交通标志检测模型的性能，提升模型的检测效果。

图 7-29　人工监测界面

图 7-30　检测数据修改界面

设备状态监测模块通过在各个边缘节点部署 Node Exporter 服务，并在云端节点部署 Prometheus 服务端和 Altermanager 报警工具来实现。在 Prometheus 的配置文件中添加相应的边缘节点信息后，系统能自动开始从边缘节点收集设备状态数据。管理员可以通过 Prometheus Web UI 查看所有已纳入监控的边缘节点状态，如图 7-31 所示。

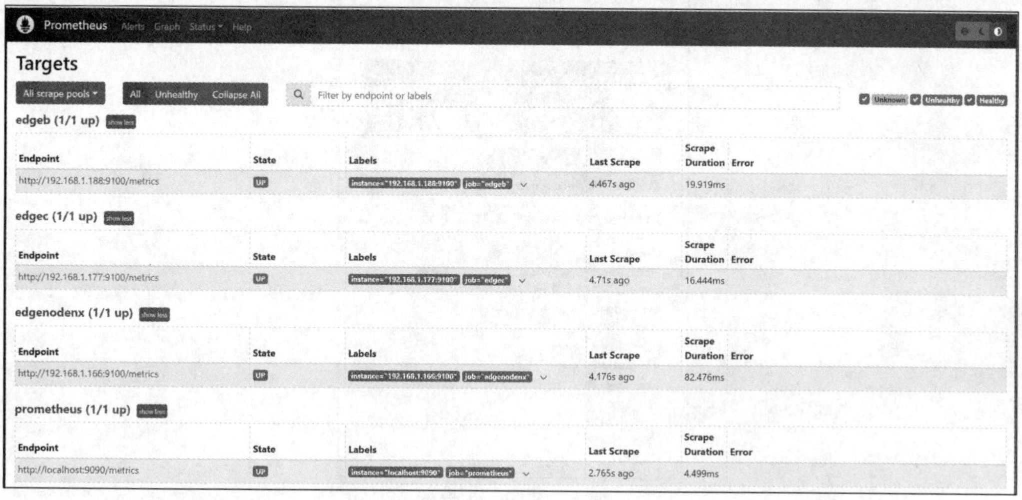

图 7-31　Prometheus Web UI 界面

为了提供更加直观的监控展示，系统结合 Grafana 自定义仪表盘功能，允许管理员根据实际需求选择需要查看的边缘节点，如图 7-32 所示。设备状态监测页面能够选择需要查看的边缘节点，并实时显示其资源状态，还支持展示详细的硬件性能数据，如运行时间、CPU 使用率、内存使用率、系统平均负载和磁盘使用情况等，从而帮助管理员及时识别潜在的资源瓶颈和故障隐患。当边缘节点发生故障并与云端断开连接超过 10 s 时，系统自动通过邮件通知管理员，相关告警信息将发送至预设的邮箱中，具体情况如图 7-33 所示。

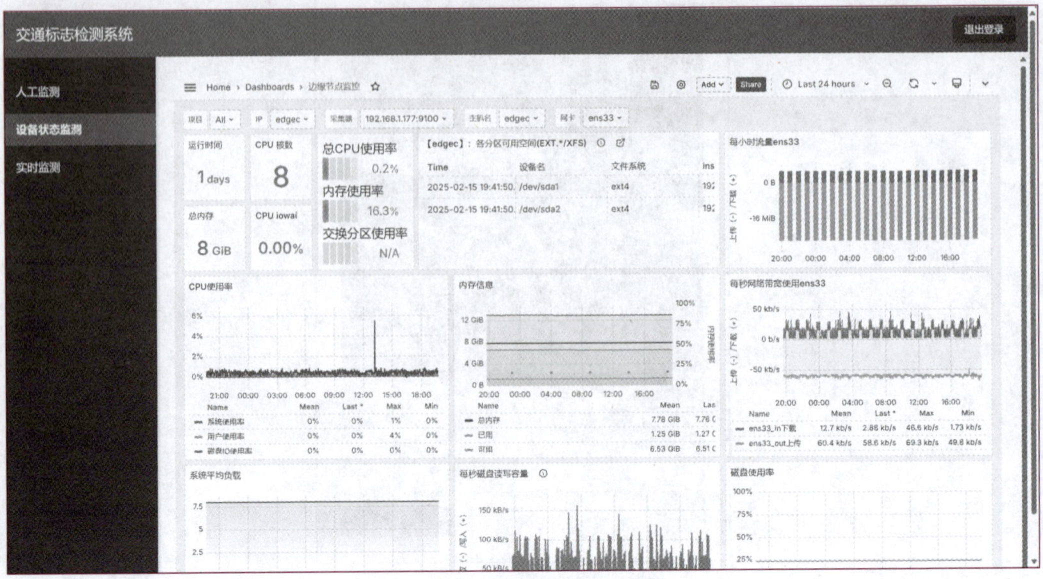

图 7-32　设备状态监测界面

图 7-33　邮件告警

实时监测模块负责获取边缘节点通过摄像头采集的实时视频画面，并将其实时传输至云端，如图 7-34 所示。用户通过云端管理平台不仅可以查看实时的视频流，还能实时获取交通标志的检测结果。该模块能够有效支持交通标志的实时监控与检测状态，提升交通管理的效率。

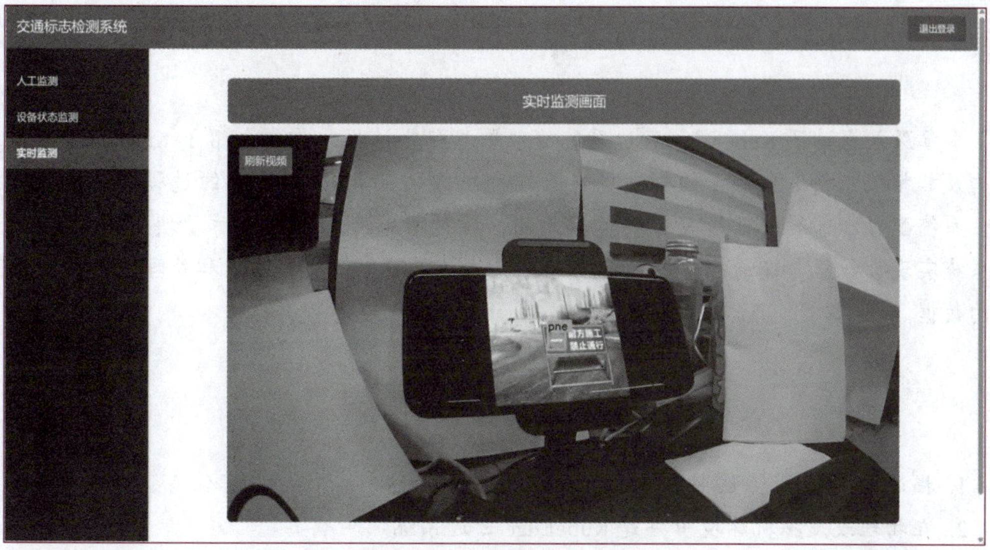

图 7-34　实时监测界面

5. 系统性能测试

为了评估基于 KubeEdge 的交通标志检测系统的性能，另外搭建了云计算系统进行系统响应时间的对比测试。为了更好地模拟实际场景，本地客户端作为模拟采集图像的终端设备，与本系统的边缘节点通过局域网连接，以模拟近距离和相对稳定的网络环境。云计算系统通过广域网连接进行通信，以模拟远程的网络状况。在测试过程中，通过编写 Python 脚本从本地客户端分别向本系统和云计算系统发送 200 张交通标志图像进行处理，并进行 40 次测试。在性能评估中，云计算系统计算从数据发送开始到检测结束所需的时间。而本系统则计算从数据发送到检测结束的时间，并额外计算检测结果从边缘节点传输到云端的时间，系统响应时间对比如图 7-35 所示。云计算系统平均单张图像响应时间为 936 ms，而基于 KubeEdge 的交通标志检测系统的平均响应时间为 411 ms。相较于云计算系统，本系统发挥了边缘计算的优势，将检测任务转移至靠近数据源的边缘节点，减少了数据传输延迟，从而实现了更快的响应速度。

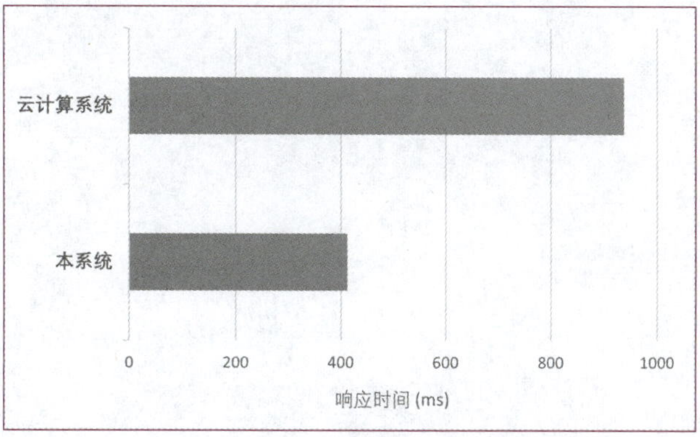

图 7-35　系统响应时间对比

小　结

本章深入探讨了KubeEdge云边系统的部署与配置过程。首先介绍了KubeEdge的系统架构及其相关组件。随后详细阐述了在云端和边缘端部署KubeEdge的过程，包括环境搭建、系统配置和部署验证等关键环节。此外，通过两个实际案例演示了使用KubeEdge云边系统实现计数器与交通标志检测的功能，具体展示了如何实时收集和处理边缘端设备产生的数据。

习　题

1. 描述KubeEdge系统架构中的主要组件与功能。
2. 在物理或虚拟机环境中搭建KubeEdge云边系统。
3. 在KubeEdge上部署一个简单的应用程序，并解释应用程序的部署流程。

附录A 缩略语

缩　写	全　称
ETSI	European telecommunications standards institute
MEC	mobile edge computing
C-RAN	cloud-RAN
SD-MEC	software-defined mobile edge computing
ICN	Information-centric network
CCN	content centric network
CDN	content delivery network
NDN	named data networking
QoS	quality of service
D2D	device-to-device
SO	snake optimization
ISO	improving the snake optimization
PSO	particle swarm optimization
SBS	small base station
UE	user equipment
V2V	vehicle-to-vehicle
JCOTM	joint computation offloading and task migration optimization
LLM	large language model
FedAvg	federated averaging
C-S	client-server
P2P	peer-to-peer
PPP	poisson point process
KKT	Karush-Kuhn-Tucker

参考文献

[1] REN J, HE Y, HUANG G, et al. An edge-computing based architecture for mobile augmented reality [J]. IEEE Network, 2019, 33(4): 162-169.

[2] KURIHARA Y, KOIZUMI Y, HASEGAWA T. Computing node selection for location-based service in NDN networks[C]// Proc. of IEEE LANMAN 2019: 1-6.

[3] SOLIS P. Enabling technologies: wireless and mobile connectivity[EB/OL]. https://www.idc.com/getdoc.jsp?containerId=IDC_P38115.

[4] XIE R, JIA X, WU K. Adaptive online decision method for initial congestion window in 5G mobile edge computing using deep reinforcement learning[J]. IEEE Journal on Selected Areas in Communications, 2020, 38(2): 389-403.

[5] AHMAD S, AFZAL M M. Deployment of fog and edge computing in IoT for cyber-physical infrastructures in the 5G era[C]// Proc. of Springer ICSCNA 2019: 351-359.

[6] 曾鹏，宋纯贺. 边缘计算[J]. 中国计算机学会通信，2020，16(1)：8-10.

[7] KOTAS C, NNUGHTON T, IMAM N. A comparison of Amazon web services and Microsoft Azure cloud platforms for high performance computing[C]// Proc. of IEEE ICCE 2018: 1-4.

[8] SATYANARAYANAN M. How we created edge computing[J]. Nature Electronics, 2019, 2(1): 42-42.

[9] KORTOÇI P, ZHENG L, JOE-WONG C, et al. Fog-based data offloading in urban IoT scenarios [C]// Proc. of IEEE INFOCOM 2019: 784-792.

[10] MORENO-VOZMEDIANO R, HUEDO E, MONTERO R S, et al. Disaggregated cloud management for edge computing[C]// Proc. of IEEE ICCCN 2019: 1-6.

[11] TASSI A, MAVROMATIS I, PIECHOCKI R, et al. Agile data offloading over novel fog computing infrastructure for CAVs[C]// Proc. of IEEE VTC2019-Spring: 1-6.

[12] CHENG N, XU W, SHI W, et al. Air-ground integrated mobile edge networks: architecture, challenges, and opportunities[J]. IEEE Communications Magazine, 2018, 56(8): 26-32.

[13] ZHANG X, GUO J, LIU C, et al. TVV: real-time visual identity and tracking with edge computing [C]// Proc. of ACM EWSN 2019: 419-424.

[14] MENG J, ZENG C, TAN H, et al. Joint heterogeneous server placement and application configuration in edge computing[C]// Proc. of IEEE ICPADS 2019: 488-497

[15] ZHANG X, CHEN H, ZHAO Y, et al. Improving cloud gaming experience through mobile edge computing[J]. IEEE Wireless Communications, 2019, 26(4): 178-183.

[16] MENG X, WANG W, WANG Y, et al. Closed-form delay-optimal computation offloading in mobile edge computing systems[J]. IEEE Transactions on Wireless Communications, 2019, 18(10): 4653-4667.

[17] SATYANARAYANAN M, BAHL P, DAVIES N. The case for VM-based cloudlets in mobile computing[J]. IEEE Pervasive Computing, 2009, 8(4): 14-23.
[18] BONOMI F, MILITO R, ZHU J, et al. Fog computing and its role in the internet of things[C]// Proc. of ACM MCC 2012: 13-16.
[19] STOJMENOVIC I, WEN S. The fog computing paradigm: scenarios and security issues[C]//: Proc. of IEEE CSIS 2014: 1-8.
[20] STOJMENOVIC I. Fog computing: a cloud to the ground support for smart things and machine-to-machine networks[C]// Proc. of IEEE ATNAC 2014: 117- 122.
[21] LIU Y, FIELDSEND J E, MIN G. A framework of fog computing: architecture, challenges, and optimization[J]. IEEE Access, 2017, 5: 25445-25454.
[22] MACH P, BECVAR Z. Mobile edge computing: a survey on architecture and computation offloading [J]. IEEE Communications Surveys & Tutorials, 2017, 19(3): 1628-1656.
[23] PATEL M, NAUGHTON B, CHAN C, et al. Mobile-edge computing introductory technical white paper. White paper, mobile-edge computing (MEC) industry initiative, 2014, 29: 854-864.
[24] TANAKA H, YOSHIDA M, MORI K, et al. Multi-access edge computing: a survey[J]. Journal of Information Processing, 2018, 26: 87-97.
[25] ETSI. Mobile edge computing (MEC): framework and reference architecture[Z]. 2016.
[26] 李子姝，谢人超，孙礼，等. 移动边缘计算综述[J]. 电信科学，2018，34(1)：87-101.
[27] 吕品，许嘉，李陶深，等. 面向自动驾驶的边缘计算技术研究综述[J]. 通信学报，2021，42(3)：190-208.
[28] NDIKUMANA A, TRAN N H, Kim K T, et al. Deep learning based caching for self-driving cars in multi-access edge computing[J]. IEEE Transactions on Intelligent Transportation Systems, 2020, 22(5): 2862-2877.
[29] GUPTA N, ANANTHARAJ K, SUBRAMANI K. Containerized architecture for edge computing in smart home: a consistent architecture for model deployment[C]// Proc. of IEEE ICCCI 2020: 1-8.
[30] LIU Q, HAN T. Dare: dynamic adaptive mobile augmented reality with edge computing[C]// Proc. of IEEE ICNP 2018: 1-11.
[31] HERRERA J G, BOTERO J F. Resource allocation in NFV: a comprehensive survey[J]. IEEE Transactions on Network and Service Management, 2016, 13(3): 518-532.
[32] BARAKABITZE A A, AHMAD A, MIJUMBI R, et al. 5G network slicing using SDN and NFV: a survey of taxonomy, architectures and future challenges[J]. Computer Networks, 2020, 167: 106984.
[33] LV Z, XIU W. Interaction of edge-cloud computing based on SDN and NFV for next generation IoT[J]. IEEE Internet of Things Journal, 2019, 7(7): 5706-5712.
[34] WANG K, YIN H, QUAN W, et al. Enabling collaborative edge computing for software defined vehicular networks[J]. IEEE network, 2018, 32(5): 112-117.
[35] TRAN T X, HAJISAMI A, PANDEY P, et al. Collaborative mobile edge computing in 5G networks: new paradigms, scenarios, and challenges[J]. IEEE Communications Magazine, 2017, 55(4): 54-61.
[36] CHEN L, XU J. Socially trusted collaborative edge computing in ultra dense networks[C]// Proc. of ACM/IEEE symposium on edge computing 2017: 1-11.
[37] DU J, ZHAO L, FENG J, et al. Computation offloading and resource allocation in mixed fog/cloud

computing systems with min-max fairness guarantee[J]. IEEE Transactions on Communications, 2017, 66(4): 1594-1608.

[38] LIU C F, BENNIS M, DEBBAH M, et al. Dynamic task offloading and resource allocation for ultra-reliable low-latency edge computing[J]. IEEE Transactions on Communications, 2019, 67(6): 4132-4150.

[39] LI B, HOU P, WANG K, et al. Deployment of edge servers in 5G cellular networks[J]. Transactions on Emerging Telecommunications Technologies, 2022, 33(8): e3937.

[40] SANTOYO-GONZÁLEZ A, CERVELLÓ-PASTOR C. Network-aware placement optimization for edge computing infrastructure under 5G[J]. IEEE Access, 2020, 8: 56015-56028.

[41] MAMASHEV N. 无线 Mesh 网络中移动边缘计算服务器的部署方法研究[D]. 哈尔滨：哈尔滨工业大学，2021.

[42] LÄHDERANTA T, LEPPÄNEN T, RUHA L, et al. Edge computing server placement with capacitated location allocation[J]. Journal of Parallel and Distributed Computing, 2021, 153: 130-149.

[43] LOVÉN L, LÄHDERANTA T, RUHA L, et al. Scaling up an edge server deployment[C]// Proc. of IEEE PerCom 2020: 1-7.

[44] 蓝瑞宁. 终端直通蜂窝系统中的边缘缓存技术[D]. 杭州：浙江大学，2017.

[45] GARCIA-LUNA-ACEVES J J. Efficient multi-source multicasting in information centric networks[C]// Proc. of IEEE Consumer Communications and Networking, 2015: 245-249.

[46] LIU Y, YU S Z. Network coding-based multisource content delivery in content centric networking[J]. Journal of Network & Computer Applications, 2016, 64(C): 167-175.

[47] KERNER S. A mobile peer-to-peer system for opportunistic content-centric networking[C]// Proc. of ACM SIGCOMM Workshop on Networking, Systems, and Applications on Mobile Handhelds 2010: 21-26.

[48] GAROFIGLIO G, MORABITO G, MUSCARIELLO L, et al. From content delivery today to information centric networking[J]. Computer Networks, 2013, 57(16): 3116-3127.

[49] ZHANG L, AFANASYEV A, BURKE J, et al. Named data networking[J]. ACM Sigcomm Computer Communication Review, 2014, 44(3): 66-73.

[50] NGUYEN Q H, DRESSLER F. A smartphone perspective on computation offloading-a survey[J]. Computer Communications, 2020, 159: 133-154.

[51] LIN L, LIAO X, JIN H, et al. Computation offloading toward edge computing[J]. Proceedings of the IEEE, 2019, 107(8): 1584-1607.

[52] JIANG C, CHENG X, GAO H, et al. Toward computation offloading in edge computing: a survey[J]. IEEE Access, 2019, 7: 131543-131558.

[53] 张星洲，鲁思迪，施巍松. 边缘智能中的协同计算技术研究[J]. 人工智能，2019, 5(7): 55-67.

[54] 周知，于帅，陈旭. 边缘智能：边缘计算与人工智能融合的新范式[J]. 大数据，2019, 5(2): 53-63.

[55] QIU L, CAO G. Cache increases the capacity of wireless networks[C]// Proc. of IEEE INFOCOM 2016: 1-9.

[56] QIU L, CAO G. Popularity-aware caching increases the capacity of wireless networks[J]. IEEE

Transactions on Mobile Computing, 2019, 19(1): 173-187.

[57] ZHAO X, YUAN P, TANG S. Collaborative edge caching in context-aware device-to-device networks [J]. IEEE Transactions on Vehicular Technology, 2018, 67(10): 9583-9596.

[58] LI Y, WANG S. An energy-aware edge server placement algorithm in mobile edge computing[C]// Proc. of IEEE EDGE, 2018: 66-73.

[59] KASI S K, KASI M K, ALI K, et al. Heuristic edge server placement in industrial internet of things and cellular networks[J]. IEEE Internet of Things Journal, 2021, 8(13): 10308-10317.

[60] WU H, CHEN J, NGUYEN T N, et al. Lyapunov-guided delay-aware energy efficient offloading in IoT-MEC systems[J]. IEEE Transactions on Industrial Informatics, 2022, 19(2): 2117-2128.

[61] ZENG F, REN Y, DENG X, et al. Cost-effective edge server placement in wireless metropolitan area networks[J]. Sensors, 2018, 19(1): 32.

[62] XU Z, LIANG W, XU W, et al. Capacitated cloudlet placements in wireless metropolitan area networks[C]// Proc. of IEEE LCN 2015: 570-578.

[63] WANG Z, GAO F, JIN X. Optimal deployment of cloudlets based on cost and latency in Internet of Things networks[J]. Wireless Networks, 2020, 26(8): 6077-6093.

[64] BHATTA D, MASHAYEKHY L. A bifactor approximation algorithm for cloudlet placement in edge computing[J]. IEEE Transactions on Parallel and Distributed Systems, 2022, 33(8): 1787-1798.

[65] FAN Q, ANSARI N. Cost aware cloudlet placement for big data processing at the edge[C]// Proc. of IEEE ICC 2017: 1-6.

[66] SHEN C, XUE S, FU S. ECPM: an energy-efficient cloudlet placement method in mobile cloud environment[J]. EURASIP Journal on Wireless Communications and Networking, 2019, 2019: 1-10.

[67] GAO B, ZHOU Z, LIU F, et al. Winning at the starting line: joint network selection and service placement for mobile edge computing[C]// Proc. of IEEE INFOCOM 2019: 1459-1467.

[68] FARHADI V, MEHMETI F, HE T, et al. Service placement and request scheduling for data-intensive applications in edge clouds[J]. IEEE/ACM Transactions on Networking, 2021, 29(2): 779-792.

[69] POULARAKIS K, LLORCA J, TULINO A M, et al. Joint service placement and request routing in multi-cell mobile edge computing networks[C]// Proc. of IEEE INFOCOM 2019: 10-18.

[70] YU N, XIE Q, WANG Q, et al. Collaborative service placement for mobile edge computing applications[C]// Proc. of IEEE GLOBECOM 2018: 1-6.

[71] DENG S, XIANG Z, TAHERI J, et al. Optimal application deployment in resource constrained distributed edges[J]. IEEE Transactions on Mobile Computing, 2021, 20(5): 1907-1923.

[72] GUO Y, WANG S, ZHOU A, et al. User allocation-aware edge cloud placement in mobile edge computing[J]. Software: Practice and Experience, 2020, 50(5): 489-502.

[73] BOUET M, CONAN V. Mobile edge computing resources optimization: a geo-clustering approach[J]. IEEE Transactions on Network and Service Management, 2018, 15(2): 787-796.

[74] XU X, SHEN B, YIN X, et al. Edge server quantification and placement for offloading social media services in industrial cognitive IoV[J]. IEEE Transactions on Industrial Informatics, 2021, 17(4): 2910-2918.

[75] WANG S, ZHAO Y, XU J, et al. Edge server placement in mobile edge computing[J]. Journal of Parallel and Distributed Computing, 2019, 127: 160-168.

[76] LI Y, ZHOU A, MA X, et al. Profit-aware edge server placement[J]. IEEE Internet of Things

Journal, 2022, 9(1): 55-67.

[77] MOHAN N, ZAVODOVSKI A, ZHOU P, et al. Anveshak: placing edge servers in the wild[C]// Proc. of ACM 2018 Workshop on Mobile Edge Communications: 7-12.

[78] AMER R, BUTT M M, BENNIS M, et al. Inter-cluster cooperation for wireless D2D caching networks [J]. IEEE Transactions on Wireless. Communication, 2018, 17(9): 6108-6121.

[79] KUMAR S, MISRA S. Joint content sharing and incentive mechanism for cache-enabled device-to-device networks[J]. IEEE Transactions on Vehicle. Technology, 2021, 70(5): 4993-5002.

[80] GUO F, ZHANG H, LI X, et al. Joint optimization of caching and association in energy-harvesting-powered small-cell networks [J]. IEEE Transactions on Vehicle Technology, 2018, 67 (7): 6469-6480.

[81] DUAN P, JIA Y, LIANG L, et al. Space-reserved cooperative caching in 5G heterogeneous networks for industrial IoT[J]. IEEE Transactions on Industrial Informatics, 2018, 14(6): 2715-2724.

[82] SHENG M, HAN W, HUANG C, et al. Video delivery in heterogenous CRANs: architectures and strategies[J]. IEEE Wireless Communication, 2015, 22(3): 14-21.

[83] BACCARDI F, HEATH R, LOZANO A, et al. Five disruptive technology directions for 5G[J]. IEEE Communication Magazine, 2014, 52(2): 74-80.

[84] GUPTA S, SRINIVASAN M, LIN Y, et al. Performance analysis of device-to-device communication underlaying dense networks (densenets) [J]. IEEE Trans. Vehicle Technology, 2019, 68 (9): 9257-9266.

[85] JAMEEL F, HAMID Z, JABEEN F, et al. A survey of device-to-device communications: Research issues and challenges[J]. IEEE Communication Survey Tutorials, 2018, 20(3): 2133-2168.

[86] HUSSAIN F, HASSAN M Y, HOSSEN M S, et al. System capacity maximization with efficient resource allocation algorithms in D2D communication[J]. IEEE Access, 2018, 6: 32409-32424.

[87] LEE W, LEE K. Resource allocation scheme for guarantee of QoS in D2D communications using deep neural network[J]. IEEE Communication Letter, 2021, 25(3): 887-891.

[88] YAN J, WU D, WANG H, et al. User centric content sharing based on D2D cellular networks[J]. IEEE Transactions on Vehicle Technology, 2018, 67(11): 11208-11218.

[89] YIN J, LI L, XU Y, et al. Joint content popularity prediction and content delivery policy for cache-enabled D2D networks: a deep reinforcement learning approach[C]// Proc. of IEEE Signal Inf. Process 2018: 609-613.

[90] CHEN Z, PAPPAS N, KOUNTOURIS M. Probabilistic caching in wireless D2D networks: cache hit optimal versus throughput optimal[J]. IEEE Communication Letter, 2017, 21(3): 584-587.

[91] JARRAY C, GIOVANIDIS A. Successful file transmission in mobile D2D networks with caches[J]. Computer Networks, 2018, 147: 162-179.

[92] ALI A S, MAHMOUD K R, NAGUIB K M. Optimal caching policy for wireless content delivery in D2D networks[J]. Journal of Network and Computer Application, 2019, 150: 102467.

[93] ZHAO N, MEMBER S, IEEE, et al. Caching D2D connections in small-cell networks[J]. IEEE Transactions on Vehicle Technology, 2018, 67(12): 12326-12338.

[94] CHEN B, YANG C. Energy costs for traffic offloading by cache-enabled D2D communications[C]// Proc. of IEEE WCNC 2016: 0-5.

[95] JI M, CHEN R R, GAIRE G, et al. Fundamental limits of distributed caching in multihop D2D

wireless networks[C]// Proc. of IEEE ISIT 2017: 2950-2954.
[96] SINGH D, GHOSH S C. Mobility-aware relay selection in 5G D2D communication using stochastic model[J]. IEEE Transactions on Vehicle Technology, 2019, 68(3): 2837-2849.
[97] WEIFENG L, MINGQI Z, JIA X, et al. Cooperative caching game based on social trust for D2D communication networks[J]. Int. J. Commun. Syst., 2020, 33(9): e4380.
[98] WU M, XIAO Y, GAO Y, et al. Dynamic socially-motivated D2D relay selection with uniform QoE criterion for multi-demands[J]. IEEE Transactions on Communication, 2020, 68(6): 3355-3368.
[99] HUANG H, LIU B, CHEN L, et al. D2D-assisted VR bideo pre-caching strategy[J]. IEEE Access, 2018, 6: 61886-61895.
[100] FAN G, BAI W, GAN X, et al. Social-aware content sharing in D2D communications: an optimal stopping approach[C]// Proc. of IEEE ICC 2018: 1-6.
[101] WANG X, BAO Y, LIU X, et al. On the design of relay caching in cellular networks for energy efficiency[C]// Proc. of IEEE INFOCOM WKSHPS 2011: 259-264.
[102] MULLER S, ATAN O, SCHAAR M V D, et al. Context-aware proactive content caching with service differentiation in wireless networks[J]. IEEE Transactions on Wireless Communication, 2016, 16(2): 1024-1036.
[103] LI S, XU J, SCHAAR M V D, et al. Trend-aware video caching through online learning[J]. IEEE Transactions on Multimedia, 2016, 18(12): 2503-2516.
[104] MING Z, XU M, WANG D. Age-based cooperative caching in information-centric networks[C]// Proc. of IEEE INFOCOM WKSHPS 2012: 268-273.
[105] ALE L, ZHANG N, WU H, et al. Online proactive caching in mobile edge computing using bidirectional deep recurrent neural network[J]. IEEE Internet of Things Journal, 2019, 6(3): 5520-5530.
[106] THAR K, TRAN N H, OO T Z, et al. DeepMEC: mobile edge caching using deep learning[J]. IEEE Access, 2018, 6: 78260-78275.
[107] ELBAMBY M S, BENNIS M, SAAD W, et al. Content-aware user clustering and caching in wireless small cell networks[C]// Proc. of IEEE ISWCS 2014: 945-949.
[108] LI X, WANG X, WAN P J, et al. Hierarchical edge caching in device-to-device aided mobile networks: modeling, optimization, and design [J]. IEEE Journal of Selected Areas in Communications, 2018, 36(8): 1768-1785.
[109] NGUYEN T V, TUONG V D, TRAN A T, et al. User-preference-based proactive caching in edge networks[C]// Proc. of IEEE ICOIN 2021: 755-757.
[110] LEE M C, MOLISCH A F, SASTRY N, et al. Individual preference probability modeling and parameterization for video content in wireless caching networks[J]. IEEE/ACM Trans. Netw., 2019, 27(2): 676-690.
[111] LAN H, WU S. Research of edge caching strategy based on collaboration mechanism[C]// Proc. of IEEE SmartIoT 2020: 94-101.
[112] JAVEDANKHERAD M, ZEINALPOUR-YAZDI Z, ASHTIANI F. Cache placement phase based on graph coloring[C]// Proc. of IEEE ISTEL 2018: 187-191.
[113] REN D, GUI X, ZHANG K, et al. Hybrid collaborative caching in mobile edge networks: an analytical approach[J]. Comput. Networks, 2019, 158: 1-16.

[114] SOMUYIWA S O, GYORGY A, GUNDUZ D. A reinforcement-learning approach to proactive caching in wireless networks[J]. IEEE J. Sel. Areas Commun., 2018, 36(6): 1331-1344.

[115] SUN Y, CHEN Z, LIU H. Delay analysis and optimization in cache-enabled multi-cell cooperative networks[C]// Proc. of IEEE GLOBECOM 2016: 1-7.

[116] JIANG Y, MA M, BENNIS M, et al. User preference learning-based edge caching for fog radio access network[J]. IEEE Trans. Commun., 2019, 67(2): 1268-1283.

[117] LEE M C, MOLISCH A F. Caching policy and cooperation distance design for base station-assisted wireless D2D caching networks: throughput and energy efficiency optimization and tradeoff[J]. IEEE Trans. Wirel. Commun., 2018, 17(11): 7500-7514.

[118] DU H, CHENG X, LI D. Energy efficiency in wireless networks[J]. Handb. Comb. Optim., 2013, 2(5): 1155-1197.

[119] HOU T, FENG G, QIN S, et al. Proactive content caching by exploiting transfer learning for mobile edge computing[J]. Int. J. Commun. Syst., 2018, 31(11): 1-13.

[120] YU K, MA Z, NI R, et al. A caching strategy based on many-to-many matching game in D2D networks[J]. Tsinghua Sci. Technol., 2021, 26(6): 857-868.

[121] KAFILOĞLU S S, GÜR G, ALAGÖZ F. Energy prioritized caching for cellular D2D networks[J]. arXiv Prepr. arXiv2106. 10006: 1-12, 2021.

[122] ZHANG M, CHEN X, ZHANG J. Social-aware relay selection for cooperative networking: an optimal stopping approach[C]// Proc. of IEEE ICC 2014: 2257-2262.

[123] NADEEM A, CHO H S. Social-aware peer selection for device-to-device communications in dense small-cell networks[J]. Electron., 2019, 8(6): 670.

[124] KHWAKHALI U S, SUKSOMPONG P, GORDON S. Midpoint relay selection using social trust and battery level to enhance throughput in cooperative device-to-device communications[J]. Sensors, 2020, 20(21): 1-32.

[125] GAO Y, XIAO Y, WU M, et al. Dynamic social-aware peer selection for cooperative relay management with D2D communications[J]. IEEE Trans. Commun., 2019, 67(5): 3124-3139.

[126] YANG H H, LEE J, QUEK T Q S. Heterogeneous cellular network with energy harvesting-based D2D communication[J]. IEEE Trans. Wirel. Commun., 2016, 15(2): 1406-1419.

[127] DOU H, XU Z, JIANG X, et al. Mobile edge computing based task offloading and resource allocation in smart grid[C]// Proc. of IEEE WCSP 2021: 1-5.

[128] LI J, LIANG W, XU W, et al. Maximizing user service satisfaction for delay-sensitive IoT applications in edge computing[J]. IEEE Transactions on Parallel and Distributed Systems, 2021, 33(5): 1199-1212.

[129] XING H, LIU L, XU J, et al. Joint task assignment and wireless resource allocation for cooperative mobile-edge computing[C]// Proc. of IEEE ICC 2018: 1-6.

[130] SALEEM U, LIU Y, JANGSHER S, et al. Latency minimization for D2D-enabled partial computation offloading in mobile edge computing[J]. IEEE Transactions on Vehicular Technology, 2020, 69(4): 4472-4486.

[131] WANG Q, CHEN S. Latency minimum offloading decision and resource allocation for fog enabled internet of things networks[J]. Transactions on Emerging Telecommunications Technologies, 2020,

31(12): e3880.

[132] CHI G, WANG Y, LIU X, et al. Latency-optimal task offloading for mobile-edge computing system in 5G heterogeneous networks[C]// Proc. of IEEE VTC Spring 2018: 1-5.

[133] XIAO Y, KRUNZ M. QoE and power efficiency tradeoff for fog computing networks with fog node cooperation[C]// Proc. of IEEE INFOCOM 2017: 1-9.

[134] CHEN X, ZHANG J, LIN B, et al. Energy-efficient offloading for DNN-based smart IoT systems in cloud-edge environments[J]. IEEE Transactions on Parallel and Distributed Systems, 2021, 33(3): 683-697.

[135] ZHAO T, ZHOU S, SONG L, et al. Energy-optimal and delay-bounded computation offloading in mobile edge computing with heterogeneous clouds[J]. China Communications, 2020, 17(5): 191-210.

[136] CAO X, WANG F, XU J, et al. Joint computation and communication cooperation for energy-efficient mobile edge computing[J]. IEEE Internet of Things Journal, 2018, 6(3): 4188-4200.

[137] ZHOU J, ZHANG X, WANG W, et al. Energy-efficient collaborative task offloading in D2D-assisted mobile edge computing networks[C]// Proc. of IEEE WCNC 2019: 1-6.

[138] TAO X, OTA K, DONG M, et al. Performance guaranteed computation offloading for mobile-edge cloud computing[J]. IEEE Wireless Communications Letters, 2017, 6(6): 774-777.

[139] YOU C, HUANG K, CHAE H, et al. Energy-efficient resource allocation for mobile-edge computation offloading[J]. IEEE Transactions on Wireless Communications, 2016, 16(3): 1397-1411.

[140] VU T T, NGUYEN D N, HOANG D T, et al. Optimal energy efficiency with delay constraints for multi-layer cooperative fog computing networks[J]. IEEE Transactions on Communications, 2021, 69(6): 3911-3929.

[141] WU Z, YAN D. Deep reinforcement learning-based computation offloading for 5G vehicle-aware multi-access edge computing network[J]. China Communications, 2021, 18(11): 26-41.

[142] QINH T Q, TANG J, LA Q D, et al. Offloading in mobile edge computing: task allocation and computational frequency scaling[J]. IEEE Transactions on Communications, 2017, 65(8): 3571-3584.

[143] CHEN X, JIAO L, LI W, et al. Efficient multi-user computation offloading for mobile-edge cloud computing[J]. IEEE/ACM transactions on networking, 2015, 24(5): 2795-2808.

[144] YU H, WANG Q, GUO S. Energy-efficient task offloading and resource scheduling for mobile edge computing[C]// Proc. of IEEE 2018: 1-4.

[145] HUANG X, CUI Y, CHEN Q, et al. Joint task offloading and QoS-aware resource allocation in fog-enabled internet-of-things networks[J]. IEEE Internet of Things Journal, 2020, 7(8): 7194-7206.

[146] LAN X, CAI L, CHEN Q. Execution latency and energy consumption tradeoff in mobile-edge computing systems[C]// Proc. of IEEE ICCC 2019: 123-128.

[147] MUÑOZ O, PASCUAL-ISERTE A, VIDAL J. Joint allocation of radio and computational resources in wireless application offloading[C]// Proc. of IEEE FNMS 2013: 1-10.

[148] PHAM Q V, LEANH T, TRAN N H, et al. Decentralized computation offloading and resource allocation for mobile-edge computing: a matching game approach[J]. IEEE Access, 2018, 6: 75868-75885.

[149] RAN X, CHEN H, ZHU X, et al. Deep decision: a mobile deep learning framework for edge video analytics[C]// Proc. of IEEE INFOCOM 2018: 1421-1429.

[150] WANG D, QIN H, SONG B, et al. Resource allocation in information-centric wireless networking with D2D-enabled MEC: a deep reinforcement learning approach[J]. IEEE Access, 2019, 7: 114935-114944.

[151] HUANG Y, LIU Y, CHEN F. NOMA-aided mobile edge computing via user cooperation[J]. IEEE Transactions on Communications, 2020, 68(4): 2221-2235.

[152] WANG J, LIU K, LI B, et al. Delay-sensitive multi-period computation offloading with reliability guarantees in fog networks [J]. IEEE Transactions on Mobile Computing, 2019, 19 (9): 2062-2075.

[153] WANG Y, TAO X, ZHANG X, et al. Cooperative task offloading in three-tier mobile computing networks: an ADMM framework[J]. IEEE Transactions on Vehicular Technology, 2019, 68(3): 2763-2776.

[154] KUANG Z, MA Z, LI Z, et al. Cooperative computation offloading and resource allocation for delay minimization in mobile edge computing[J]. Journal of Systems Architecture, 2021, 118: 102167.

[155] 张文英. 5G技术对物联网发展的影响. 数字通信世界, 2023(6): 164-166.

[156] SHI W, CAO J, ZHANG Q, et al. Edge computing: vision and challenges[J]. IEEE Internet of Things Journal, 2016, 3(5): 637-646.

[157] BRENDAN M, EIDER M, DANIEL R, et al. Communication-efficient learning of deep networks from decentralized Data[C]// Proc. of PMLR Artificial Intelligence and Statistics 2017: 1273-1282.

[158] MCMAHAN H B, RAMAGE D, TALWAR K, et al. Learning differentially private recurrent language models[C]// Proc. of IEEE ICLR 2018: 1-14.

[159] DAVID B, JUN-YAN Z, HENDRIK S, et al. Understanding the role of individual units in a deep neural network[J]. Proceedings of the National Academy of Sciences of the United States of America, 2020, 117(48): 30071-30078.

[160] DENIL M, SHAKIBI B, DINH L, et al. Predicting parameters in deep learning[J]. Advances in Neural Information Processing Systems, 2013, 26.

[161] LI A, SUN J, WANG B, et al. LotteryFL: empower edge intelligence with personalized and communication-efficient federated learning[C]// Proc. of IEEE/ACM SEC 2021: 68-79.

[162] 李开菊, 许强, 王豪. 冗余数据去除的联邦学习高效通信方法[J]. 通信学报, 2023, 44(5): 79-93.

[163] SEBASTIAN C, JAKUB K, MCMAHAN H, et al. Expanding the reach of federated learning by reducing client resource requirements[J]. arXiv: Learning, 2018, abs/1812. 07210.

[164] MILLS J, HU J, MIN G. Communication-efficient federated learning for wireless edge intelligence in IoT[J]. IEEE Internet of Things Journal, 2020, 7(7): 5986-5994.

[165] DONG F, GE X, LI Q, et al. PADP-FedMeta: a personalized and adaptive differentially private federated meta learning mechanism for AIoT [J]. Journal of Systems Architecture, 2023, 134: 102754.

[166] YI L, SHI X, WANG G, et al. pFedKT: personalized gederated learning via knowledge transfer [C]// Proc. of IEEE ICLR 2023: 1-8.

[167] LUO J, WU S. Adapt to adaptation: learning personalization for cross-silo federated learning[C]//

Proc. of IEEE IJCAI 2022：2166-2173.

[168] LIU J，WANG J H，RONG C，et al. Learning rate optimization for federated learning exploiting over-the-air computation[J]. IET Networks，2021，39(12)：3742-3756.

[169] CHEN Y，NING Y，SLAWSKI M，et al. Asynchronous online federated learning for edge devices with non-IID data[C]// Proc. of IEEE Big Data 2020：15-24.

[170] LIU J，WANG J H，RONG C，et al. Fedpa：an adaptively partial model aggregation strategy in federated learning[J]. Computer Networks，2021，199：108468.

[171] BONAWITZ K，IVANOV V，KREUTER B，et al. Practical secure aggregation for privacy-preserving machine learning[C]// Proc. of ACM SIGSAC 2017：1175-1191.

[172] STEPHEN H，WILKO H，HAMISH I，et al. Private federated learning on vertically partitioned data via entity resolution and additively homomorphic encryption [J]. arXiv：Learning，2017，abs/1711. 10677.

[173] WANG S，WU Y，XIA M，et al. Machine intelligence at the edge with learning centric power allocation[J]. IEEE Transactions on Wireless Communications，2020，19(11)：7293-7308.

[174] KAROL R，ARABAS O. Differential evolution：a survey of theoretical analyses[J]. Swarm and Evolutionary Computation，2019，44：546-558.

[175] STEPHEN B，NEAL P，ERIC C，et al. Distributed optimization and statistical learning via the alternating direction method of multipliers[J]. Foundations and Trends in Machine Learning，2011，3(1)：1-122.

[176] 袁培燕，蔡云云. 移动边缘计算中一种贪心策略的内容卸载方案[J]. 计算机应用，2019，39(9)：2664-2668.

[177] HE Y，REN J，YU G，et al. D2D communications meet mobile edge computing for enhanced computation capacity in cellular networks[J]. IEEE Transactions on Wireless Communications，2019，18(3)：1750-1763.

[178] FU L，HUANG W，GAN X，et al. Capacity of wireless networks with social characteristics[J]. IEEE Transactions on Wireless Communications，2015，15(2)：1505-1516.

[179] KAWASAKI T，TAKAKI Y，KAMADA T，et al. A study for improvement of throughput in high-density wireless networks using transmitting opportunity control[C]// Proc. of IEEE ICOIN 2018：140-145.

[180] ZHAO X，YUAN P，TANG S，et al. Collaborative edge caching in context-aware device-to-device networks[J]. IEEE Transactions on Vehicular Technology，2018，67(10)：9583-9596.

[181] GITZENIS S，PASCHOS G S，TASSIULAS L. Asymptotic laws for joint content replication and delivery in wireless networks[J]. IEEE Transactions on Information Theory，2012，59(5)：2760-2776.

[182] CHEN M，WANG L，CHEN J，et al. Analysis and scheduling for cooperative content delivery in 5G heterogeneous networks[C]// Proc. of IEEE ICC Workshops 2018：1-6.

[183] ARAÚJO S，SOUZA F D，MATEUS G. Virtual network embedding in multi-domain environments with energy efficiency concepts[C]// Proc. of IEEE ICOIN 2018：205-210.

[184] SHI Y，HOU Y，EFRAT A. Algorithm design for base station placement problems in sensor networks[C]// Proc. of The 3rd International Conference on Quality of Service in Heterogeneous Wired/

Wireless Networks2006: 13-23.

[185] SUN X, ANSARI N. Latency aware drone base station placement in heterogeneous networks[C]// Proc. of IEEE GLOBECOM 2017: 1-6.

[186] DANG T, PENG M. Delay-aware radio resource allocation optimization for network slicing in fog radio access networks[C]// Proc. of IEEE ICC Workshops, 2018: 1-6.

[187] LIU Y, OTA K, ZHANG K, et al. QTSAC: an energy-efficient MAC protocol for delay minimization in wireless sensor networks[J]. IEEE Access, 2018, 6: 8273-8291.

[188] FU L, FU X, ZHANG Z, et al. Joint optimization of multicast energy in delay-constrained mobile wireless networks[J]. IEEE/ACM Transactions on Networking, 2018, 26(1): 633-646.

[189] YAN Z, PENG M, DANESHMAND M. Cost-aware resource allocation for optimization of energy efficiency in fog radio access networks[J]. IEEE Journal on Selected Areas in Communications, 2018, 36(11): 2581-2590.

[190] ZHANG R, LI Y, WANG C X, et al. Energy-spectral efficiency trade-off in underlaying mobile D2D communications: an economic efficiency perspective[J]. IEEE Transactions on Wireless Communications, 2018, 17(7): 4288-4301.

[191] RONG R, SHE C, HARDJAWANA W, et al. Improving energy efficiency of ultra-reliable low-latency and delay tolerant services in mobile edge computing systems[C]// Proc. of IEEE ICC Workshops 2019: 1-6.

[192] LIU Z, PENG T, PENG B, et al. Sum-capacity of D2D and cellular hybrid networks over cooperation and non-cooperation[C]// Proc. of IEEE ChinaCom 2012: 707-711.

[193] YANG Y, LIU Z, FU Z, et al. Transmission capacity of device-to-device communication under heterogeneous networks with cellular users assisted[C]// Proc. of IEEE GLOBECOM Workshops 2013: 635-641.

[194] LIU B, FIROIU V, KUROSE J, et al. Capacity of cache enabled content distribution wireless ad hoc networks[C]// Proc. of IEEE MASS 2014: 309-317.

[195] LIU C, NATARAJAN B. Power-aware maximization of ergodic capacity in D2D underlay networks[J]. IEEE Transactions on Vehicular Technology, 2016, 66(3): 2727-2739.

[196] QIU L, CAO G. Cache increases the capacity of wireless networks[C]// Proc. of IEEE INFOCOM 2016: 1-9.

[197] QIU L, CAO G. Popularity-aware caching increases the capacity of wireless networks[J]. IEEE Transactions on Mobile Computing, 2019, 19(1): 173-187.

[198] GUPTA P, KUMAR P R. The capacity of wireless networks[J]. IEEE Transactions on Information Theory, 2000, 46(2): 388-404.

[199] GROSSGLAUSER M, TSE D N C. Mobility increases the capacity of ad hoc wireless networks[J]. IEEE/ACM Transactions on Networking, 2002, 10(4): 477-486.

[200] CHEN Y, SHEN Y, ZHU J, et al. On the throughput capacity study for aloha mobile ad hoc networks[J]. IEEE Transactions on Communications, 2016, 64(4): 1646-1659.

[201] THORNBURG A, HEATH R W. Capacity and coverage in clustered LOS mmWave ad hoc networks[C]// Proc. of IEEE GLOBECOM 2016: 1-6.

[202] LI X, ZHANG Y, ZHAO S, et al. Exact secrecy throughput capacity study in mobile ad hoc networks[J]. Ad Hoc Networks, 2018, 72: 105-114.

[203] FAN L, DONG Z, YUAN P. The capacity of device-to-device communication underlaying cellular networks with relay links[J]. IEEE Access, 2017, 5: 16840-16846.

[204] LIU J, SHENG M, LI J. Improving network capacity scaling law in ultra-dense small cell networks [J]. IEEE Transactions on Wireless Communications, 2018, 17(9): 6218-6230.

[205] MARCANOA S, CHRISTIANSEN H L. Impact of NOMA on network capacity dimensioning for 5G HetNets[J]. IEEE Access, 2018, 6: 13587-13603.

[206] ZHONG X, CHEN F, FAN J, et al. Throughput analysis on 3-dimensional underwater acoustic network with one-hop mobile relay[J]. Sensors, 2018, 18(1): 252.

[207] GITZENIS S, PASCHOS G S, TASSIULAS L. Asymptotic laws for joint content replication and delivery in wireless networks [J]. IEEE Transactions on Information Theory, 2012, 59(5): 2760-2776.

[208] CHEN M, WANG L, CHEN J, et al. Analysis and scheduling for cooperative content delivery in 5G heterogeneous networks[C]// Proc. of IEEE ICC Workshops 2018: 1-6.

[209] ARAÚJO S M A, SOUZA F S D, MATEUS G R. Virtual network embedding in multi-domain environments with energy efficiency concepts[C]// Proc. of IEEE ICOIN 2018: 205-210.

[210] DÜTSCHKE E, HIRZEL S, IDRISSOVA F, et al. Energy efficiency networks — what are the processes that make them work? [J]. Energy Efficiency, 2018, 11(5): 1177-1192.

[211] ZHAO D, LI X, MA H. How to crowdsource tasks truthfully without sacrificing utility: online incentive mechanisms with budget constrain[C]// Proc. of IEEE INFOCOM 2014: 1213-1221.

[212] SARKAR A, MURUGAN T S. Cluster head selection for energy efficient and delay-less routing in wireless sensor network[J]. Wireless Networks, 2019, 25(1): 303-320.

[213] MAURYA S, JAIN V K, CHOWDHURY D R. Delay aware energy efficient reliable routing for data transmission in heterogeneous mobile sink wireless sensor network [J]. Journal of Network and Computer Applications, 2019, 144: 118-137.

[214] 裴一帆. 基于 KubeEdge 的交通标志检测系统设计与实现[D]. 新乡：河南师范大学，2025.

